Diretores (Main Editors)
João Rui Pita e Ana Leonor Pereira
Universidade de Coimbra

Os originais enviados são sujeitos
a apreciação científica por referees.

Coordenação Editorial (Editorial Coordinator)
Maria João Padez Ferreira de Castro

Edição
Imprensa da Universidade de Coimbra
Email: imprensa@uc.pt
URL: http://www.uc.pt/imprensa_uc
Vendas online: http://www.livrariadaimprensa.uc.pt

Design
Imprensa da Universidade de Coimbra

Imagem da Capa
Pormenor de serigrafia de Zé Penicheiro (1993). Coleção da FFUC

Infografia
Imprensa da Universidade de Coimbra

Impressão e Acabamento
KDP - Kindle Direct Publishing

ISSN
2183-9832

ISBN
978-989-26-1874-6

ISBN Digital
978-989-26-1875-3

DOI
https://doi.org/10.14195/978-989-26-1875-3

Obra publicada com a colaboração de:

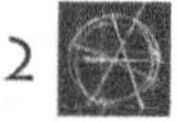

Os volumes desta coleção encontram-se indexados e catalogados
na Base de dados da Web of Science.

J. SIMÕES REDINHA

A QUÍMICA

o primeiro século
na Universidade de Coimbra
e o progresso desta ciência

• COIMBRA 2020

SUMÁRIO

Agradecimentos

Este livro foi escrito depois de termos atingido o limite de idade imposto por lei para o exercício de funções públicas. Esta circunstância não nos criou dificuldades no acesso à informação disponível nas diversas instituições universitárias, nem enfraqueceu as amizades construídas no decurso da vida profissional. Acusamos estas revelações com maior agrado pela nobreza que encerram. À diretora do Departamento de Química da Universidade de Coimbra, Professora Doutora Teresa Margarida Pinho e Melo, agradecemos a recetividade demonstrada a este projeto, e aos funcionários desta instituição a simpatia e ajuda prestimosa que nos emprestaram. A documentação relativa à atividade da olaria instalada no antigo Laboratorio Chimico e que funcionou até depois de meados do século dezanove foi-nos cedida pelo Museu da Ciência. Estamos reconhecidos à diretora desta instituição, Professor Doutora Carlota Simões e ao Dr. Gilberto Pereira, pela cooperação e afabilidade que nos dispensaram. Ao Professor Doutor Pedro Caridade do Departamento de Química, agradecemos a valiosa interlocução prestada na organização formal e sistemática do texto. À Professora Doutora Maria Luísa Seabra de Azevedo ficámos devedores do acompanhamento, revisão de escrita e da leitura crítica do texto. Pelas suas sugestões e comentários, muito obrigado. Desejamos, por fim, agradecer à Imprensa da Universidade de Coimbra a publicação do livro e à diretora-adjunta, Dra. Maria João Padez de Castro, o apoio e acolhimento com que nos distinguiu.

Este trabalho é um apontamento para a história da Química na Universidade de Coimbra desde a introdução do seu estudo em Portugal, pela Reforma universitária de 1772, até à data da comemoração do 1º centenário desta Reforma. Trata-se da fase inicial do estudo desta ciência, curto na vida de uma ciência, mas suficientemente longo para se ficar a conhecer o seu desenvolvimento futuro.

Portugal não é um país com tradição científica; não estava a acompanhar a revolução que lavrava pela Europa culta desde o final do século XVI e a situação por que passava no último quartel do século XVIII era deplorável. O ensino na Universidade era medieval no conteúdo e nos métodos e não havia no país — ao contrário do que acontecia no estrangeiro — pessoas ou associações dedicadas à cultura da ciência.

A Reforma de 1772, que ficou conhecida como Reforma Pombalina, colocou a Universidade na corrente científica da época. Foi uma reforma tão profunda que se pode dizer que dela surgiu uma nova Universidade. Além da atualização das matérias que vinham sendo ensinadas nos cursos existentes, a Reforma criou duas novas faculdades — Matemática e Filosofia. Esta última era dedicada ao estudo das ciências naturais, entre elas, a Química.

Quis o acaso que o início do estudo da Química na Universidade de Coimbra coincidisse com a data da outorga da categoria de ciência a este domínio do conhecimento. Efetivamente, a entrega dos novos estatutos à Universidade pelo Marquês de Pombal teve lugar no dia 29 de setembro de 1772 e, em 1 de novembro deste ano, Lavoisier depositava na *Académie Royale des Sciences* de Paris os primeiros resultados da sua investigação que iria desencadear a revolução científica da Química.

A Química nasceu com o Homem e, mais do que qualquer outro ramo do conhecimento, foi aquele que mais de perto o acompanhou ao longo da história da civilização. Contudo, até à publicação do *Sceptical Chymist* de Robert Boyle, em 1661, a Química mais não era do que um conjunto numeroso de dados úteis que a experiência inata forneceu ao longo de séculos, sem princípios que os ligassem numa doutrina. Foi este autor o primeiro a reconhecer que as artes químicas eram matéria de uma disciplina própria da filosofia da natureza. A partir de então, a Química entrou na fase pré-científica que foi longa, pois só viria a culminar com o estabelecimento das bases científicas, lançadas por Lavoisier no último quartel do século XVIII. Um século separou estes dois químicos e estes dois acontecimentos.

Os novos estatutos universitários asseguravam à Química os meios necessários para a sua fundação e definiam uma metodologia correta ao seu crescimento. O reformador não poupou dinheiro nem empenho pessoal para dar cumprimento ao projeto. Em três anos, a Universidade de Coimbra passou a ter uma cátedra de Química e um laboratório para a prática desta ciência como poucas universidades europeias se podiam orgulhar. Infelizmente, o seu desenvolvimento foi tão lento que, passado pouco tempo, o atraso relativamente a outros países era muito grande e, decorrido um século, o fosso que nos separava deles era profundo. Todavia, a Química nunca perdeu de vista o trilho dos mais avançados, o que lhe iria permitir alcançar um desenvolvimento satisfatório logo que surgiram condições propícias.

Com quase dois séculos e meio de existência, sede universitária da Química portuguesa durante cento e trinta e nove anos, o Laboratório Químico é uma instituição de grande prestígio científico ao qual nos ligam sessenta e cinco anos da nossa vida académica. Tivemos sorte de termos sido convidados para fazer parte dele no momento em que atravessava um dos períodos mais brilhantes da sua história — o de pioneiro na luta pelo estabelecimento em Portugal do ensino-investigação na Universidade. Foi lá que aprendemos os princípios que regem a Universidade — intemporal, preparadora de profissionais de nível científico mais elevado, criadora de ciência, impulsionadora da economia e do bem-estar das populações, formadora de homens — preceitos que nos nortearam pela vida fora.

Temos vindo a aproveitar todos os ensejos para deixar alguns apontamentos sobre a história da instituição que servimos, assim como da faculdade a que pertence. Não surpreende esta nossa dedicação, pois, segundo Lefebvere[1], a história é a memória do género humano que lhe dá "consciência de si mesmo, isto é, da identidade no tempo, desde a sua origem; e por consequência o relato do que, deixou marca de recordação aos homens" (sublinhados nossos).

A história não é uma simples descrição cronológica de factos isolados do contexto em que ocorreram. Também não é um elogio de pessoas ou acontecimentos porque este é filtrado dum todo que importa conhecer na sua globalidade. É uma ciência com caráter multidisciplinar, uma vez que os acontecimentos registados para a disciplina foram influenciados pelo contexto social, económico, político, científico e tantos outros que caracterizaram a época. Por sua vez, a fração em apreço vai influenciar o todo de que faz parte.

As ideias acerca da história que expusemos atrás explicam a organização que demos ao trabalho, ou seja, a necessidade da inclusão de aspetos que caracterizam o nível científico, o percurso da Química até se transformar em doutrina

---

[1] G. Lefebvere e A. Soboul, *Reflexions sur l'histoire*, Paris: Maspero, 1978.

científica e o progresso que teve a partir de então. Realmente, os dois primeiros capítulos são introdutórios: o primeiro trata da falta de tradição científica do país, particularmente da Universidade e o segundo, do percurso da Química até ao começo do seu estudo em Portugal. O terceiro e o quarto capítulos contêm as matérias que nos propusemos estudar. No quinto capítulo, são apontados os avanços relevantes da Química durante o século em consideração, assim como o caráter transdisciplinar da ciência, idiossincrasia comum a todas as disciplinas e atributo da essência do conhecimento. O trabalho termina com um epílogo a sublinhar os aspetos principais de que este se reveste e a apontar as deficiências que mais contribuíram para que a Universidade não tivesse sido capaz de acompanhar o avanço da ciência.

Para que uma universidade estatal sem recursos próprios, como é o caso da nossa, pudesse levar avante a sua missão, necessitava, entre muitas outras coisas, do auxílio do Estado, de condições propícias ao trabalho intelectual, da dedicação e competência dos professores. Estes fatores são pesados, para se poder explicar a história e tirar dela ilações úteis para o futuro.

A revisitação de um dado ramo científico duma época recuada, além de exigir conhecimentos que nos transportem para esse tempo, é muito dificultada pela falta de documentos que o tempo e a incúria foram destruindo. No caso presente, além das informações que colhemos nas muitas publicações dessa época em Portugal, relativas à ciência em geral e à Química em particular, recorremos a relatórios, atas, inventário de instrumentos, reagentes e livros e ao registo dos pagamentos efetuados pela caixa do Laboratório Químico entre 1811 e 1878. Esta última fonte foi de grande valia para podermos dar uma ideia dos trabalhos laboratoriais que se realizavam.

1. Coimbra, a cultura e a Universidade até meados do século XVIII

Coimbra é uma cidade com origem pré-romana. Achados arqueológicos indicam tratar-se dum povoado lusitano da Idade do Ferro. No decurso da romanização da Península Hispânica, o pequeno povoado cresceu e passou a chamar-se *Aeminium*, tornando-se capital da *Civitas*. O criptopórtico do fórum da cidade, implantado no topo da colina sobranceira ao rio *Mundo* ou *Monda,* dá uma ideia da grandeza que a cidade atingiu na época romana. Separada da importante cidade de Conímbriga por dezoito quilómetros e também localizada no eixo viário de Mértola a Braga, *Aeminium* cresceu muito após a destruição de Conímbriga pelos suevos, pois parte dos seus habitantes vieram acolher-se em *Aeminium*, o que se traduziu num aumento considerável da população.

Os trezentos anos de ocupação dos povos germânicos não trouxeram progresso assinalável a Coimbra como, aliás, aconteceu em todos os agregados urbanos do território.

A invasão árabe do século VIII veio dar à cidade de Coimbra uma posição de relevo na difícil empresa da Reconquista. Elo de ligação entre o Norte, predominantemente cristão, e o Sul arabizado, Coimbra e a região envolvente transformaram-se num núcleo moçarabe (cristãos arabizados) de relevo. Entre 717 e 1064, a cidade passou várias vezes da posse dos árabes para a dos cristãos e vice-versa. Conquistada, em 878, por Afonso III, rei de Leão, foi retomada em 987 por Almansor, que arrasou a cidade e a região circundante. A reconstrução foi iniciada anos depois, mas foi conquistada definitivamente por Fernando Magno em 1064, após prolongado cerco. Com a sua passagem para a mão dos cristãos, a fronteira com os árabes passou a ser o Mondego. Isto não quer dizer que daí em diante a vida da cidade tivesse sido tranquila. Inconformados com a sua perda, os árabes dirigiram-lhe cerrados ataques, sem, contudo, terem conseguido retomá-la. Em 1116, numa das suas investidas, flagelaram todo o território desde Montemor-o-Velho até Miranda do Corvo, cercaram Coimbra durante três semanas, mas esta resistiu.

Fernando Magno entregou o governo da cidade a Sisnando B. Davides, moçárabe provavelmente natural da Carapinheira (povoado situado na região de Coimbra) e que, ainda novo, tinha ido para Sevilha, onde esteve ao serviço do rei como seu vizir. Na opinião de Herculano, algum agravo teria recebido dos árabes que o fez vir oferecer os seus serviços ao rei de Castela e Leão, serviços que seriam úteis ao monarca pela experiência que Sisnando tinha nas relações entre cristãos e árabes. Teria sido ele a incitar o rei a conquistar Coimbra e, como recompensa, recebeu o título de conde e o governo da cidade e do Condado Conimbricense, que abrangia quase toda a região centro do Portugal atual. Revelou-se um governante determinado e sensato, consolidando o poder entre as ordens do rei, os interesses dos senhores da região e a construção de fortificações de defesa do seu território. O casamento com a filha do conde de Portucale fortaleceu a ligação entre os dois condados antes ameaçada pelos interesses e mentalidade das suas gentes.

Sisnando, ao mesmo tempo que se empenhou nas tarefas de reorganização civil e na defesa militar de cidade e do condado, pensou na restauração da diocese destruída na sequência da invasão de Almansor. Ele e o rei dirigiram o convite a D. Paterno, bispo de Tolosa, para prelado da diocese de Coimbra, lugar que ocupou de 1080 a 1087. O bispo era um moçárabe muito culto e dentre as iniciativas que tomou conta-se a criação, em 1806, de uma escola adstrita à Sé destinada a ministrar ensino aos religiosos que desejassem seguir a vida eclesiástica. Os mestres-escola que nela ensinavam estavam dependentes do bispado. Coimbra recebia a primeira escola catedralícia do reino que viria a ser Portugal. D. Paterno deixou à Sé de Coimbra os seus livros, entre os quais havia alguns de ciências como o *Astrolábio*.

As escolas catedralícias faziam parte da rede escolar da época conjuntamente com as escolas na dependência dos mosteiros e com as criadas pelas paróquias. Estas eram as mais elementares e destinavam-se a ensinar a população a ler, escrever e contar, desempenhando um papel cultural importante junto das classes populares.

Em 1095, Afonso VI doou à sua filha ilegítima, Teresa, o Condado Portucalense que compreendia os de Portucale e de Coimbra, concedendo a mão da jovem infanta a D. Henrique de Borgonha. A estratégia do rei tinha em vista a defesa do Condado ameaçado pelos almorávides, tribos aguerridas provenientes do norte de África que vieram reforçar o poderio militar do al-Andaluz.

O conde D. Henrique, que fizera a capital do Condado em Guimarães, morreu em 1112 com cerca de 40 anos. O filho, D. Afonso Henriques, era muito novo e o Condado ficou entregue à mãe, D. Teresa, que se aproximou da família galega dos Trava. A nobreza temeu pela independência do Condado, criando um clima de revolta e atraindo D. Afonso Henriques para o seu lado. O infante encabeçou o movimento e comandou um exército, que se confrontou com o de Fernão Peres de Trava em S. Mamede, tendo saído vencedor (1131).

Depois desta vitória, Afonso Henriques ficou à frente dos destinos do Condado Portucalense. O Norte, dominado por uma nobreza rural, constituía um meio mais isolado do resto do mundo e, por isso, decidiu estabelecer a capital condal em Coimbra para aqui preparar o plano de expansão do território.

Próxima da fronteira com os árabes, era necessário defender a cidade, o centro cultural propício ao estabelecimento de relações políticas e religiosas de que Afonso Henriques necessitava para levar avante o seu projeto. A estratégia usada na expansão territorial consistiu na organização de expedições militares para conquistar as grandes cidades e depois proceder à sua defesa e povoamento da região envolvente, de forma a estabilizar a ocupação.

Durante os primeiros cinco anos, D. Afonso Henriques procurou consolidar o território herdado e reunir forças para continuar a guerra contra os árabes. Encontrou já em marcha um projeto de construção na cidade dum mosteiro que iria adotar a Regra de Santo Agostinho, forma nova de crença com raiz na reforma gregoriana que estava a revitalizar a espiritualidade do mundo ocidental. O programa dos regrantes tinha a oposição da Sé de Coimbra, que tentou, sem êxito, impedir a construção. Além da ação pastoral de preparar clérigos que se impusessem pelo saber e pelas virtudes, o mosteiro de Santa Cruz também devia ocupar-se da assistência social a pessoas carenciadas. A primeira pedra foi lançada em 28 de junho de 1131 e, em 24 de fevereiro do ano seguinte, o mosteiro iniciava a sua atividade, embora as obras se estendessem por muitos anos mais: só em 1150 é que o altar-mor da igreja foi sagrado.

A criação do mosteiro foi aprovada pelo papa em 1135 e D. Afonso Henriques foi, desde a primeira hora, o seu protetor. Em contrapartida era o local onde ia buscar conforto espiritual e ajuda diplomática nas relações com a cúria pontifícia. Os fundadores do mosteiro passaram a pertencer à sua esfera de relações pessoais: D. Telo, a alma da iniciativa, conseguiu reunir os meios financeiros para concretizar o empreendimento junto do príncipe D. Afonso e do papa; D. João Peculiar, que se juntou a D. Telo na fase inicial do projeto, foi um notável auxiliar do rei nas difíceis negociações da independência de Portugal com a Santa Sé; e S. Teotónio, que se juntou mais tarde aos outros dois fundadores, foi o primeiro prior de Santa Cruz e o confessor do rei.

A proteção real concedida ao mosteiro continuou a ser assegurada por D. Sancho I, que, em 1128, lhe concedeu quatrocentos morabitinos para estágio de religiosos em França, onde se preparavam para vir a ser mestres no mosteiro.

Em Santa Cruz ensinaram professores famosos: D. João, na Teologia; D. Pedro Pires, na gramática, lógica e medicina; e D. Raimundo, nas ciências. De lá saíram alunos brilhantes, como Fernando Martins, para uns, ou Fernando de Bulhões, para outros — o futuro Santo António, teólogo e orador notável, dotado de grande vocação missionária — e Gil Rodrigues de Valadares (S. Frei Gil), médico, teólogo e pregador, que, depois de ter recebido formação intelectual em Santa Cruz, se doutorou na Universidade de Paris.

Além de dinamizador da cultura no início da nacionalidade, o mosteiro Santa Cruz foi, sobretudo, a chama que iluminou Coimbra através de séculos, conferindo à cidade um ambiente acolhedor da ciência e da cultura.

O século XI fora o acordar da Europa para um mundo novo. O Homem, que até então tinha uma atitude contemplativa, considerando a Bíblia a única fonte de verdade, toma contacto com a cultura da antiga Grécia que lhe foi trazida pelos árabes. O conhecimento dessa civilização abalou as suas ideias e fê-lo compreender que a verdade só pode alcançar-se através da ciência, fruto da investigação conduzida pela inteligência. Só por esta via se podia conhecer a natureza e, portanto, o seu criador. Esta atitude não significou o abandono da religião, mas antes uma aproximação a Deus pela admiração da sua obra e o reconhecimento do dom que dele recebera para a compreender e usufruir. A mente humana deixara de estar centrada num mundo teocêntrico para se focar no mundo antropocêntrico de que fazia parte.

O contacto entre cristãos e muçulmanos teve lugar na Península Ibérica e, com menor expressão, na Sicília. Em 1085, Toledo caiu na mão dos cristãos e rapidamente se tornou um importante centro intelectual, onde confluíam moçárabes e judeus, gente culta e multilingue que traduziu do árabe e do hebraico para latim antigas obras clássicas, recuperando e tornando acessível ao Ocidente conhecimentos de diversas áreas científicas. A atividade editorial atingiu o auge entre 1125 e 1280 e Toledo tornou-se um centro de irradiação da cultura árabe no mundo cristão. Na Sicília, tomada pelos cristãos em 1091, falava-se árabe e grego e de lá saíram traduções das obras de Aristóteles sobre biologia. Além disso, as Cruzadas (séculos XI-XIII) também contribuíram para pôr os cristãos em contacto com a cultura árabe.

A confrontação entre a filosofia da Antiguidade e a doutrina das escrituras trouxe grandes perturbações intelectuais, sociais e religiosas, que só se foram atenuando com a síntese da filosofia aristotélica com a teologia cristã em cuja construção se empenharam filósofos e teólogos medievais como Alberto Magno e, principalmente, Tomás de Aquino.

Mas as escolas criadas pela hierarquia da Igreja e pelas ordens religiosas deixaram de dar resposta às exigências intelectuais do Homem. Então, no século XIII, surgiram as universidades — corporações de mestres e estudantes devotadas à cultura do saber ao mais elevado nível — que foram sendo criadas por diversas vias e com diferentes estatutos. Umas eram de fundação eclesiástica, formando uma corporação dirigida por um chanceler, como é o caso das universidades de Paris, Oxford e Cambridge. Outras eram universidades cívicas, formadas pelos estudantes e governadas por um reitor eleito por eles, como, por exemplo, as de Bolonha e de Pádua. Outras ainda eram universidades estatais fundadas pelos monarcas e reconhecidos pelo papa, como aconteceu com Nápoles e Salamanca.

Portugal não se atrasou a entrar neste movimento cultural que perpassava pela Europa. Em 12 de novembro de 1288, os representantes das instituições religiosas portuguesas dirigiram, de Montemor-o-Novo, uma súplica ao papa Nicolau IV, solicitando-lhe a criação de um *Studium Generale* em Lisboa e comprometendo-se a retirar dos seus mosteiros e paróquias o dinheiro para fazer face às despesas com o seu funcionamento. D. Dinis não aguardou pela decisão papal, que demorava, e criou um Estudo Geral em Lisboa, por carta feita em Leiria a 1 de março de 1290. Em 9 de agosto desse ano, o papa dirigiu à Universidade de Lisboa a bula *De Statu Regni Portugaliae* na qual confirma a criação do Estudo e lhe reconhece os privilégios consignados a estas instituições. A bula confirmava o ensino de cânones, leis, medicina e artes e permitia a concessão do grau de licenciado pelo bispo ou vigário da Sé lisbonense.

Está fora do âmbito deste trabalho procurar entender a estratégia usada no pedido feito ao papa, mas é natural que fosse influenciada pelas más relações que os reis portugueses mantinham com a cúria pontifícia havia muito tempo e que só vieram a melhorar, precisamente, com D. Dinis.

A Universidade medieval não teve um começo auspicioso. Na verdade, instalada na capital, foi transferida para Coimbra ainda por D. Dinis, em 1308. Aqui esteve até 1338, data em que D. Afonso IV a levou de novo para Lisboa, para ele próprio voltar a instalá-la em Coimbra, em 1354. Manteve-se nesta cidade até 1377, data em que D. Fernando a fez regressar a Lisboa, onde permaneceu até D. João III a transferir definitivamente para Coimbra, em 1537. Esta cidade, sede da primeira escola catedralícia ainda antes da nacionalidade e cuja vida cultural foi marcada pelo mosteiro de Santa Cruz desde o reconhecimento da independência nacional, acabara por vencer a disputa pela posse da Universidade e reforçar a posição de capital intelectual do reino.

Nunca foram apontadas razões de peso que justificassem as sucessivas mudanças de sede da Universidade, o que leva a crer que estas itinerâncias não seriam mais do que tentativas para lhe dar o ambiente propício à sua afirmação. Em dois séculos, a Universidade não fora capaz de ganhar raízes e mostrar à população os benefícios que a sua existência lhe podia proporcionar, apesar de Portugal ter atravessado a época mais brilhante da sua história durante este período.

O estado de degradação em que a Universidade se encontrava quando se fixou em Coimbra era tal que já não era capaz de renovar os seus próprios quadros. Vagas de bolseiros estavam a ser enviados para Paris, Salamanca e outras cidades para preparar professores atualizados e poder acompanhar o programa da ciência.

A reforma da Universidade de D. João III foi profunda, dotando-a de mestres de saber mundialmente reconhecidos que a colocaram num patamar elevado da cultura da época. Contudo, se a reforma elevou o nível do ensino, não foi inovadora quanto à abertura dos novos caminhos a percorrer. A Filosofia racional e a Teologia continuavam a ser as disciplinas básicas do saber, enquanto as universidades do Norte de Europa, como Oxford, onde pontificou o franciscano Roger Bacon, já advogavam o experimentalismo como via para estudar a natureza. Começava e registar-se uma diferença de objetivos entre as universidades do Norte e do Sul da Europa.

Já em 1532, o rei pensava transferir a Universidade para Coimbra porque, a partir desta data, o provimento de qualquer vaga de lente continha uma cláusula que o dava por extinto com a mudança da Universidade. Nesse mesmo ano, o monarca mandou proceder a um inquérito para averiguar subornos praticados no preenchimento de vagas de catedráticos e publicou um regulamento para evitar tais abusos.

Mais uma vez o mosteiro de Santa Cruz teria pesado na decisão de a Universidade voltar para Coimbra. Os preparativos para a mudança iniciaram-se com a reforma dos colégios do mosteiro. Estes iriam prestar grande apoio à Universidade, se é que não passava pela mente do rei estabelecer em Coimbra uma unidade universitária, ligando culturalmente o mosteiro e a Universidade. Por alvará de 8 de outubro de 1527, foi nomeado Frei Brás de Barros ou Frei Brás de Braga reformador dos colégios de Santa Cruz. Era um religioso da ordem de S. Jerónimo que, depois de ter feito os seus estudos em Santa Cruz, foi enviado por D. Manuel I para a universidade de Paris e depois para a de Lovaina donde regressou em 1525. A vivência no estrangeiro abriu-lhe o espírito para as correntes humanistas que nessa altura corriam nos países mais adiantados da Europa, o que fazia dele a pessoa indicada para conduzir a reforma. Frei Brás conhecia bem o alcance da reforma de que fora encarregado, pois além dos seus conhecimentos e predicados pessoais, sabia do atraso cultural dos monges, apesar das recomendações das encíclicas e das determinações do Concílio de Trento para pôr termo à falta de preparação intelectual dos religiosos.

Os novos estatutos do mosteiro foram aprovados pela bula de Paulo III, *Ut respublica Christiana*, de 23 de março de 1537. Constavam de vinte e três constituições sobre os aspetos administrativo, pedagógico e de assistência social, não esquecendo o tipo de ensino que devia ser ministrado: "Que non se leam nem ouçam em nossos colegios sofistaria" (constituição terceira). Como se vê por esta recomendação e se mostrará mais adiante, as ordens religiosas estavam muito mais atentas à evolução do mundo do que a Universidade.

Até à reforma, Santa Cruz era uma instituição aberta apenas a religiosos, passando depois a receber estudantes religiosos e leigos. Concedia os graus de licenciado e de doutor em Teologia, Artes e Medicina. A abertura das aulas no mosteiro reformado teve lugar no princípio do ano letivo de 1534-35 com oitenta e seis alunos inscritos, provenientes de diversos pontos do país e pertencentes a vários estratos sociais e, em 1537-38, já frequentavam os colégios do mosteiro duzentos e cinco alunos. A reforma criou os colégios de S. João Baptista e de Santo Agostinho destinados a salas de aula, que se vieram juntar aos de S. Miguel e de Todos-os-Santos, já existentes e que serviam de alojamento aos porcionistas.

Em janeiro de 1537, começaram os preparativos para a transferência da Universidade, que em abril já se encontrava instalada em Coimbra, abrindo solenemente os seus trabalhos no início do mês de maio. Regia-se pelos estatutos manuelinos, que ficaram conhecidos como estatutos velhos. A Universidade foi instalada no palácio de residência do reitor, D. Garcia de Almeida, que vivia no cimo da Couraça da Estrela, e depois mudada provisoriamente para o Paço Real da Alcáçova, onde acabou por ficar, porque o edifício que o rei planeara para a instalar no bairro da Almedina nunca foi constuído.

D. Manuel tinha dispensado alguns cuidados à Universidade quando esta se encontrava ainda em Lisboa, dando-lhe melhores instalações, estatutos novos e enviando muitos estudantes para universidades estrangeiras a fim de se prepararem para ingressar depois na Universidade como professores. D. João III deu continuidade à política de preparação dos melhores escolares em universidades estrangeiras, mas numa escala muito maior.

Em 1527, só no Colégio de Santa Bárbara de Paris, havia cinquenta bolseiros subvencionados pela coroa. Como estes estudantes se destinavam a missões religiosas, o rei chegou a pedir às paróquias e aos cabidos participação no programa de formação científica e cultural do clero no estrangeiro, uma vez que o dispêndio estava a ter expressão no orçamento do reino. O pedido não foi aceite e, apesar da desilusão que a recusa causou ao soberano, ele não desistiu do projeto que empreendera.

An. U.C. 1877

Figura 1 – Universidade de Coimbra. Em 1537, D. João III cedeu o palácio real para aí instalar a Universidade. A torre é setecentista. (Vista da Universidade em 1877).

Na instalação da Universidade que pretendia renovar, D. João III recorria com frequência à colaboração do Dr. Diogo de Gouveia, na altura principal do Colégio de Santa Bárbara. No tempo de D. Manuel, Diogo de Gouveia

19

tinha ido para Paris como bolseiro, doutorou-se em Teologia e por lá ficou. Em 1520, comprou o colégio do qual era principal, aspirando fazer dele um centro de formação de teólogos. Para fazer face às dificuldades financeiras que o colégio atravessava, propôs ao monarca português um contrato em que assumia o compromisso de receber os bolseiros portugueses que pretendessem especializar-se em Teologia na universidade de Paris. Após prolongadas negociações, conseguiu que o rei assinasse o contrato, que era uma ajuda para Gouveia poder manter o colégio e, ao mesmo tempo, era também vantajoso para D. João III por ser o meio mais económico de realizar o seu programa. Já anteriormente, D. Manuel estabelecera no Colégio de Montaigu, também em Paris, uma fundação destinada a receber todos os anos dois estudantes portugueses pobres.

O monarca não se furtava a despesas para dotar a Universidade dum corpo docente de elevado nível e foram recrutados professores de grande prestígio: uns estrangeiros e outros portugueses que se tinham especializado no estrangeiro. Recorrendo à influência do cunhado, Carlos V, conseguiu trazer de Salamanca para Coimbra o famoso professor de Cânones, Martin Azpilcueta. O ordenado pago a este lente era superior ao que qualquer um alguma vez recebera, na Península Ibérica ou em França.

A chegada da Universidade levantou alguns problemas inevitáveis com Santa Cruz, porque o mosteiro recentemente reformado alcançara prestígio, era a única instituição de ensino superior da cidade ia para mais de um século e meio e, com certeza, iria reagir à perda de prerrogativas e à limitação das suas aspirações. Por sua vez, a Universidade não abdicaria da posição cimeira na hierarquia das escolas de ensino e de cultura.

Algumas decisões tomadas pelo rei abriram as hostilidades entre as duas instituições. Uma delas foi a entrega a Santa Cruz do ensino da Teologia. A Universidade não se conformou com a decisão de ficar sem a cadeira de maior prestígio naquela época; reagiu, mas não consegui reverter a ordem real. Uma outra medida mal recebida pela Universidade foi a transferência dos lentes das ciências físicas para Santa Cruz com o argumento de ser útil aproximar a Medicina das Artes e da Filosofia. Com a Medicina ensinada em Santa Cruz, a Universidade ficava limitada às faculdades de Cânones e Leis e ao ensino das cadeiras de Matemática, Retórica e Música. A culminar esta série de decisões reais, aparentemente lesivas das prerrogativas da Universidade, o prior de Santa Cruz foi nomeado seu cancelário. Na Universidade, a jurisdição pertencia ao cancelário, os exames eram realizados no mosteiro, cabendo a este a atribuição dos graus. Com esta medida, a Universidade ficava na inteira dependência do mosteiro, situação que ela não podia aceitar.

Parece claro que estas medidas do rei só podem ser entendidas à luz do seu pensamento inicial: ligar a universidade ao mosteiro, aproveitando as suas potencialidades, o que podia equivaler a transformar o mosteiro em universidade. Só assim se compreende a transferência da Universidade sem a dotar previamente de instalações próprias e a falta de legislação que assegurasse o seu funcionamento. Esta ia sendo publicada à medida que os problemas iam surgindo. Se era esta a ideia, ela era utópica mesmo para um rei, porque nem o mosteiro queria perder a sua identidade, nem a Universidade a autonomia para traçar o seu caminho.

Durante os dois anos de reitorado do bispo de S. Tomé, Frei Bernardo da Cruz (1541-43), as dissidências entre a Universidade e o mosteiro passaram de ocasionais a conflito permanente, o que levou D. João III a nomear um novo reitor, Frei Diogo de Murça. Este tinha sido colega de Frei Brás no estágio que ambos fizeram no estrangeiro, eram irmãos de ordem religiosa e foram sempre amigos. Como seria de esperar, a escolha do novo reitor foi bem aceite e as relações passaram por um período de apaziguamento, o que não quer dizer que os diferendos tivessem terminado de vez.

Um acontecimento importante para a vida da Universidade e para a cidade que acompanhou a Reforma Joanina foi a fundação dos colégios destinados a dar apoio aos estudantes — da pensão à assistência intelectual e moral e à disciplina de costumes —, fazendo deles personalidades de elite. Os primeiros colégios foram fundados por Frei Brás, seguindo-se-lhes, logo após a instalação da Universidade, a criação duma rede de colégios na Alta e ao longo da Rua da Sofia — rasgada para acolher vários deles, facto que lhe valeu a sua designação toponímica. No fim do século XVI, havia dezasseis colégios universitários e a construção destas unidades de apoio ao ensino continuou nos dois séculos seguintes. Alguns destes colégios eram de enormes dimensões como o da Companhia de Jesus, o maior colégio do país, com capacidade para alojar mais de duzentos alunos. Aqui se prepararam muitos missionários famosos que se evidenciaram em todo o mundo como apóstolos da fé católica.

O Colégio das Artes, fundado por iniciativa real, tinha objetivos diferentes dos demais: destinava-se a preparar os estudantes para o ingresso na Universidade. Uma das causas que fazia baixar o nível dos estudos universitários era a má preparação dos alunos ao chegarem à Universidade, deficiência que se viria a manter ao longo de toda a história do nosso ensino. O Colégio das Artes destinava-se a resolver este problema. Num primeiro ciclo, ensinavam-se as primeiras letras; seguiam-se-lhe outros dois, cada um deles com a duração de quatro anos: o primeiro era destinado ao estudo das Humanidades e o segundo, ao da Filosofia. Os alunos destes ciclos eram ainda obrigados a frequentar as cadeiras de Matemática, Grego e Hebraico.

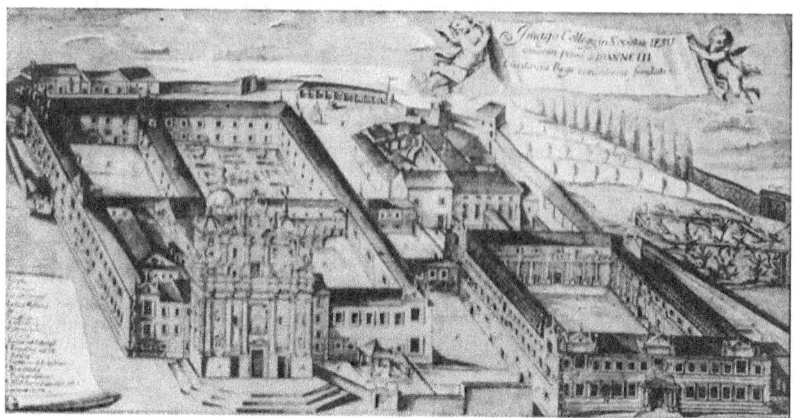

Figura 2 – Complexo pedagógico dos jesuítas. O complexo que os jesuítas designavam por Colégio de Coimbra era constituído pelo Colégio de Jesus (à esquerda) e o Colégio das Artes (à direita). Cada um destes colégios estava ligado ao refeitório e à cozinha (parte superior direita) e os dois estavam ligados entre si. A primeira pedra do edifício do Colégio de Jesus foi colocada em 14 de abril de 1547 e o novo edifício do Colégio das Artes começou a ser construído em 1568.

A instalação da Universidade reformada transformou Coimbra num centro intelectual de nomeada e encheu a cidade com uma juventude vinda de todos os pontos do país, que a engalava com as suas vestes e insígnias. A cidade passou a ser designada por cidade dos estudantes ou lusa-atenas. A influência da Universidade na cidade foi enorme: em duas décadas, a população aumentou cerca de sete vezes e a urbanização expandiu-se, principalmente na área da Alta e da Sofia.

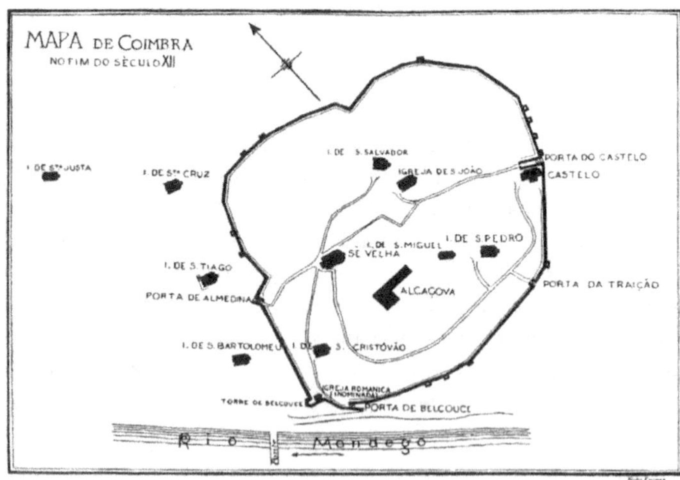

Figura 3 – Muralha de Coimbra no final do século XII. A muralha de defesa de Coimbra na época medieval teria cinco portas, das quais quatro estão indicadas na figura (Castelo ou Sol, Traição ou Genicoca, Belcouce ou Almedina). A quinta (Porta Nova), aberta na muralha para facilitar o acesso dos frades crúzios ao Colégio Novo ou de Santo Agostinho, localizava-se no extremo oriental do Colégio.

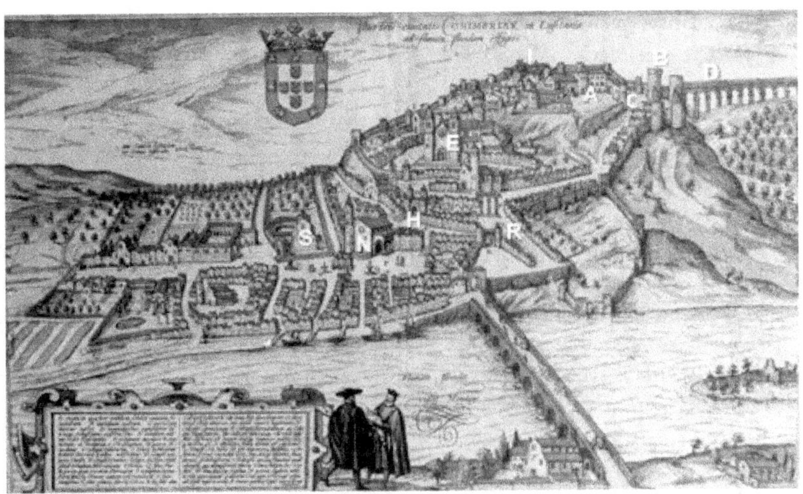

Figura 4 – Gravura da cidade de Coimbra no final do século XVI. Em meio século, a cidade teve uma grande expansão devida ao estabelecimento da Universidade. Marcaram-se na figura alguns locais como referência: A – Universidade; B – Castelo; C – Porta do castelo; D – Aqueduto de S. Sebastião; E – Sé Velha; H – Porta da Almedina; I – Colégio de Jesus; R – Porta de Belcouce; S – Mosteiro de Santa Cruz; N – Igreja de S. Tiago.

D. João III entregou a organização do colégio a André de Gouveia, principal do *Collége de Guyenne* de Bordéus, considerado o melhor de França nessa época. O regulamento do Colégio das Artes foi baseado no do colégio francês. Era independente da Universidade e por ordem do rei foi inicialmente instalado nos colégios de Todos-os-Santos e de S. Miguel, pertencentes ao Mosteiro de Santa Cruz, enquanto não fosse construído um edifício próprio. Inaugurado em 1548, o Real Colégio das Artes foi transferido para casas próximas do Colégio de Jesus quando passou para a mão dos jesuítas, tendo-se iniciado a construção do edifício definitivo em 1568.

André de Gouveia era sobrinho de Diogo de Gouveia e esteve com o tio em Santa Bárbara. Daqui saiu para o Colégio de Guyenne, atitude que desgostou o tio que nunca lhe perdoou a rebeldia, tanto mais que os dois colégios tinham ideologias religiosas e sociais diferentes. O espírito aberto às correntes do Humanismo teria sido a razão que o afastou do tio, defensor intransigente da ortodoxia religiosa. Era uma personalidade muito considerada no meio intelectual e Montaigne, que frequentou Guyenne quando André de Gouveia era o seu principal, refere-se-lhe como *le plus grand et plus noble principal de France*"[2].

André de Gouveia trouxe para o Colégio das Artes alguns colegas, com nome no meio universitário: os portugueses João da Costa, Diogo Teive e António Mendes de Carvalho; os franceses Nicholas Grunchy, Guilherme

---

[2] M. MONTAIGNE, *Essais* I, cap. 25, 1580.

de Géunte, Elias Vinet, Arnaldo Fabrício e Jacques Tapie; e os dois irmãos escoceses Jorge e Patrício Buchanan. Como o número de professores vindos de Bordéus não era suficiente para satisfazer as necessidades do colégio, que havia sido recebido com muito agrado no meio universitário e pela população, foram contratados alguns professores que se encontravam em Portugal e que tinham estado em Santa Bárbara[3].

As diferenças ideológicas entre as duas instituições refletiam-se nos professores, dividindo-os em 'parisienses' e 'bordaleses' que formaram dois grupos hostis, mas o prestígio de André de Gouveia foi capaz de manter a animosidade entre ambos em estado latente. Inesperadamente, ele morreu escassos meses depois do início da atividade do colégio, o que veio levantar problemas de disciplina. João da Costa, o substituto do principal, não foi promovido a principal pelo rei, que convidou Diogo de Gouveia, um outro sobrinho do velho Diogo de Gouveia que estava em Santa Bárbara, para dirigir o colégio. D. João III tinha conhecimento das hostilidades entre os dois grupos de professores, mas pensava que o colégio podia viver com a categoria dos bordaleses e a firmeza de fé dos parisienses. A nomeação do novo principal entusiasmou os parisienses, que lançaram uma perseguição aos bordaleses porque, entretanto, puderam contar com um aliado poderoso e implacável — a Inquisição. Em agosto de 1550, foram presos João da Costa, Diogo de Teive e Jorge Buchanan. Os restantes bordaleses, tidos como simpatizantes do luteranismo, ficaram amedrontados e abandonaram o colégio, deixando-o numa situação difícil, que não mais conseguiu vencer. Em 8 de novembro de 1549, por decisão real, a tutela do colégio foi entregue à Universidade, perdendo assim a liberdade de lançar projetos que atraíssem mestres de prestígio.

A desilusão que o fracasso de uma das iniciativas mais valiosas da sua reforma dos estudos lhe causou, a pressão de familiares e conselheiros ou a acumulação das duas razões levaram D. João III a entregar o Colégio das Artes aos jesuítas por carta de 10 de setembro de 1555. Este ato foi a porta por onde entrou o "cavalo de Troia" que tomou conta do ensino em Portugal e o dominou durante mais de dois séculos.

A Companhia de Jesus teve um papel importante no Concílio de Trento e saiu dele com a missão de se entregar à Contra-Reforma pela via do ensino da juventude.

Logo após terem tomado conta do Colégio das Artes, os inacianos não perderam tempo a pôr em prática os seus projetos de domínio do ensino ao exonerar o reitor, Frei Diogo da Murça, que tão bom serviço tinha prestado à Universidade. D. João III morreu em 1557 e com ele morreu o sonho de uma Universidade à beira de ser renascentista e virada para o futuro, acabando por se manter no passado, apostada em defender o prolongamento da cultura medieval.

---

[3] A história do Colégio das Artes foi objecto de estudo pormenorizado de M. BRANDÃO, *Colégio das Artes,* vol. I e II, Coimbra: Imprensa da Universidade, 1933.

Para compreender a oportunidade da Reforma Joanina e os escolhos que não conseguiu vencer, é necessário caracterizar a época. Na viragem do século XV para o seguinte perpassava um vento de mudança pela Europa, terra de cristandade havia dez séculos. A intelectualidade, cansada de uma espiritualidade baseada nos dogmas da Revelação, mas sem deixar de acreditar em Deus, fazia da criação uma leitura diferente daquela que lhe fora transmitida até então. Deus tinha colocado o Homem no centro do mundo, entregando-lhe a missão de compreender a sua obra de criador e poder explorá-la em seu benefício. A nova ideologia — o Humanismo — trazia consigo o interesse por todas as manifestações de cultura, das letras às ciências, às artes, etc. Era o Renascimento, período da história da civilização sem data definida nem limites territoriais demarcados. Era a transição do mundo medievo, em que o estudo da Teologia era a mais nobre atividade do espírito e a chave de todo o saber, para o mundo moderno que só podia ser conhecido através de informações obtidas pela ciência. A adaptação aos novos tempos não residia em colocar a ciência no lugar antes ocupado pela fé, mas no reconhecimento do papel distinto de uma e da outra na formação do pensamento.

Ainda pelos finais do século XIV, no meio da crise ideológica que se instalara, apareceram pensadores franciscanos que separam o aristotelismo do tomismo, notabilizando-se nos estudos científicos como pioneiros da modernidade. Robert Grosseteste de Oxford, o seu discípulo Roger Bacon e, posteriormente, João Duns Escoto e Guilherme Ockham são alguns entre muitos. A ciência antiga entrara no ocaso e já se aguardava o alvor da moderna.

No início de seiscentos, o Humanismo ganhou evidência com seguidores em todas as classes sociais, disseminados por vários países da Europa Ocidental, mas que constituíam uma minoria. Entre eles contavam-se intelectuais de primeiro plano como Erasmus de Roterdão (1546-1536).

Erasmus era um cristão convicto que se entregou à luta pela reforma da Igreja, adaptando-a à filosofia humanista. A Bíblia era o código de conduta do Homem e era necessário levá-la ao conhecimento dos cristãos, dando-lhes liberdade para a interpretar a seu modo. Para que isso acontecesse, havia que expurgar a religião dum cristianismo mecanizado, demasiadamente elaborado e incompreensível, que não permitia ao crente o acesso fácil às fontes da verdade. Escreveu sem cessar, focando os pontos essenciais da sua doutrina, respondeu aos críticos, correu mundo, fez amigos e abdicou de tudo o que pudesse perturbar a sua rota. Na sua crítica não pretendeu ferir a Igreja católica, pelo contrário: procurou simplificá-la e engrandecê-la através de preceitos que a aproximassem do Homem activo e responsável.

Um outro movimento social deste tempo surgiu no seio da Igreja, este sim, pretendendo atingir a sua estrutura por considerá-la desadaptada ao ideal humanista. Em 1517, Martinho Lutero, um monge agostiniano e professor universitário em Wittemberg, afixou um manifesto contra as indulgências na porta da catedral da cidade. O papa Leão X, a contas com dificuldades financeiras para reconstruir a Basílica de S. Pedro, obra iniciada em 1506 por Júlio II, resolveu pedir auxílio aos fiéis, prometendo em troca uma indulgência ou perdão dos pecados àqueles que dessem uma esmola para as obras. Lutero reagiu contra esta iniciativa do papa por a considerar contrária à doutrina de Cristo e com efeitos funestos em matéria de fé. As noventa e cinco teses afixadas por Lutero estavam escritas em forma de pontos a discutir sobre a reforma da Igreja, que poderiam não coincidir exactamente com as ideias do professor de Teologia moral, como se veio a revelar posteriormente. O manifesto colheu a adesão de destacados humanistas como Thomas More de Londres, Marsílio Fabrício de Florença e do maior de todos, Erasmus, que, por tão viajado que fora, conservou sempre como identificação o lugar onde tinha nascido, Roterdão — Erasmus de Roterdão.

Erasmus concordava com muitos aspetos a reformar na Igreja enunciados por Lutero, discordava de alguns, mas não aderia de todo aos métodos truculentos do monge de Wittenberg. Todavia, homem honesto, quiçá tímido, não denunciou as dissidências por só o poder fazer depois de um estudo profundo. Em setembro de 1524, acabou por se demarcar de Lutero com a publicação de *De libero arbitrio diatribe sive collatio* (sobre o livre arbítrio), onde defende a liberdade do Homem. Lutero respondeu-lhe no ano seguinte com *De servo arbitrio* (sobre o arbítrio servil). A polémica entre os dois humanistas endureceu e Erasmus defendeu os seus pontos de vista com a impressão da primeira parte de *Hiperaspites* em 1526 e, no ano seguinte, deu por finda a polémica com Lutero com a publicação da segunda parte desta obra.

A Igreja não reagiu aos movimentos reformistas de forma inteligente e, em vez de procurar remediar os males que a afetavam, respondia às críticas tardiamente com arrogância e ameaça. A hierarquia não tinha autoridade para se impôr aos críticos e também não estaria interessada em mudanças, dada a vida devassa e de prazeres sensuais dos papas da época, que, ávidos por dinheiro, se cercavam de honrarias. Eram assim Alexandre VI, um bórgia, e Paulo III, um farnese. Lourenço, o Magnífico, considerava Roma o "antro de todos os vícios"[4].

De 27 de junho a 13 de agosto de 1527, os teólogos ibéricos reuniram-se em Valladolid para analisar o caráter ortodoxo das publicações de Erasmus. Pelo seu âmbito restrito, não teria interesse referir aqui a assembleia de Valladolid, não fosse a posição da delegação portuguesa da qual fazia parte Diogo de Gouveia, sénior de quem já muito aqui falámos pela sua influência na reforma da Universidade. O debate foi inconclusivo, tendo os delegados portugueses, Pedro Margalho, Estevão de Almeida e Diogo de Gouveia, proposto a condenação de Erasmus. Diogo de Gouveia foi ao ponto de afirmar

---

[4] Jean Lacouture, *Os Jesuítas*, vol. II, Lisboa: Círculo de Leitores, 1993, p. 15.

que o Humanismo era o caminho para o luteranismo[5]. Ao considerar inimigos, indiscriminadamente, humanistas e luteranistas, a Igreja católica mostrou a cegueira dos que exigem que todos estejam de acordo com as suas ideias e, quando isso não acontece, chamam-lhes inimigos, qualquer que seja o tipo de discordância. Esta intolerância foi um erro que prejudicou esta Igreja e o progresso da sociedade dos crentes que dela faziam parte.

O luteranismo ajudado pela imprensa progrediu rapidamente, conquistando pessoas e países. A Dinamarca e a Suécia adotaram-no como religião oficial em 1527 e, por meados do século, a Alemanha encontrava-se profundamente dividida entre católicos e luteranos. Tornava-se necessário convocar um concílio ecuménico para procurar unificar a cristandade e havia que fazê-lo em tempo de colmatar as brechas que haviam sido abertas. Roma não se mostrava interessada nesta solução nem tolerava quaisquer iniciativas de reconciliação, e as suas respostas à crise religiosa foram sempre prepotentes e inadequadas, como foi a excomunhão de Lutero.

Carlos V lamentava a passividade da Igreja católica e, preocupado com os efeitos que a divisão ideológica estava a ter sobre a unidade do seu império, pressionava a cúria romana para organizar um congresso de entendimento entre os dissidentes. Paulo IV acabou por reunir os católicos em Trento, congresso que se estendeu de 1545 a 1563 com duas interrupções: a primeira de 1548 a 1551 e a segunda de 1552 a 1561. Foi o concílio mais longo da história da Igreja e aquele em que foram tomadas as medidas que maior influência tiveram nos destinos da humanidade.

O Concílio de Trento não conseguiu uma aproximação entre católicos e protestantes, o que conseguiu, de facto, foi radicalizar a postura das duas fações religiosas. A Igreja católica relançou a escolástica e tomou medidas para reforçar a sua defesa. Era o prolongamento da Idade Média que, entretanto, se armava para se defender contra o andar do tempo, como iremos ver.

Anos antes da realização do Concílio, Paulo III aprovou a fundação da Companhia de Jesus, organização religiosa criada por Inácio de Loyola e mais nove companheiros que havia de ter papel de relevo nos trabalhos do Concílio e, posteriormente, na defesa das resoluções nele tomadas. Uma outra organização religiosa com grande influência no Concílio foi o *Sacrum Officium Sanctissimae Inquisionis* (Inquisição Romana ou Tribunal do Santo Ofício), criado em 1542 pelo então cardeal Carapa, anos depois eleito papa com o nome de Paulo IV, a quem coube a convocação do Concílio como ficou dito. Parece ter sido Loyola quem instigou o cardeal a criar o Tribunal que tão funesta consequência teve para a imagem da Igreja católica e para o progresso das nações onde foi implantado.

---

[5] J. S. da SILVA DIAS, *A política cultural da época de D. João III*, Coimbra: Faculdade de Letras, 1969.

Nos meados de quinhentos, tínhamos uma Europa divida: o Sul e o Ocidente dominados por um cristianismo de preconceitos e sem liberdade de pessoas; o Norte e o Este simpatizantes do paradigma reformador lançado por Lutero. A corrente humanista, que desejava uma transição do mundo medieval para o moderno por via pacífica, baseando-se no princípio de que o papel do Homem era o de compreender o mundo à sua volta, não encontrou a adesão de poderosos e esfumou-se entre extremos triunfantes.

O primado da razão liberta de amarras dava os primeiros sinais do aparecimento do mundo novo. Em 1543, Nicolau Copérnico publicava *De revolutionibus Orbium Coelestium,* no qual o monge polaco apresentava uma nova versão do sistema solar baseada na observação da posição dos astros e na reflexão sobre os dados que observara. Concluía que a Terra não era o centro deste sistema, mas sim o Sol. A Terra era um planeta que girava em torno desta estrela. Esta hipótese contrariava Ptolomeu, que era universalmente seguido, e ia frontalmente contra afirmações contidas nos textos sagrados. Nesse mesmo ano, o professor da universidade de Pádua, Andreas Vesalius imprimia *De Humani Corporis Fabrica,* o primeiro tratado de anatomia humana baseado nas observações realizadas por ele. E as conquistas científicas iam surgindo e transmitindo ao Homem uma nova atitude mental face à natureza que o rodeava.

Após a morte de D. João III, a Universidade e o Colégio das Artes envolveram-se imediatamente em conflito pela posse de bens ou pela rebeldia deste em se submeter à hierarquia universitária. A Companhia de Jesus encontrou sempre apoio na rainha regente e no cardeal D. Henrique que, mal ocupou o lugar de inquiridor-mor, mandou proceder a devassas a livrarias e bibliotecas para organizar o rol das obras a colocar em Índex. Obras de Sá de Miranda, João de Barros e Damião de Góis figuravam na lista de livros de leitura proibida. É com D. Henrique, inquiridor-mor, que se fizeram os primeiros autos de fé.

A reforma da Universidade teve lugar numa época em que decorria uma mudança civilizacional com o inevitável choque entre o presente que reagia para se libertar do passado e o futuro que queria ser um novo presente. O confronto de ideias em todos os setores da vida era violento. A Reforma Joanina era oportuna não só para restaurar o nível científico e pedagógico da Universidade, mas também por ser o momento ideal para a tornar numa escola do futuro. Infelizmente, como já se referiu, não foi isto que aconteceu. O reformador teve apenas a intenção de melhorar o nível da Universidade existente e não de fazer uma reforma que lhe alterasse os objetivos.

Afinal, quem foi D. João III? O reformador da Universidade que não poupou esforços para lhe dar condições que a guindaram a um lugar cimeiro entre as universidades europeias da época? A pessoa de visão que, ao convidar André de Gouveia, principal de um colégio progressista, para vir dirigir o Colégio das Artes, jóia da sua reforma, pretendeu fundar uma Universidade voltada para o futuro que já se anunciava? O humanista que, sensibilizado com a gentileza de Erasmus lhe ter dedicado *Chrisostomy Lucubrationis* em 1527, encarregou

Damião de Góis de sondar o paladino do Humanismo acerca da possibilidade de ele vir ensinar em Coimbra? O amigo de André de Resende que, em 1534, proferira a oração de abertura das aulas na Universidade, então em Lisboa, *Oratio pros rostri,* um verdadeiro manifesto do erasmismo? Ou, pelo contrário, o católico ortodoxo que pretendeu arrepiar o caminho de André de Gouveia, ao nomear Diogo de Gouveia, correligionário do velho tio do Colégio de Santa Bárbara e confesso militante da luta contra a corrente humanista? O religioso que, juntamente com a esposa, apoiou a Companhia de Jesus desde a sua criação, lhe abriu as portas da Ásia e lhe entregou o ensino da juventude do seu país quando aquela já se tinha afirmado como baluarte da Contra-Reforma? O rei-piedoso que solicitou com insistência à Cúria a instalação da Inquisição cuja missão era eliminar, muitas vezes pela morte na fogueira, os acusados de desobediência aos preceitos do Concílio? Ele foi isto tudo, levantando a questão de saber como era possível tanta incoerência na mesma pessoa. Foi um rei que, sabendo do estado de pobreza em que se encontrava a Universidade, procurou melhorar o seu nível intelectual, mas não torná-la num centro cultural dos novos tempos. Não se teria apercebido da mudança que estava em curso e, por isso, rodeou-se de conselheiros dos vários quadrantes ideológicos. Foi autor da primeira grande reforma da Universidade e matou-a à nascença.

A terminar a apreciação de Reforma Joanina devemos dizer que, já na posse dos jesuítas, o Colégio das Artes teve alguns momentos de elevação no ensino da Filosofia e da Teologia, graças ao nível intelectual de alguns mestres que por lá passaram.

O espanhol Luís de Molina estudou Direito na Universidade de Salamanca e Teologia na de Alcalá. Ingressou na ordem dos jesuítas e veio estudar Filosofia e Teologia para a Universidade de Coimbra, onde iniciou a sua carreira de professor, ensinando Filosofia no Colégio das Artes de 1563 a 1567. Transferiu-se para a Universidade de Évora, onde foi professor de Teologia até 1583. Sobressaiu no panorama cultural ibérico pela originalidade das suas ideias como filósofo, teólogo e jurista. Foi uma figura do renascimento intelectual e de separação dos planos natural e sobrenatural dos atos humanos e valorização da pessoa humana. Luís de Molina é autor de uma das maiores obras pioneiras sobre a escravidão dos africanos: *De Tractatus de iustitia et de iure* (1593-1609), um trabalho notável que trata das questões jurídicas levantadas pela escravatura dos negros. Deu uma interpretação inovadora do tomismo que foi seguida por franciscanos e dominicanos na Universidade de Salamanca, Valladolid, Alcalá de Henares, Sevilha, Coimbra e Évora.

Um outro espanhol famoso que ensinou no Colégio das Artes foi o jesuíta Francisco Suarez. Em 1570, após ter feito a sua formação intelectual como jurista e teólogo, Suarez começou a ensinar, primeiro em Salamanca como tutor de Escolástica e depois como professor de Filosofia no colégio dos jesuítas em Valladolid. Depois de ter sido professor de Teologia em várias cidades, em 1597, por intermédio de Filipe II de Espanha que ocupava também o trono de Portugal, veio para o Colégio das Artes, onde se manteria até à morte em 1617. Aderiu ao tomismo sem demasiado otimismo e foi considerado um grande mestre da Escolástica. A sua obra considerada como a mais profunda, *Disputationes metaphysicae*, teve grande divulgação na Europa.

No fim do século XVI e princípios do século seguinte, a Universidade de Coimbra aprofundou o estudo da Filosofia de Aristóteles e sobre ela produziu grande número de comentários — matéria para o ensino da Teologia em Coimbra e em Évora e escritos para os alunos e não para publicação. Mas começaram a aparecer versões não autorizadas, naturalmente com incorreções, o que levou o principal da Companhia a encarregar Pedro da Fonseca de fazer a sua publicação oficial, dada ao prelo em Colónia em 1617 com o título *Commentarii Collegii Conimbricensis Societatis Jesu in tres libros de anima Aristotelis Stagiritae*. Este repositório sobre Aristóteles, também conhecido por Curso Conimbricense, correu mundo e foi traduzido em França, Itália e Alemanha. O próprio Pedro da Fonseca era conhecido pelos seus escritos sobre Lógica e pelos seus comentários à Metafísica de Aristóteles.

De posse do Colégio das Artes os jesuítas iniciaram a execução do plano para o domínio do ensino em Portugal. Em breve criaram uma rede de Colégios por todo o país e em 1559 receberam a universidade eclesiástica de Évora, que havia sido fundada pelo cardeal D. Henrique. No reinado de D. Sebastião, dominavam já quase todo o ensino em Portugal. Se excluirmos os poucos episódios pontuais como os que acabámos de descrever e que tiveram lugar apenas na Filosofia e na Teologia, o ensino universitário caiu numa sombra onde a primavera da nova ciência não conseguiu penetrar.

O método de ensino praticado na Universidade era a escolástica, que admitia que a via para conhecer a verdade era a dialética e que o conhecimento era consequência da dúvida. Ao comentário dos textos *(lectio)* seguia-se a sua discussão chamando argumentos a favor *(sic)* e contrários *(non)*, método denominado *disputatio*. As opiniões adversas eram refutadas pela discussão (dialética).

O método não gerava aquisição de conhecimentos novos, pois apenas podia dar maior clareza aos textos em análise. O seu objetivo também não era a investigação porque partia-se do princípio de que toda a verdade estava contida nos textos sagrados, não havia outra para além da que eles revelavam e o que realmente interessava era a sua interpretação.

A escolástica teve início no século IX com João Escoto Erígena e até ao século XVI foi praticada e desenvolvida por muitos pensadores. Nos séculos XI e XII, sobressaem os nomes de Santo Anselmo, Pedro Abelardo e Alberto Magno, que sofreu grande influência dos *Libri Quator Sententiarum* de Pedro Lombardo, filósofo nascido em Itália e que por 1140 foi professor da escola catedralícia de Notre Dame e mais tarde bispo de Paris. Este teólogo escolástico escreveu a sua *magnus opus*, possivelmente entre 1148 e 1152 e nela compilou ideias da Bíblia, de Santo Agostinho e dos principais teólogos e filósofos até à data da escrita das Sentenças. A obra teve grande aceitação, mereceu comentários de vários pensadores e foi seguida pelas escolas e universidades durante séculos. O auge da escolástica é alcançado no século XIII devido à publicação da *Summa Theologiae* de Tomás de Aquino na qual este teólogo procurou amalgamar a fé e o aristotelismo. Ao princípio, a *Summa* não foi bem recebida pelos católicos, que a viam como a entrada das ideias dum ateu como Aristóteles nos textos sagrados, retirando-lhes a pureza de que se revestiam, e consideravam que a razão era uma heresia. Mas, com a canonização de S. Tomás, em 1323, o tomismo passou a ser doutrina perfilhada pela igreja católica.

Naturalmente que houve muitos jesuítas, professores no Colégio das Artes, que discordavam da obstrução feita à entrada das novas ideias, mas por um princípio de disciplina obedeciam às diretrizes dimanadas pela hierarquia. Por exemplo, Inácio Monteiro que se distinguiu como professor de Matemática na década de 1750-60 e que era um admirador do cartesianismo, manteve-se fiel à ordem até à sua expulsão de Portugal. Alguns professores do Colégio solicitaram a D. João V autorização para fazer algumas alterações nos programas de Física, petição que o rei indeferiu por provisão de 1712.

O edital afixado em 7 de maio de 1746 pelo reitor do Colégio, padre José Veloso, é esclarecedor do que se passava: proibia "opiniões novas pouco recebidas, ou inúteis para o estudo das Sciencias mayores como são as de Renato Descartes, Gracendo, Neptono e outros" ou "quaisquer conclusões oppostas ao sistema de Aristoteles"[6]. Não se entende a obstinação com que o responsável universitário se opunha ao conhecimento de ideias novas pelos alunos, indo até ao ridículo do aportuguesamento dos nomes de Descartes, Gassendi e Newton. A proibição de divulgar certas ideias avançadas sempre aconteceu, como a interdição do ensino da Filosofia de Descartes na universidade de Utrecht, em 1642, mas em Portugal o afastamento dos jovens das correntes de pensamento que percorriam a Europa foi total e por um período demasiado longo.

O século XVII é o tempo em que a razão se lança em corrida no estudo da natureza, fazendo uso duma nova filosofia. Francis Bacon foi o primeiro filósofo a afirmar que só a investigação científica podia garantir o desenvolvimento da Humanidade, dando-lhe o domínio sobre a natureza. A hegemonia dos povos seria adquirida pela ciência cujo método consistia na obtenção de dados experimentais. A partir deles e através de operações de lógica, chegar-se-ia a uma conclusão confiável sobre a verdade que se pretendia conhecer.

O método de Bacon consistia em partir de dados empíricos e, por hipóteses baseadas na lógica, obter uma conclusão generalizável sobre as leis da natureza. O filósofo defendia o método indutivo, que expôs conjuntamente com a apologia da ciência em *Novum Organum*, publicado em 1621.

---

6 R. Carvalho, *História do Ensino em Portugal,* 2ª edição, Lisboa: Fundação Calouste Gulbenkian, 1996, p. 389.

Um outro método que acabaria por ser o mais seguido em ciências foi proposto por René Descartes no *Discurso do Método* (1637). Ao contrário de Bacon, Descartes não acreditava que os sentidos pudessem levar a conclusões finais corretas porque são frequentes os casos em que eles nos enganam. Mas o pensamento não nos trai por ser fruto da razão, que é geradora de certeza. O método científico que propõe consiste em partir de um pequeno número de princípios e chegar à conclusão por inferência lógica. Esta é a via mais segura para alcançar a verdade porque, se as premissas estiverem certas, as conclusões também estarão. Na dedução cartesiana, os dados experimentais são necessários para confirmar os resultados obtidos por encadeamento da lógica, que devem ser confrontados com os dados fornecidos pela experiência.

Se Descartes criticava o indutivismo por questionar as conclusões a que nos pode conduzir, por sua vez, Bacon criticava o dedutivismo porque a lógica cartesiana rejeitava e ignorava a filosofia natural. Quer dizer que esta lógica pode estabelecer uma ciência perfeita relativamente aos postulados, mas sem utilidade por não se aplicar à realidade. Para que o dedutivismo conduza a resultados exatos e úteis, as conclusões devem ser confrontadas com os dados experimentais. Nas ciências físicas aplica-se uma lógica na qual são introduzidos dados experimentais; é, portanto, uma lógica semi-formal.

Por observação dos astros com auxílio duma luneta (a primeira que foi construída), Galileo confirmou ser o Sol o centro do sistema solar — tese que defendeu em *Diálogo sobre os dois sistemas máximos do mundo (ptolomaico e coperniano)*, publicado em 1632. Como sabemos, este livro originou um conflito com a Igreja e só não conduziu o autor à fogueira porque este abjurou o ponto de vista exposto no livro. Mais tarde, Galileu escreveu ainda *Considerações e demonstrações matemáticas sobre duas novas ciências*, que publicou em 1638.

Na obra monumental *Philosophiae naturalis principia mathematica*, publicada em 1687, Newton expôs a teoria da gravidade e as leis do movimento e o edifício da Mecânica-Física ficou concluído. As conquistas da ciência sucedem-se e, em 1704, o próprio Newton publicou *Optiks,* obra maior onde demonstrou a composição da luz branca.

D. João V foi educado pelos jesuítas e nunca foi capaz de se desligar deles, mas tinha o espírito mais aberto às ideias modernas e os seus atos revelam sinais disso.

No seu tempo foram criadas várias academias particulares nas quais as pessoas ilustradas falavam sobre temas de atualidade, movimento que se teria estendido à corte e que eram muito do agrado do rei. Este movimento intelectual teria contribuído para fazer dele um protetor da arte, da ciência e das letras.

Em 1722, chegou a Lisboa (vindo de Roma, em trânsito para o Brasil) o padre jesuíta Giovanni Battista Carbone, acompanhado de outro colega, Dominico Capassy. D. João V reteve os dois missionários em Lisboa com a finalidade de estruturar a Matemática no país. Como ambos manifestassem interesse pela Astronomia, o rei concedeu-lhes meios para a fundação de um observatório no Real Colégio de Santo Antão-o-Novo em Lisboa. Carbone tornou-se a pessoa mais próxima do rei durante vinte e oito anos, escreveu muitos trabalhos sobre astronomia e foi eleito sócio da *Royal Society* em 1729; Caspassi foi para o Brasil em 1730.

O isolamento da Universidade pelos jesuítas numa época de mudança rápida e profunda da filosofia natural levou a um atraso que se acentuava a cada instante. A esta causa de decadência veio juntar-se a deterioração do ensino e estas duas tendências arrastaram a Universidade para a ruína.

Descontando as férias, os feriados e as festas, o tempo letivo era reduzidíssimo, os estudantes levavam uma vida de boémios, envolvendo-se em rixas, desacatos sem a menor dedicação ao estudo. Alguns só vinham à cidade para se matricularem e outros traziam com eles pessoas que não eram estudantes e se deslocavam a Coimbra apenas para se divertirem.

Vários acontecimentos contribuíram para que a influência da Ordem de Jesus ficasse sob pressão e, por conseguinte, perdesse algum do seu domínio sobre o ensino. Um deles foi a entrada de outras ordens religiosas no ensino, designadamente a Ordem dos Clérigos de S. Caetano, criada em 1648, e a Congregação do Oratório de S. Filipe de Néri, que Bartolomeu do Quental introduzira em Portugal no reinado de D. João IV. Ambas as organizações tinham o espírito aberto à modernidade, mas, enquanto a primeira teve uma ação pouco significativa no ensino, o mesmo se não pode dizer da última. Em 1745, D. João V dotou o hospício de Nossa Senhora das Necessidades, que estava na dependência dos oratorianos, com uma biblioteca de trinta mil volumes ao mesmo tempo que concedia à congregação uma renda anual de doze mil cruzados, destinada a custear as despesas com o ensino público e a instalação de um gabinete de Física.

Uma outra contrariedade que se deparou aos jesuítas foi o clima criado por pessoas conceituadas que tinham procurado no estrangeiro condições de vida profissional e científica que não lhes eram oferecidas pelo ambiente de repressão que vigorava em Portugal. Eram, naturalmente, personalidades que tinham mostrado a sua capacidade intelectual no estrangeiro e estavam despertas para o mundo novo em que viviam. Curiosamente, a maior parte delas nunca perdeu o amor pelo seu país de origem e procurava ajudá-lo a adquirir condições para prosseguir na senda do progresso. Eram apelidados de 'estrangeirados', cuja ação contribuiu para formar uma opinião favorável à nova visão do mundo nas elites nacionais.

Um destes foi Jacob de Castro Sarmento, que, em 1717, concluiu o curso de Medicina na Universidade de Coimbra. Durante alguns anos, exerceu em Portugal, mas teve de fugir à Inquisição, indo para Inglaterra onde foi médico e docente da universidade de Aberdeen. Saiu do país porque era judeu e receava ser preso como estava a acontecer a outras pessoas na mesma situação. Já o pai, cristão-novo, e o irmão mais velho tinham sido vítimas desta sinistra instituição, acusados de judaísmo.

O seu nome de batismo era Henrique e em Inglaterra mudou-o para Jacob. Foi um médico conceituado tendo sido eleito membro do *Royal College of Physicians*. Muito interessado em ciência, publicou, em 1737, *Teórica Verdadeira das Marés*, o primeiro trabalho de divulgação da teoria de Newton em português.

Em Londres, manteve contactos com Ribeiro Sanches, um outro médico judeu fugido de Portugal, a quem nos referiremos mais adiante, e com o futuro Marquês de Pombal, então ministro junto da corte inglesa.

Jacob Sarmento fez várias propostas para a modernização do país como a tradução de Bacon, a apologia da análise elementar de águas minerais e outras publicações.

Um estrangeirado que agitou a intelectualidade portuguesa em meados do século XVIII foi Luis António Verney. Depois de graduado em Teologia pela Universidade de Évora, foi para Roma onde se doutorou. Procurou colaborar na renovação pedagógica do ensino em Portugal, publicando, em 1746, *Verdadeiro Método de Estudar, para ser útil à República e à Igreja: proporcionado ao estilo e necessidade de Portugal*. Este trabalho era uma panorâmica da ciência e teve grande repercussão em Portugal, mas o receio da reação dos jesuítas fez com que a 1.ª edição aparecesse sem autor.

Um outro português que se distinguiu no estrangeiro e que (como os já referidos) não esqueceu a sua pátria foi o médico judeu António Nunes Ribeiro Sanches. Estudou Direito na Universidade de Coimbra e doutorou-se em Medicina na Universidade de Salamanca e, depois de ter exercido a medicina em Génova, Montpellier, Bordeus e Londres, fixou-se em Leiden, onde estudou com Boerhaave, uma das figuras mais prestigiadas da Química e da Medicina. Recomendado por este, partiu para a Rússia em 1751 e aí permaneceu quinze anos como médico, tendo vindo depois para Paris, onde viveu o resto da sua existência.

Entre 1757 e 1758, Ribeiro Sanches teria sido consultado sobre a reforma do ensino em Portugal por D. Luís da Cunha Manuel, secretário de Estado dos Negócios e dos Estrangeiros de D. José I, fiel servidor do seu colega do governo, Marquês de Pombal, secretário de Estado do Reino. Ribeiro Sanches respondeu escrevendo: *Método para Aprender a Estudar Medicina*; *Apontamentos para fundar uma Universidade Real*; e *Cartas sobre a educação da Mocidade*.

Entre as obras monumentais destinadas à cultura e à ciência patrocinadas por D. João V conta-se a Biblioteca Geral da Universidade de Coimbra — Casa da Livraria na designação primitiva e, dois anos depois, Biblioteca Joanina para a distinguir doutras e em homenagem ao monarca. Esta obra do barroco evidencia a sumptuosidade que o monarca punha em tudo o que mandou edificar. Desde a monumentalidade da entrada, às madeiras exóticas de portas, estantes e mesas, à proliferação de folha de ouro usada na decoração, à pintura dos tetos — tudo é riqueza, arte e ostentação que deslumbra o olhar. A sua arquitetura inspirada nos templos religiosos convida o espírito à reflexão.

O rei respondeu aos esforços do reitor, Nuno da Silva Teles (o 2.º), com esta magnífica dávida cuja construção foi iniciada em 1717 e concluída em 1728. Era então reitor Carneiro de Figueiroa, que a considerou "huma das mais magníficas obras que tem este Reyno". Do acervo faziam parte riquíssimas coleções de escritos dos séculos XVI, XVII e XVIII.

No século XVIII, a parte da Europa que compreendia Grã-Bretanha, França, Alemanha e Portugal estava sob a influência do Iluminismo. Esta corrente de pensamento não era um regime político definido, mas sim uma ideologia que punha acima de tudo a razão — entendida como a capacidade de a mente investigar a natureza e obter, por esta via, dados úteis ao Homem. Era uma ideologia que se adaptava a qualquer regime político porque a sua finalidade última era o desenvolvimento da tecnologia como forma de criar riqueza. Para Kant, o que tornava o Homem menor não era a falta de capacidade da mente para compreender, mas sim a capacidade para fazer uso do entendimento, para se guiar sem auxílio de outrem. *Sapere ande* (tem coragem para te servires da tua inteligência) foi a célebre expressão do filósofo que passou a lema do esclarecimento.

Esta corrente ideológica, também conhecida por Século das Luzes (designação que teve em França), manifestou-se de forma diferente nos diferentes países. Foi em França que teve os baluartes mais fortes: Diderot, d'Alembert, Turgot, Voltaire e Montesquieu. Foi um período de grande acolhimento das ciências e das letras, pelo papel que lhes era atribuído no desenvolvimento do indivíduo, da tecnologia, da indústria e do comércio. Enquanto uns acentuavam o progresso, outros concediam prioridade à influência que teve na ciência e nas ideias, mas esta distinção é artificial, dada a notória ligação entre estes aspetos civilizacionais.

O Iluminismo defendia a secularização da cultura na medida em que esta, entregue somente ao clero, deixava escapar as ideias sem serem analisadas pela razão e, por consequência, sem serem sujeitas à crítica e ao debate. O papel que a ciência passou a ter no progresso dos povos tinha como corolário o ensino ser uma obrigação do Estado.

A atitude regalista trouxe consigo problemas políticos e sociais que se manifestaram sem demora. Um deles foi o mau aproveitamento dos recursos científicos e técnicos por parte dos regimes absolutistas que os usaram para concentrar nas suas mãos todo o poder governativo. Muitos governantes transformaram-se em déspostas esclarecidos que beneficiavam os súbditos com o fruto das conquistas científicas, mas cuja ação despótica deixava rastos de injustiça, retirando a todos a liberdade de pensar.

Um outro problema resultou da exclusão de manchas da população do acesso à cultura. Os jovens procedentes da nobreza deviam receber uma boa educação para poderem ser bons dirigentes e ocupar lugares condizentes com a sua condição social. Os filhos dos artesãos e do povo anónimo não necessitavam de educação para além da necessária para poderem continuar as profissões dos pais, assegurando que estas se não perdiam, porque isso seria um prejuízo para a sociedade. Esta discriminação social gerava tensões, que em França deram origem a uma revolução político-social com uma violência e radicalismo ideológico que abalou o mundo e constituiu um marco na história da Humanidade.

D. José I foi aclamado rei em 1750 e chamou para ministro Sebastião José de Carvalho e Melo que, entre 1738 e 1749, desempenhara missões diplomáticas em Londres e em Viena de Áustria. A estadia no estrangeiro permitiu ao ministro conhecer a cultura europeia da época e aperceber-se do contraste com o que se passava no nosso país. A pobreza cultural portuguesa deve ter-lhe deixado a ideia de que eram necessárias reformas profundas que o colocassem ao nível dos demais.

Sebastião José ganhou ascendente sobre os seus colegas do governo e cedo evidenciou junto do rei as suas qualidades de chefia. A sua ação face ao desastre do terramoto de 1755 conquistou a confiança do monarca a ponto de, daí em diante, passar a dispor de poder absoluto na governação do país. Foi agraciado com os títulos de Conde Oeiras e depois de Marquês de Pombal, sendo este último o nome com que ficou conhecido na História.

Defensor do regime absolutista, em voga nessa altura, retirou privilégios aos nobres e ao clero para os entregar à coroa. Executou com pulso déspota e de ferro reformas profundas e ousadas em vários setores da vida nacional. Naturalmente, apenas nos vamos ocupar das respeitantes ao ensino universitário.

Pombal tornou-se um inimigo implacável dos jesuítas, atitude que teria tido origem na contenda entre esta Companhia e o governo no Brasil, ou na sua ação nefasta no ensino e que Pombal havia de condenar em termos violentos e punir com o encerramento dos seus colégios, ou talvez viesse de mais longe, de quando esteve em Londres — posto de observação de modo algum favorável a esta ordem religiosa. Em 1759, extinguiu o ensino nos colégios pertencentes aos jesuítas e expulsou-os do país, confiscando-lhes todos os bens. Com este golpe, desferido com a energia que colocava nos seus atos, Pombal punha termo ao domínio dos padres, que tinha imperado na vida inteletual do país ia para dois séculos. E as consequências iriam ser mais funestas para a Companhia de Jesus porque, a seguir à decisão de Pombal, foi expulsa de Espanha e de França, acabando por ser extinta em 1773, pelo papa Clemente IV.

A expulsão dos jesuítas criou um problema de enorme dimensão para o ensino secundário de todo o país, que tinha de ser resolvido sem perda de tempo. A década de sessenta foi ocupada na árdua tarefa de instalar novas escolas, operação dificultada pela escassez de pessoas com qualificação para poderem ensinar. Naturalmente, muitas escolas não teriam funcionado de forma satisfatória de início, mas não houve ruptura na vida escolar.

Depois do ensino secundário, coube ao ensino técnico a vez de merecer a atenção de Pombal e foram criadas escolas pioneiras: a Aula de Comércio em Lisboa, em 1759, e a Aula de Náutica no Porto, em 1764.

De acordo com a mentalidade da época, a que já nos referimos, um nobre ou um fidalgo não devia ser subordinado de alguém de classe social inferior, mas com maior habilitação. Para evitar estas situações, era necessário promover a educação dos nobres porque a que recebiam da família não era suficiente para os preparar para o exercício duma profissão. Era na escola pública que o jovem adquiria a formação social necessária.

Estes ideais levaram Pombal a fundar, em 1761, o Colégio dos Nobres, destinado à formação literária, científica e religiosa dos filhos da nobreza. Foi uma iniciativa que não alcançou êxito porque esta não apoiava a governação do Marquês e não queria entregar-lhe a educação dos filhos. Um decénio depois de ter iniciado a sua atividade, o colégio deixou de ter ensino das ciências e acabaria por ser encerrado pelo Liberalismo.

Faltava reformar a Universidade e o ensino primário, os dois extremos da educação literária do país, empreendimentos a que Pombal se entregou na década de setenta. O primeiro sinal público do seu propósito de reformar a Universidade foi a criação, em 23 de dezembro de 1770, da Junta de Providência Literária, à qual entregou a tarefa de elaborar os novos estatutos da Universidade. Um segundo sinal foi a suspensão das matrículas em 25 de setembro de 1771. A Junta era presidida por ele próprio e pelo cardeal Cunha, apoiante incondicional de Pombal, e era constituída por mais sete conselheiros, todos de inteira confiança do Marquês. D. José ordenou à Junta que fosse "conferindo sobre as referências de decadência e ruína; examinando com toda a exactidão as causas delas; e apontando os Cursos Científicos, e os Methodos que devo estabelecer para a Fundação dos bons, e depurados Estudos das Artes e Sciencias, que depois de mais de hum século se acham infelizmente destruídas". A 28 de agosto de 1771, a Junta publicou o *Compêndio histórico do estado da Universidade de Coimbra no tempo da invasão dos denominados jesuítas e dos estragos feitos nas Sciencias e nos professores e directores que a regiam pelas maquinações, e publicações dos novos estatutos por eles fabricados* e, no ano seguinte, publicou os *Estatutos da Universidade de Coimbra*.

O *Compêndio histórico* é um libelo acusatório aos jesuítas pela ação que tiveram no ensino universitário e os *Estatutos*, um conjunto de três volumes, regulamentavam o funcionamento dos cursos, desde as condições de matrícula até aos exames, não deixando de fora os programas das cadeiras.

Os *Estatutos* foram corroborados pelo rei por carta de 28 de agosto de 1772, data em que nomeou o marquês visitador com plenos poderes para proceder à nova fundação da Universidade. Na verdade, esta Reforma, conhecida por Reforma Pombalina, introduziu alterações tão profundas que a Universidade reformada podia ser considerada uma nova Universidade. Foram atualizados os estudos das Faculdades de Teologia, Canônes, Leis e Medicina e criadas duas novas: Matemática e Filosofia. Esta última era a marca da novidade de que se revestia a Reforma, que transformou uma Universidade dominada pela Teologia e pela Escolástica numa Universidade dedicada ao estudo das ciências através do método experimental.

O curso filosófico tinha a duração de quatro anos e constava das seguintes cadeiras: 1º ano – Filosofia racional e moral; 2º ano – História natural; 3º ano – Física experimental; 4º ano – Chímica theorica e prática. Além destas cadeiras, os alunos do curso tinham que frequentar e obter aprovação na cadeira de geometria da Faculdade de Matemática no 2º ano[7].

Pombal começou a preparar o terreno para a implantação da Reforma universitária, nomeando para reitor, em maio de 1770, uma pessoa da sua confiança: D. Francisco Lemos de Faria Pereira Coutinho, bispo coadjutor da Diocese de Coimbra. Poucos meses depois, o novo reitor era nomeado conselheiro na Junta de Providência Literária, assim como o seu irmão, D. João Pereira Ramos de Azeredo, desembargador dos Agravos da Casa da Suplicação. Francisco de Lemos foi nomeado reformador-reitor, função que desempenhou num primeiro mandato, de 1770 a 1779, e, num segundo, de 1799 a 1821.

Foi o próprio Marquês que veio a Coimbra entregar os novos estatutos à Universidade, tendo-se munido de legislação de que ia necessitar para cumprir a sua missão. Assim, a carta régia de 28 de agosto de 1772 conferia força de lei aos Estatutos ao mesmo tempo que ordenava a cessação e revogação dos estatutos anteriores. Estes eram os sétimos estatutos feitos em Madrid e enviados ao reitor, Afonso Furtado de Mendonça, que os apresentou ao claustro universitário em 23 de fevereiro de 1598. Por carta régia, também datada de 28 de agosto, o rei delegava no Marquês de Pombal todos os poderes que pertenciam ao rei "como protetor da Universidade e como soberano"[8]. Ainda na mesma data, foi publicado um alvará a extinguir a Mesa da Fazenda da Universidade, criando uma "junta de administração e arrecadação com cofre, tesoureiro, contadoria e executoria".

O Marquês chegou a Coimbra na tarde de 23 de setembro de 1772 e fez a entrega dos Estatutos à Universidade, perante o claustro pleno, na sessão solene do dia 29 deste mês. Manteve-se nesta cidade durante cerca de um mês a tratar dos preparativos para instalar a Reforma. Entre as medidas que tomou, em 27 de setembro, citam-se a nomeação de professores para as Faculdades de Teologia, Leis, Cânones, Matemática e Filosofia, que deviam ler perante ele "a

---

[7] A parte dos Estatutos respeitantes ao Curso Filosófico está contida na Terceira Parte do Livro Terceiro, p. 224-271.

[8] Sobre a reforma pombalina ver: M. BRANDÃO e M. LOPES DE ALMEIDA, *A Universidade de Coimbra: Esboço da sua História*, Coimbra: Por Ordem da Universidade, 1937, p. 63-134; e M. LOPES DE ALMEIDA, *Documentos da Reforma Pombalina: 1783-1792*, Coimbra: Universidade de Coimbra,1979.

costumada Profissão da Fé contida na Fórmula do Santo Padre Pio IV"[9]. No que respeita à Faculdade de Medicina, em 28 de setembro, publicou a postura para jubilação de alguns lentes e, em 10 de outubro, os nomeados para esta faculdade leram a profissão de fé juntamente com os de outras faculdades. O Marquês jubilou vinte e sete antigos professores e nomeou cinquenta e três novos.

Os Estatutos ordenavam a adaptação de alguns edifícios para receber os novos cursos e a construção da raiz de outros. As construções de instalações novas destinavam-se ao Observatório Astronómico, ao Jardim Botânico e ao Laboratório Químico. É natural que já tivesse algumas ideias sobre o assunto, mas foi em Coimbra, à vista dos locais da implantação, que tomou as decisões sobre a localização dos edifícios a construir. A carta régia de 11 de outubro concede ao Marquês poderes para legislar sobre a adaptação do Colégio de Jesus para a instalação de serviços universitários, excetuando a igreja. Aqui iriam ficar instalados a História natural, a Física, o dispensatório farmacêutico e o hospital da Universidade. O Laboratório Químico seria instalado em edifício a construir no sítio das cozinhas do colégio; o Observatório Astronómico, em edifício a construir no sítio do antigo castelo e terrenos anexos; e o jardim seria plantado em terreno adjacente ao convento de S. Bento.

Por carta régia de 16 de outubro, o Colégio das Artes foi incorporado na Universidade, medida conforme com a proposta feita pela Junta de Providência Literária. Em 21 de outubro, o Marquês determinou a transferência dos bens e dos doentes do hospital real para o da Universidade. No dia 23, despediu-se da Universidade em sessão que reunira o claustro pleno e, no dia seguinte, deixou a cidade de regresso à capital.

Não há, com certeza, outro governante que tenha posto tanto empenho numa reforma universitária como Marquês de Pombal. Os cuidados que lhe dedicou em Coimbra continuaram depois de ter regressado a Lisboa, acompanhando de perto o andamento dos trabalhos, ora pedindo informações ao reitor, ora enviando elementos necessários para o traçado dos projetos, sugerindo emendas, rejeitando ou aprovando propostas, sempre com a nota da rapidez com que desejava levar a tarefa ao fim. A esta pressa estariam subjacentes a sua noção do alcance da obra e o desejo de a deixar concluída (ia nos setenta e três anos), além do frenesim do homem de ação que era.

Em 7 de novembro de 1772, enviou ao reitor uma memória sobre o terreno destinado à instalação do Jardim Botânico, que lhe fora oferecido pelo Principal da Ordem de S. Bento, e advertia na mesma carta: "deve usar da referida oferta com a moderação de não estender o referido Horto alem do que for preciso para o Estabelecimento delle: sendo certo que em nenhuma parte vi

---

⁹ Os empossados tinham de responder perante o Marquês se tinham entendido as *constitutiones* contidas na referida fórmula.

que um Horto Botanico fosse uma quinta extensa"[10]. Em ofício enviado ao reitor em 5 de outubro de 1773, o Marquês rejeitou o projeto elaborado pelos professores italianos Vandelli e Dalabela por "considerar dilatado o espaço que se acha descripto na referida planta [que] absorveria os meios pecuniários da Universidade, antes de concluir-se" e por não ser necessário ter a dimensão que era proposta: "entendo até agora, entenderei sempre, que as cousas não são boas porque são muito custosas e magníficas, mas sim e tão-somente porque são próprias e adequadas para o uso que d'ellas se deve fazer. Isto que a razão me dictou, sempre vi praticado nos Jardins Botânicos das universidades de Inglaterra, Hollanda e Allemanha; e me consta que o mesmo sucede no de Padua... Todos estes jardins são reduzidos a um pequeno recinto cercado de muros, com as comodidades indispensáveis para um certo número de hervas medicinais e proprias para o uso da faculdade medica; sem que se excedesse d'ellas e compreender outras hervas, arbustos e ainda arvores de diversas partes do mundo, em que se tem derramado a curiosidade, já viciosa e transcendente, dos sequazes de Lineu que hoje tem arruinado as suas casas para mostrarem o malmequer da Pérsia, uma açucena da Turquia e uma geração e propagação do aloés com diferentes apelidos, que os fazem pomposos ... Sua Magestade não quer Jardim Maior, nem mais sumptuoso, que o de Chelsea na Cidade de Londres que é o mais opulento da Europa... Debaixo destas regulares medidas, deve, pois, Ex.[cia] fazer delinear outro Plano, reduzido somente ao número de hervas medicinais que são indispensáveis para os exercícios botânicos e necessárias para darem aos estudantes as instruções precisas para que não ignorem esta parte da medicina"[11].

Embora a Universidade tivesse de acatar as recomendações, foi preparando as condições para mais tarde fazer a ampliação que pretendia e que tem actualmente.

No referido ofício do Marquês de Pombal ressaltam muitos aspetos da política seguida, sobretudo a utilidade imediata da ciência, o seu papel como auxiliar da medicina e a ponderação no gasto do dinheiro público.

No início de 1774, o reitor comunicou ao Marquês o estado em que se encontravam as obras previstas, ao que ele respondeu num ofício de 30 de junho: "a bem deduzida conta de Ex.[cia] de 7 de janeiro de 1774 do grande adiantamento dos edifícios destinados à História Natural, Física Experimental, Dispensatorio Pharmaceutico, Laboratorio Chimico e Observatorio Astronomico me deu bem clara ideia do bom estado e progresso de tão importantes obras".

---

[10] A correspondência entre o Marquês e o reitor a respeito da Reforma foi compilada por M. Lopes de Almeida, P. Moura e Sá, O. de Sá e Lagoa, *Documentos da Reforma pombalina*, Coimbra: Universidade de Coimbra, 1937.

[11] Sobre o plano inicial ver: *Risco do Jardim Botânico da Universidade de Coimbra*, Bibl. do Departamento de Botânica, FCTUC; e Lígia Cruz, *Domingos Vandelli. Alguns aspectos da sua actividade em Coimbra*, Sep. do Arquivo da U.C., 1976, p. 27.

Em carta de 2 de agosto de 1775, manifestou ao reitor o seu desejo de que não houvesse dificuldades em pôr a Reforma em prática por falta de instalações: "Tendo-se conhecido a grande e urgente necessidade de se concluir os estabelecimentos, tão uteis como indispensáveis, do Hospital dos Enfermos, do Museu, do Laboratorio Chimico e do Real Collegio das Artes, de tal sorte que os estudos que lhe são relativos tem deles uma inseparavel dependência, porá Ex.ᶜⁱᵃ neles tão vigilante cuidado que, por efeito dele, hajam os referidos edifícios de ficar de todo acabados, para terem o seu perfeito destino e uso na abertura do novo ano académico, que há-de ter princípio no primeiro dia de Outubro proximo seguinte". De facto, os novos edifícios passaram a ser utilizados nesta data, pois em carta de 23 de novembro o Marquês escreveu: "Recebi com a carta de Ex.ᶜⁱᵃ, datada de 19 de outubro próximo precedente, a agradável notícia de se acharem de todo acabado os novos edifícios do Museu, do Laboratorio e do Hospital e de se haver de principiar já neste novo ano academico a fazer neles as lições e experiências em cada um dos estabelecimentos".

Um ponto que merecia a atenção do reformador era a aceitação que a Universidade iria ter e sobre ela solicitava informações. Nos comentários que fazia transpareciam claramente os seus receios de que os novos cursos viessem a ter pouca adesão dos alunos. De facto, as condições económicas da população não eram boas, o que fazia com que grande parte dos alunos que frequentavam a Universidade fosse de famílias abastadas e tivesse uma vida de ócio; uma outra parte dos estudantes nem sequer vivia na cidade e matriculava-se para ter um estatuto social mais elevado. A disciplina de trabalho imposta pela Reforma e a não tolerância de desvios do comportamento cívico afastariam muitos destes estudantes. Por outro lado, ele sabia que qualquer iniciativa que não tivesse aceitação das pessoas a quem se dirigia se traduziria em fracasso. Foi o que aconteceu com a fundação do Colégio dos Nobres.

Em 16 de novembro de 1772, escreveu ao reitor a manifestar-lhe o seu regozijo por, no primeiro ano de funcionamento da Universidade reformada, se terem inscrito duzentos alunos e acrescentava a sua previsão de que, em prazo curto, a frequência iria atingir os mil, mil e duzentos estudantes que seria o número adequado à capacidade de absorção de diplomados pelo reino. O número de inscrições foi aumentando e, no final de 1774, a Universidade tinha já quinhentos estudantes. O número de alunos inscritos nas novas faculdades para obterem o grau de bacharel em Filosofia ou em Matemática era, na altura, reduzido, mas como os alunos de Medicina tinham de frequentar os três primeiros anos da Faculdade de Filosofia, a frequência deixaria de ser, dentro em pouco, uma preocupação. Como mostra a figura 5, a frequência da Faculdade de Filosofia era elevada, logo no início do século XIX, apresentando oscilações que acusam, naturalmente, os períodos de maior perturbação social. A vida da Universidade esteve comprometida (ou mesmo encerrada) nos anos de 1807-1811, 1829-1834 e 1846-1847.

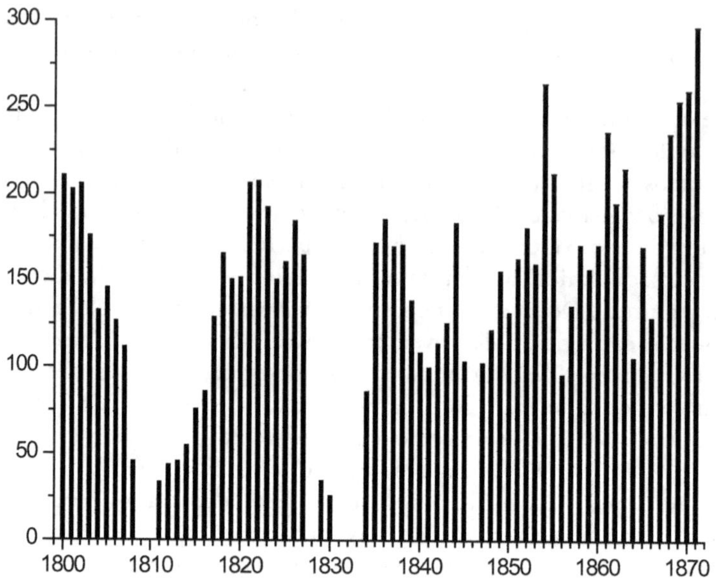

Figura 5 – Frequência da Faculdade de Filosofia entre 1800 e 1871. Períodos em que a vida da Universidade foi perturbada: 1807-1811 – invasões napoleónicas; 1829-1834 – guerra civil entre liberais e absolutistas; 1846-1847 – guerra civil da Patuleia.

A Reforma Pombalina teve uma ação mais alargada do que apenas a atualização da ciência ensinada na Universidade: trouxe normas de trabalho e impôs disciplina de comportamento cívico aos futuros diplomados. O ambiente social que envolvia os estudantes (já descrito) não era propício ao trabalho e reflexão exigidos pelo estudo. Terminar com esse ambiente social não era fácil pelos interesses instalados e pela dificuldade de os jovens resistirem à tentação da vida fácil que girava à sua volta. Nesse ambiente, não seria possível instalar, de facto, uma Reforma que exigia dedicação ao trabalho. A mudança não foi fácil.

A disciplina só pode ser mantida pela ação enérgica do reitor e através de medidas legislativas de que damos alguns exemplos. A provisão de 12 de agosto de 1775 determinava: "Os estudantes que se não acharem matriculados dentro do tempo determinado pelos referidos Estatutos, não só sejam lançados fora das casas, que houvessem tomado por aposentadoria, mas também expulsos da cidade, assinando um termo, ou de não entrarem nela durante o tempo lectivo; onde (voltando a ella) não usarem dos vestidos académicos, ficando expressamente ordenado que ninguém das portas da cidade de Coimbra para dentro possa usar dos vestidos talares, se não for pessoa eclesiastica ou adjunto de alguma das Igrejas da referida cidade; ou daquelas pessoas que frequentam o Corpo Academico quaes são os Professores, Doutores e Estudantes, que frequentem as aulas da Universidade; debaixo das penas, pela primeira vez, de rigorosa e irremissivel prisáo; e pela segunda vez de cinco anos de degredo em Angola".

Não há dúvida que a indisciplina seria grande, para justificar tais determinações para lhe pôr termo.

Eram também drásticas as medidas que D. Maria I publicou contra as faltas às aulas, greves ou distúrbios.

Por exemplo, sobre faltas, o aviso régio de 26 de setembro de 1787 determina: "O aluno que faltar às sabatinas ou outros exercícios da sua aula seja severamente repreendido na mesma aula perante os seus condiscípulos; e pela segunda vez... seja irreversivelmente expulso da aula, e perca o ano, em que cometer as referidas faltas".

As greves às aulas eram também fortemente punidas. O aviso régio de 8 de janeiro de 1791 determinava o seguinte: "A punição dos que encabeçassem greves ou a elas aderissem perdiam o ano, e que o percam todos se nenhum entrar [na aula]".

Também havia legislação contra distúrbios ou comportamento incorreto dos estudantes nas ruas, que eram punidos pela carta régia de 31 de maio de 1792: "D. Francisco Raphael de Castro, etc. Devereis fazer entender aos estudantes que, para merecerem este nome, devem frequentar as suas aulas na forma dos Estatutos; devem entender que depende do seu adiantamento e o prémio dos seus estudos, dos Professores seus Mestres, os quaes a vós somente como seu Reitor, tem por Fiscal, para cumprirem as suas obrigações como Lentes postos por Mim.

"Que praticando os ditos estudantes as distrações, em que se têm precipitado, e também não sendo frequentes nas aulas, ou ainda que as frequentem, não mostrando aplicação, de que devem ser fiscaes os seus para vol-o representarem, deverão ser irremessivelmente punidos a nosso arbítrio, sendo a menor pena para a perda de um anno do tempo académico.

"Que os estudantes, conhecidos por turbulentos e discolos, sejam irremissivelmente riscados da Universidade, para mais nella não serem admitidos, ficando no vosso arbítrio, a depois de riscados, fazê-los sair da cidade para exemplo; prendei-os, se a ella voltarem; e dar conta, quando vos parecer, que alguns deles merecem castigo mais severo.

"Contando-se notoriamente entre as estranhas distrações dos estudantes o abuso, que muitos têm feito e fazem nos passeios, e nos logares, em que por fim descançam, fazendo entretenimento de insultar de factos e verbalmente, com termos proprios de gente mal criada e baixa, fazendo nisto ostentação miserável da sua descrição e dos seus talentos: deveis sobre isto prover, para o corrigir, proibindo-lhes esses passeios aos taes logares, prendendo, multando e riscando os que vos parecerem, segundo o gráo das suas indiscrições. Havendo entendido, que a liberdade, com que grassam nessa cidade muitos ociosos com pouco, ou sem nenhum modo de vida, e a falta de vigilância sobre contrabandos e contrabandistas, que ahi se introduzem, tem influido muito nestas desordens; vos encarrego o proverdes sobre isto, assim como a respeito do sobredito, e no que lhe for concernente. E tendo dado ordem aos Magistrados e Justiças da cidade para vos auxiliarem, e cumprirem nesta parte o que por vós lhes for ordenado."[12]

D. José morreu em 1777 e Pombal — que, sob a capa real, governou omnipotente e, em muitos aspetos, trouxe o país para o tempo em que vivia — ficou à mercê dos muitos inimigos que criou e foi destituído das suas funções. Foi-lhe movido um processo judicial, respondendo ele às acusações que lhe eram feitas com a frase "Fôra El-Rei Meu Senhor que ordenara", que, no entender de Montalvão Machado[13], lhe salvou a vida. Foi desterrado para a sua quinta em Pombal, onde viveu o resto dos seus anos.

Poucos apareceram para o apoiar e muitos iam ao ponto de desejar que fosse destruído tudo o que ele havia feito. Nem a modernidade com que ele vivificou uma universidade moribunda parecia estar fora de perigo. Os primeiros sinais de hostilidade à Universidade surgiram quando o Visconde de Vila Nova de Cerveira foi nomeado ministro do reino. D. Francisco de Lemos, ao ter conhecimento de que a Universidade estava a ser alvo de crítica nos meios governamentais, apressou-se a enviar à Rainha, em setembro de 1777, um relatório pormenorizado sobre o seu estado. Segundo alguns autores, teria sido este relatório que evitou dissabores à Universidade e que mais tarde a levaria a convidar Francisco de Lemos para um segundo mandato como reitor.

A Reforma Pombalina não teve tempo para se consolidar nem sequer para se completar, pois o Observatório Astronómico, a construir no castelo, não passou do primeiro piso e acabaria depois por ser edificado no Pátio das Escolas com uma dimensão menor do que a prevista. Apesar disso, a Reforma resistiu às ameaças que surgiram logo após a queda do Marquês de Pombal e iria resistir às sucessivas contrariedades decorrentes do período agitado em que o país entraria e que se prolongaram por quase todo o século XIX.

O estado de decadência em que a Universidade portuguesa se encontrava nos séculos XVII e XVIII poderá levar a pensar que esta crise ocorreu só em Portugal, o que não é verdade. A diferença entre Portugal e outros países residia no facto de o nosso atraso ser superior ao deles. Mas, a maioria das universidades europeias passou por uma acentuada crise naquela época. Em Espanha, a universidade era alvo de crítica generalizada e considerada uma instituição caduca. Em França, Louis Liard[14] descreve as universidades como instituições adormecidas no tempo: raras tinham biblioteca, poucas tinham

---

[12] A legislação citada sobre disciplina é referida em José Maria de Abreu, *Legislação Académica*, Coimbra: Imprensa da Universidade, 1851, p. 6, 22, 40.

[13] J. T. Montalvão Machado, *Quem livrou Pombal da pena de morte*, Lisboa: Academia Portuguesa da História, 1979.

[14] L. Liard, *L'enseignement supérieur en France 1789-1893*, Paris: Colin, 1894.

livros científicos e havia até faculdades de Medicina sem gabinete de anatomia. O panorama das universidades dos países do norte, não é tão degradante como as dos países do sul, mas também era de pobreza. Pelas universidades de Oxford e de Cambridge passaram grandes pensadores, mas delas não saiu luz que alumiasse a Humanidade. Newton, uma das figuras mais altas da ciência, passou por Cambridge no século XVII, mas a sua obra não teve nada a ver com a universidade. As universidades alemãs, particularmente as de Jena e Gottingen, não sofreram do mal das de outros países devido à liberdade de expressão de que os professores dispunham.

Quer dizer que a revolução científica que moldou a história da Humanidade iniciou-se sem a participação das universidades. Os homens da universidade mantinham a mente presa à autoridade da religião e não acordaram com o alerta de Bacon.

Os centros científicos do final da Idade Média localizaram-se em cidades da Alemanha e do norte da Itália, que prosperaram devido ao comércio e que se adiantaram culturalmente pelo acolhimento que deram ao movimento renascentista. As pessoas que se dedicavam às descobertas eram patrocinadas por nobres que não exerciam profissão. Dois nomes ilustres dessa época foram Kepler e Galileo.

No século XVII, mudou o tipo de pessoas interessadas na ciência e os locais onde viviam. Os centros de ciência passaram a ser a Inglaterra e a França. Em Inglaterra, o cientista possuía fortuna em propriedades herdadas ou no comércio de mercadorias trazidas pelas descobertas geográficas, como é o caso de Boyle. Newton foi uma exceção porque era detentor da cátedra lucasiana da Universidade de Cambridge e não era rico. Em França, o cientista era proveniente de famílias ligadas à administração local e a tribunais. O trabalho de descoberta científica era feito nos tempos livres deixados pela profissão que exerciam. Depois, as descobertas eram divulgadas em reuniões de pessoas interessadas em ciência, onde eram analisadas as opiniões dos presentes sobre os diversos aspetos da vida cultural e, assim, a ciência progredia e conquistava mais adeptos.

A universidade como centro de produção científica só se instituiu, verdadeiramente, depois da fundação da Universidade de Berlim em 1810. O seu fundador, Wilhelm von Humboldt, abriu os cursos de Direito, Medicina, Teologia e Filosofia e com o seu irmão, Alexandre Humbolt, a universidade expandiu-se com vários colégios dedicados à investigação científica pelos quais iriam passar, na segunda metade do século XIX, grandes nomes da história da ciência: Hofmann, na Química; Helmholtz, na Física; Kummer, Kronecker e Weierstrass, na Matemática; Müler, Virchow e Koch, na Medicina. Mas, o impacto da Universidade de Berlim no mundo científico não se reduziu apenas à fama que adquiriu; constituiu um marco modelar na história das universidades modernas, por ser a primeira a criar um centro de ensino e simultaneamente de produção de ciência.

Face ao panorama científico europeu, a atitude do Marquês em relação à Universidade moribunda não foi transferi-la para outra terra como fizeram os reis doutros tempos, para a tratar uma doença que melhorasse com a "mudança de ares". Pombal impôs-lhe uma Reforma que a colocou às portas da modernidade e deu-lhe condições para poder acompanhar a evolução da ciência.

2. A Química: de arte a ciência

No capítulo anterior abordámos, em linhas gerais, a dedicação do país à ciência, particularmente, à sua universidade, o agente de ensino a nível mais elevado. Neste capítulo, vamos dar relevo ao desenvolvimento da Química, o ramo da ciência que é o principal objeto deste trabalho e cujo trajeto devemos conhecer até ao começo do seu estudo em Portugal.

O Homem, como ser dotado de inteligência, logo que apareceu na Terra, procurou encontrar na natureza condições que assegurassem a sua sobrevivência e que lhe tornassem a existência mais fácil e agradável. Fez da pele dos animais que caçava agasalhos contra o frio e a chuva e fabricou instrumentos para se defender, caçar e realizar outras tarefas diárias, cada vez mais diversas e complexas com o decorrer do tempo. Deu um passo de gigante quando descobriu o fogo que passou a utilizar para os mais diversos fins: ter iluminação durante a noite ou em lugares escuros, aquecer-se, cozinhar os alimentos e fabricar instrumentos de uso doméstico, usando para tal a pedra.

O grau de civilização foi aumentando e a vida mudando. Abandonou a condição de nómada e fixou-se nos terrenos aluvionares dos grandes rios, que lhe forneciam cereais em abundância para a sua alimentação e a dos animais que domesticou para trabalharem e lhe fornecerem a carne. A pedra não se coadunava com este modo de vida e então, servindo-se do fogo, fabricou os metais e com eles produziu os instrumentos adequados ao novo patamar civilizacional para onde transitou. Primeiro, obteve o cobre por aquecimento da malaquite misturada com carvão vegetal e com ele fabricou os instrumentos de que fazia uso diário, designadamente os utilizados no amanho da terra. É evidente que ninguém poderá vir a conhecer ao certo as circunstâncias em que ocorreu tal descoberta. Talvez que, casualmente, uma pedra do minério de cobre tivesse sido aquecida nalguma fogueira e o carvão da madeira queimada tivesse reduzido o minério do metal a metal livre? Se assim foi, há que admirar o espírito de observação e a capacidade para daí passar à utilização dum metal que marcou uma civilização.

Cerca de um milénio depois, o Homem descobriu que por fusão da cassiterite misturada com carvão se obtinha um metal novo — o estanho. Este metal funde a temperaturas relativamente baixas, podendo ser usado para fabricar diversos objetos úteis como recipientes para líquidos.

Depois descobriu que da fusão conjunta do estanho com o cobre se obtinha uma liga, o bronze, que veio revolucionar a sua vida, promovendo-o a um outro patamar civilizacional conhecido como a Idade do Bronze. Esta liga era mais dura do que o cobre, o que melhorava a qualidade dos utensílios fabricados a partir dela.

Decorreu muito tempo até que os progressos tecnológicos dominassem a metalurgia do ferro — o metal que, pela sua abundância na crosta terrestre, colocaria a Humanidade na idade dos metais. A dificuldade a vencer para obter o ferro foi conseguir temperaturas suficientemente elevadas para provocar a redução dos minérios.

Desde muito cedo na história da Humanidade, o fogo foi utilizado em atividades cerâmicas no fabrico de vasos para líquidos de que se têm encontrado abundantes testemunhos, em muitas regiões do globo.

Com substâncias que faziam parte da natureza, o Homem preparou um sem-número de materiais úteis para si e para toda a Humanidade. Muitos destes são resultantes de transformações de matéria original noutras formas com as propriedades desejadas. O fabrico do vidro, de tecidos, de bebidas fermentadas, de tintas, de cosméticos e de perfumes são alguns exemplos de transformação de matéria, uma arte que acompanha o Homem desde os primórdios da civilização. Cedo começou, também, a usar certas plantas na cura de doenças.

Com a filosofia grega, a natureza foi encarada de forma diferente e com outro objetivo: os filósofos não estudavam a natureza por interesse prático, mas para conhecer e formular uma doutrina sobre o todo que os rodeava.

Do século VII ao século V a.C., os filósofos da escola jónica entregaram-se ao estudo da natureza na procura da *arché*, o princípio unificador de todas as coisas. Ela está presente em toda a realidade da forma, que não é verificável pela observação. Todavia, conhecida a *arché*, ficava conhecido o fundamento de toda a realidade.

Para Tales de Mileto, o primeiro filósofo na opinião de Sócrates, a *arché* era a água: "Tudo vem da água e se converte em água". Evidentemente que a água a que o filósofo se referia não era o líquido que conhecemos, mas uma substância com propriedades semelhantes às da água. A água de Tales era considerada parte de todos os seres vivos e podia ser transformada em gelo sem perder individualidade. Anaximandro considerou o *apeiron*, princípio não material que penetrava toda a matéria, como sendo a *arché*. Para Anaxímenes, a *arché* era o ar. Em suma: para a escola jónica a matéria seria constituída por um único princípio.

Xenófano admitia que o mundo era constituído por água e terra. O pensamento deste filósofo, fundador da escola eleática, traduzia-se na frase "nada se cria, tudo o que existe tem duração eterna; Deus é o Universo e o Universo é Deus".

Empédocles propôs uma teoria da constituição da matéria mais flexível e que viria a atrair adeptos ao longo da história. Para ele, toda a matéria era constituída por quatro elementos — fogo, ar, água e terra —, desempenhando o fogo a ação de atração e repulsão.

Uma outra teoria sobre a constituição da matéria foi proposta por Leucipo, contemporâneo de Empédocles. Segundo ele, os elementos eram formados por átomos, partículas de pequeníssimas dimensões dotadas de movimento. Os átomos diferiam uns dos outros pela forma e dimensão. Os átomos do fogo eram redondos e por isso, moviam-se mais rapidamente. A grande diferença entre a teoria de Empédocles e a de Leucipo era que este admitia que os átomos tinham movimento e, para tal, é necessário que haja um espaço vazio no interior da matéria, facto que era negado pela teoria de Empédocles.

A teoria atómica foi continuada por Demócrito, discípulo de Leucipo, que nasceu em 460 a.C. e foi um dos grandes pensadores da Antiguidade, sendo considerado o fundador do atomismo pela profundidade com que descreveu este seu modelo. Chegou ao átomo pensando que o ser não nasce do nada nem se transforma em nada, então, "se todo o corpo se pudesse dividir até ao infinito, das duas uma, ou o que restava não era nada (e isto contrariava o seu princípio) ou era qualquer coisa que se não podia dividir mais". Tal como Leucipo, Demócrito era um materialista convicto, não aceitando a existência de divindades no universo.

De 470-469 a.C. a 399 a.C., a filosofia grega foi dominada por um dos seus expoentes, Sócrates, que não teve grande influência na filosofia da natureza, porque o seu alvo principal foi o estudo do Homem e do seu comportamento na política e na ética.

No período pós-socrático, surgem dois génios da filosofia que viriam a ter grande influência na história das ideias: Platão, discípulo de Sócrates, e Aristóteles, discípulo de Platão. Para Platão, o cosmos era o exemplo da harmonia, da ordem e da perfeição e, como tal, a Física que o estuda podia ser expressa por equações matemáticas. A Matemática era, de facto, a ciência mais adequada para o descrever e, no cimo da porta de entrada da sua Academia, estava gravada a frase: "Que ninguém ignorante em Matemática aqui possa entrar".

Deu uma forma geométrica tridimensional aos elementos de Empédocles, contrariando Leucipo e Demócrito no que respeita à ideia de que as partículas constituintes da matéria podiam ter uma infinidade de formas. O fogo teria a forma duma pirâmide e a terra, dum cubo. Explicava a transformação dos elementos uns nos outros com base na sua forma geométrica. Assim, o fogo, o ar e a água eram facilmente transformados uns nos outros porque as suas faces eram metades de triângulos equiláteros, sendo possível com estas construir as faces de cada um daqueles elementos. A terra não seria transformável nem resultaria da transformação dos três elementos restantes porque as suas faces eram formadas por metades de triângulos isósceles que não se ajustariam às faces dos outros. Portanto, Platão não era partidário da teoria dos átomos e admitia a transformação de elementos.

Também admitia a existência de dois mundos: o das formas ou das ideias e o mundo sensível, colocado num nível inferior ao primeiro. O mundo das formas era perfeito e intemporal e não era atingível pelos sentidos porque estes podem enganar e dar origem à ignorância ou à opinião. Só pela razão se seria capaz de ascender a ele, mas não por operações mentais, porque estas seriam sempre influenciadas pela experiência. Era um mundo abstrato, universal, independente do espaço e do tempo. O mundo sensível, acessível pelos sentidos através da experiência, não passaria de uma cópia imperfeita do primeiro. Esta ideia do cosmos viria a ser usada por Santo Agostinho em *Confissões* e encontrou eco em toda a Europa até à síntese da fé e da razão baseada na obra de Aristóteles, de quem falaremos adiante.

Em 387 a.C., Platão fundou a Academia de Atenas — a primeira escola de transmissão do conhecimento entre gerações, necessidade que a Humanidade sentiu logo no início da civilização e que jamais abandonaria. Com a evolução civilizacional, a escola para adquirir conhecimento ao mais elevado nível foi tendo nomes diversos, adaptou-se aos tempos, mas conservou a sua essência.

Aristóteles admirava o mestre, mas seguiu uma via filosófica diferente da dele: discordava da existência de dois mundos porque, para ele, havia apenas um e era este que importava conhecer. O que estivesse fora dele não tinha interesse e falar sobre ele não passava de frivolidade. Rejeitava as formas ideais de Platão e tinha um desejo insaciável de conhecer o mundo pela experiência. Publicou as suas indagações sobre os vários aspetos deste mundo e as suas ideias sobre eles em *Lógica, Física, Política, Economia, Psicologia, Meteorologia, Retórica, Ética* e *Metafísica*. Foi um filósofo da natureza: aprofundou a teoria dos quatro elementos e, com base nela, abordou aspetos fundamentais da Química como o conceito de elemento e de combinação química. Elemento era um "corpo no qual outros corpos podem ser analisados, presente neles de facto ou potencialmente [em quais, é ainda discutível] e não ele próprio divisível em corpos de natureza diferente"[15].

As quatro qualidades da matéria — quente, seco, frio e húmido —, combinando-se duas a duas, com exceção das contrárias, davam origem aos quatro elementos. Quente e seco é o fogo; quente e húmido, o ar; frio e húmido, a água; e frio e seco, a terra. Os elementos são corpos que não são puros, porque cada um deles apresenta duas qualidades fundamentais. As relações entre as propriedades e os elementos são apresentadas no seguinte esquema:

---

[15] *De Caelo* 302a, 16, citação de J. E. Bolzan, *Chemical Combination According to Aristotele*, Ambix *23*, part 3, 1976 p. 135.

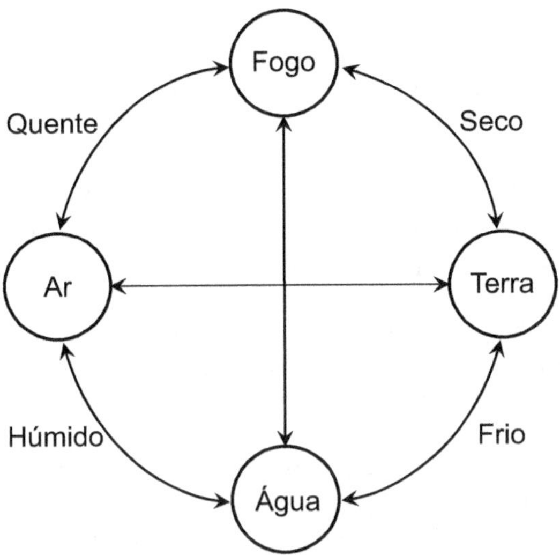

Figura 6 – Os quatro elementos de Aristóteles e as qualidades da matéria que os caracterizam.

Os elementos não eram corpos imutáveis, podendo transformar-se uns nos outros substituindo as propriedades. As transmutações mais simples e mais rápidas de efetuar seriam aquelas que implicassem a substituição de uma única propriedade. Se, no fogo, o seco der lugar ao húmido, este elemento será transformado em ar; ou se o quente for substituído pela sua contrária, o frio, o ar transformar-se-á em terra. A transmutação de um elemento no seu contrário, ou seja, noutro que não tenha com ele qualquer propriedade comum (por exemplo, a transformação do ar em terra) é mais difícil de realizar e pode ser efetuada em duas etapas. Primeiro, pode transformar-se o ar em água por substituição de quente por frio e, numa segunda operação, a água pode ser transformada em terra, substituindo o húmido pelo seco. Os elementos combinavam-se em diferentes proporções dando compostos.

Aristóteles deu continuidade ao ensino escolar: em 335 a.C. fundou o Liceu, uma escola filosófica nos subúrbios de Atenas, que mantinha cursos regulares destinados a alunos internos a par de cursos mais gerais para o público — em princípio, pessoas com um nível mais baixo de conhecimentos.

Ainda no tempo de Aristóteles o mundo mudou imenso e a mudança foi rápida. Filipe de Macedónia derrotou a liga Atenas-Tebas em 338 a.C. e reuniu todos os Estados gregos, exceto Esparta, na liga de Corinto. O seu filho Alexandre, pupilo de Aristóteles, conquistou em poucos anos o seu enorme império e nele fundou várias cidades que originaram a difusão da cultura grega, naturalmente com um certo grau de miscigenação com a dos povos conquistados. O período helenístico inicia-se com a morte de Alexandre, em 322 a.C., e prolonga-se até ao século I a.C. Em termos culturais, é um período intercalar de cerca de setecentos anos entre o esplendor das *poleis* da antiga Grécia até à ascensão da supremacia de Roma, que subjugou a Grécia a partir de 146 a.C..

Neste período, não houve na Filosofia vultos com a dimensão intelectual de Platão e Aristóteles, mas não se pode menosprezar o valor das escolas filosóficas desse período. Houve uma mudança dos objetivos a perseguir, logo patenteada pela primeira escola deste período: a dos Cínicos. Entre estes, avulta a figura de Diógenes — conhecido pela rejeição dos valores tradicionais da sociedade. Seguem-se-lhes os Céticos, que admitiam a perceção do universo não através das ideias mas dos sentidos. Porém, estes não são fiáveis, o que leva a concluir que o conhecimento que temos das coisas é aquilo que elas parecem ser. Como a verdade sobre as coisas não é atingível, a Física tem pouco interesse para os Céticos.

As duas principais escolas do período helenístico foram os Epicuristas e os Estóicos. Ambos diferem da filosofia grega, na qual o misticismo intelectual de Platão faz a ligação entre o mundo humano e o absoluto, e a abordagem da filosofia de Aristóteles, que começa na observação e na experiência e formula a lógica na busca da investigação do ser. O helenismo ocupa-se fundamentalmente do homem integrado no cosmos: o seu interesse centra-se na compreensão global do universo e na compreensão dessa compreensão através da lógica e da teoria do conhecimento. Relativamente ao cosmos não criaram teoria nova, mas serviram-se das propostas dos filósofos pré-socráticos: os Epicuristas, das ideias de Demócrito; e os Estóicos, das de Heráclito.

A inovação filosófica dos Epicuristas e dos Estóicos é, sobretudo, no domínio da ética a que tudo estava subordinado. O indivíduo, ciente da sua identidade, era livre de procurar alcançar a felicidade nesta vida e, para isso, era necessária uma doutrina de controlo dos desejos que conduzisse à verdadeira felicidade.

No que respeita à constituição da matéria, interessa chamar à colação Epicuro, um filósofo helenista que se dedicou principalmente ao estudo da Ética e da Física, dedicando a esta última uma extensa e significativa produção filosófica e atribuindo-lhe um papel importante na vida humana.

Epicuro procurou libertar o Homem do medo da morte e levá-lo a viver sem o terror do julgamento dos seus atos, pois entendia que cabia ao Homem orientar a sua vida de forma a alcançar o prazer. Não negava a existência de deuses, mas pensava que eles não tinham influência em nós — era ateu e foi o percursor do humanismo científico e liberal.

O Epicurismo foi criticado pelos padres da igreja por defender um modo de vida que, naquela época, não estava de acordo com os costumes, e pelos Estóicos, seus contemporâneos, que defendiam que o Homem devia encarar as vicissitudes da vida com serenidade e dignidade.

Epicuro foi partidário do atomismo e deu seguimento à teoria de Demócrito, diferindo dele nos seguintes aspetos: para o grego pré-socrático o átomo tinha figura, ordem e posição; e para Epicuro, tinha figura, peso e tamanho. O peso era necessário para originar o movimento inicial; e o tamanho, sendo variável, não o podia ser infinitamente porque, se o fosse, poderia ser visível, mas também não podia ultrapassar um certo limite designado por 'mínimo'. Os dois modelos diferiam quanto ao movimento que ambos admitiam para o átomo. Enquanto para Demócrito os átomos estavam em constante movimento, em todas as direções, para Epicuro, o peso dos átomos originava e comunicava-lhes um movimento de cima para baixo. Os átomos teriam trajetórias paralelas percorridas no mesmo sentido, não fora estarem sujeitos a declinações e mudanças de direção, contactando então uns com os outros e, em alguns desses choques, formando agregados. Nessas declinações, chamadas *clinamen*, residia a maior diferença entre o átomo de Demócrito e o de Epicuro.

Além do significado físico, o átomo e as declinações deram origem a grandes discussões no domínio da Ética e da Física. Epicuro foi fonte de inspiração para pensadores da filosofia natural, sociólogos, políticos e até poetas. Fundou uma escola filosófica nos arredores de Atenas que, além da casa, compreendia um horto e, por isso, era chamada Jardim.

Apesar de Epicuro não ter afirmado que as declinações eram espontâneas, entendeu-as como tal para não ligar a filosofia ao determinismo e muito menos ao fatalismo.

Para ele, no universo existiam apenas a 'totalidade' ou 'aquilo que é' e o 'vazio' ou 'aquilo que não é'. A totalidade era formada por átomos e o vazio era o espaço deixado por estes. Todo o universo era formado por átomos e a alma não era exceção: se todos os corpos atómicos eram suscetíveis de dissolução, então a alma não era eterna, mas sim mortal.

Lucrécio pretendeu introduzir o Epicurismo na cultura romana com o seu poema *De rerum natura*, onde o poeta descreveu um mundo sem deuses que atemorizassem o Homem no decurso da vida e lhe fizessem recear a morte. Um cosmos formado por átomos com desvios ocasionais — os *clinamen*.

Nos primórdios da revolução científica, a propósito da explicação dos fenómenos naturais, Gassendi recordou o átomo de Epicuro, atribuindo a declinação das suas trajetórias à intervenção de Deus. Como católico, acreditava que Deus fora o criador de todas as coisas e conservava-as tal como as havia criado; por isso, os átomos, sendo obra sua, eram dotados da capacidade de se moverem e agirem segundo a vontade do criador. As declinações atómicas seriam para Gassendi pré-determinações divinas.

Em 1841, Karl Marx apresentou na Universidade de Iena a sua tese de doutoramento sobre a *Diferença entre as filosofias da natureza em Demócrito e Epicuro*. Discordava da filosofia de Demócrito pelo seu determinismo porque, se assim fosse, o futuro estaria dependente do presente e este do passado. Concordava com o indeterminismo de Epicuro, um dogmático que, partindo de condições idênticas às de Demócrito, chegara a conclusões completamente diferentes, devido a um fenómeno casual que invalida a lei da causalidade.

Ao longo da história, os atomistas foram considerados materialistas por admitirem que tudo o que existe é constituído por átomos.

O Estoicismo foi fundado por Zenão de Cítio por volta de 300 a.C.; era uma filosofia inicialmente baseada em princípios idênticos aos do Epicurismo, diferindo deste em vários aspetos, como no da evolução ao longo do tempo. Os epicuristas mantiveram-se sempre fiéis à doutrina do seu fundador e moveram-se sempre num ciclo restrito sem pretenderem interferir com a sociedade externa, enquanto os estóicos se adaptavam à evolução da sociedade, procurando tomar parte nela e alargando cada vez mais o seu círculo de influência.

A sua conceção da Física era diferente da dos epicuristas. Admitiam que toda a realidade era constituída por dois princípios: um, identificado com a matéria, não tinha qualidade, era substrato ou princípio passivo; o outro, informante, era o princípio ativo. Os dois princípios eram inseparáveis porque a matéria era inerte e era o princípio passivo que lhe dava as propriedades que manifestava. Este último princípio era designado por *logos, physis, deus* e penetrava toda a realidade, que era corpórea porque resultava dos dois princípios, ambos corpóreos.

Para os estóicos, o *logos* era um sopro ígneo que governava tudo, como o *pneuma* — sopro inflamado dotado de calor e indispensável à existência. A quantidade de *pneuma* variava de forma hierárquica; era mínimo numa rocha e atingia o máximo na inteligência humana. Estas ideias dos estóicos tinham a sua origem longínqua em Heráclito (~ 540 – 480 a. C.), o filósofo pré-socrático que admitia que o fogo era o princípio de tudo: a força que moldava todos os fenómenos e todas as transformações experimentais. As conceções físicas dos estóicos não tiveram tanta influência na Química como as dos epicuristas.

Como já foi referido, no pós-aristotelismo a filosofia infletiu para aspetos de utilidade mais imediata e na Alexandria desse tempo irrompeu um movimento destinado a aumentar a riqueza do Homem e a promover a perfeição do mundo em que habita. Propunha-se transformar os metais comuns, alteráveis pelas condições do meio e pouco valiosos, em ouro, metal valioso e resistente ao meio ambiente. Um outro objetivo deste movimento era prolongar a juventude e a vida humanas. Este propósito mais não era do que uma fantasia concebida com base nas artes da transformação da matéria, na possibilidade de transformação dos elementos uns nos outros como previa a teoria dos elementos, na crença do auxílio divino e nas artes mágicas. Esta corrente de pensamento — a alquimia — admitia alcançar os seus fins, preparando a pedra filosofal e o elixir da longa vida através dos meios e agentes que acabámos de indicar. A obtenção destes princípios era a Grande Obra.

A Alexandria desse tempo era ponto de encontro de sábios vindo de toda a parte que aqui acorriam para aprofundar os seus conhecimentos através da convivência e do estudo das obras da riquíssima Biblioteca. Aqui acorriam os jovens desejosos de aprender para depois partirem para outros centros intelectuais espalhados pelo mundo inteiro. Este ambiente pluricultural era propício ao aparecimento da alquimia e a conferir-lhe as *nuances* que apresentava. Da Grécia veio a teoria dos elementos constituintes da matéria, que admitia a possibilidade da transmutação. Do Egito, a mentalidade moldada pelo deus Thot equivalente a Hermes Trismegisto, três vezes grande por reunir o poder de Rei, Sacerdote e Profeta. Teria sido esta lendária personagem que teria gravado a Tábua de Esmeralda, igualmente lendária porque nunca foi vista por ninguém e dela só existe o texto em latim, mas que, apesar disso, é citada como base da alquimia. Da China taoista herdou os segredos da imortalidade e a tradição de preparação de elixires feitos com mercúrio, enxofre e arsénio. Da Índia veio a tradição dos remédios obtidos a partir de metais.

A alquimia não é uma fase de pré-química como é considerada por alguns. Apesar da designação com raiz no árabe *al* (a) + *kimiya* (química) e de incluir nos seus procedimentos operações de transformação de matéria, estes não tinham por objetivo a investigação da natureza desta nem as operações eram orientadas por normas epistemológicas adequadas a este fim. Deste longo período, a ciência só aproveitou algumas técnicas que foram desenvolvidas e a conceção de alguns instrumentos que foram usados pelos alquimistas.

No período inicial da prática alquimia, salientaram-se: Zosimus de Panópolis, que escreveu, pelos anos 200, uma enciclopédia de vinte e oito volumes onde coligiu os textos dos alquimistas que o antecederam; e Maria, a profetisa, ou Maria, a judia, nascida algures no Egito em data desconhecida — a mulher que mais se destacou na arte alquímica e a inventora do chamado 'banho-maria', que passou a fazer parte das técnicas laboratoriais desde então.

No século VIII, a alquimia passou para o mundo árabe que recebeu com entusiasmo a cultura destas artes diretamente do Egito e a partir da Síria e da Pérsia e lhes deu um desenvolvimento considerável. Os primeiros textos traduzidos do grego para o árabe, na Síria e em Bagdad, eram sobre alquimia.

Um dos alquimistas árabes que ficou na história foi Jabir ibn Hayyan, Geber para os europeus. Tem o seu nome em muitos livros, não se sabendo ao certo quantos serão. Uns são meras compilações de escritores anteriores e outros são da sua autoria, como os famosos *Livro dos Fornos* e *Suma Perfeição*. O primeiro versa sobre os fornos de aquecimento, operação muito importante na alquimia que acreditava que as transformações efetuadas a temperaturas elevadas teriam maior probabilidade de obter a tão almejada 'pedra'. O segundo diz respeito aos impedimentos dos alquimistas em poderem realizar a Grande Obra.

Também não podemos esquecer dois nomes da alquimia árabe. Um é o de Razi, que se notabilizou como médico e como professor. Não foi atraído pelas especulações vãs que caracterizavam a alquimia, mas sim pelas práticas laboratoriais, o que o liga à inflexão do caminho que vinha a ser seguido para dar à alquimia um rumo científico. Dispunha de um laboratório com bom equipamento e as várias técnicas que descreve no livro *Segredo dos Segredos* mostram a sua propensão para a experiência. O outro nome famoso desta época é o de Abu Ali ibn Sina, Avicenna, nome pelo qual ficou conhecido na Europa. Era de origem persa e teve uma vida curta, pois nasceu em 980 e morreu em 1036 ou 1037. É autor dum número elevado de trabalhos literários, médicos, filosóficos e científicos. No seu célebre livro *Cânone da Medicina*, menciona um elevado número de medicamentos. A projeção mundial que o seu nome alcançou na Medicina manteve-se durante séculos e as suas opiniões eram consideradas como indiscutíveis.

Na primeira centúria do século XII, os europeus despertaram para os conhecimentos que estavam na posse dos árabes. Os dois centros difusores da alquimia foram a Sicília, tomada aos árabes pelos normandos, e especialmente a Espanha, onde os árabes se mantiveram até 1492. Não deixaram em Portugal a cultura alquímica, uma vez que as lutas pela independência do território se iniciaram antes de ela ter tido grande expressão no ocidente europeu.

Em Toledo, onde ficaram muitos árabes mesmo depois de a cidade ter sido tomada pelos cristãos, foi criado um centro de traduções do árabe para o latim e aqui acorreram muitos tradutores. O mais famoso foi Gerard de Cremona, que à sua conta traduziu setenta e seis obras, algumas delas muito volumosas, como o *Canône da Medicina* de Avicenna. Os tradutores sentiram dificuldades em encontrar os termos latinos adequados correspondentes aos termos técnicos árabes e procuraram minimizar estas dificuldades fazendo a transliteração desses termos para latim; estes foram sendo adaptados a outras línguas, conservando a sua raiz árabe.

Muitos estudantes rumaram a Espanha em busca de novos conhecimentos proporcionados pelas traduções e para frequentarem as escolas de Toledo, Barcelona, Segóvia e outras cidades e tornaram-se divulgadores da alquimia.

O período áureo da alquimia medieval ocorreu nos séculos XIII e XIV, destacando-se então várias figuras da igreja e da medicina, como o dominicano Alberto Magno, que teve influência na alquimia alemã. Admirador de Aristóteles, escreveu *De minerabilus,* no qual reúne ideias do Estagirista e dos árabes. Enalteceu as potencialidades reveladas pelas operações químicas, mas negou a possibilidade de transmutar metais em ouro. O franciscano Roger Bacon era apologista do método experimental para estudar a natureza. Homem de grande cultura e caráter, considerava que as chaves da alquimia eram a solidificação, a dissolução, a purificação e outras operações químicas, o que estava de acordo com a sua opção por uma alquimia prática como mais importante do que as outras ciências e mais vantajosa em termos materiais. Tomás de Aquino não ignorou a alquimia, mas considerava difícil fabricar o ouro ou a prata por esta via. No seu *De esse et essentia mineralium,* exprime a ideia de que a transmutação de metais era, de facto, uma verdade que se operava na natureza desde que lhe concedêssemos o tempo necessário para tal. Os catalães Arnold de Villanova e Ramón Dulfy foram dois alquimistas notáveis entre 1232 e 1315.

No início do século XVI, a alquimia, cujos objetivos até então se dividiam entre fabricar metais preciosos e prolongar a vida, abandonou a primeira destas ambições para se dedicar à preparação de substâncias para fins terapêuticos. A figura responsável por esta mudança de rumo foi Theophrastus Bombastus von Hohenheime: nasceu em 1493 perto de Zuriqe, apelidou-se a si mesmo de Paracelsus e acrescentou ao seu nome Philippus Aureolus — Philippus Aureolus Theophrastus Bombastus von Hehenheim, de pseudónimo Parcelsus.

Paracelsus acreditava que a doença e a saúde eram influenciadas pelos astros. A saúde era um estado em que havia harmonia entre o interior do Homem e astros celestes; alterado este estado de equilíbrio, surgia a doença. A harmonia podia ser reestabelecida através dum medicamento (*arcana*). A arcana tinha uma elevada especificidade, dependendo da substância usada na sua preparação e também da maneira como era preparada, isto é, a mesma arcana, preparada duma certa maneira para uma dada doença, poderia servir para curar outra doença se fosse preparada adequadamente para esta.

As arcanas eram obtidas a partir de substâncias naturais geralmente inorgânicas, no que diferiam dos remédios tradicionais de medicina de Galeno e Avicenna, que eram preparados a partir de plantas. Esta alteração drástica dos medicamentos granjeou-lhe a hostilidade dos boticários e dos médicos da época, que reagiram contra a inovação: os primeiros, devido à perda de lucros; os últimos, pelo receio da perda das suas posições; e alguns, ainda, pela convicção de que aqueles dois progenitores da medicina mundial que Paracelsus atacava eram mestres indiscutíveis.

Admitia que a matéria era constituída por três princípios (*tria prima*): os dois fundamentais da alquimia, enxofre e mercúrio, aos quais acrescentou o sal. O enxofre era o princípio da combustibilidade; o mercúrio era comum a todos os metais; e o sal era o princípio da imutabilidade e da resistência ao fogo. Nas alterações do equilíbrio no organismo humano, o excesso de enxofre originava febre, o de mercúrio provocava paralise e o de sal, diarreia.

Uma arcana tinha um conteúdo espiritual dum ser volátil e incorpóreo. A ação do médico era conhecer a doença e preparar a arcana adequada para que os astros pudessem atuar. A preparação envolvia técnicas químicas que levassem à obtenção da substância com elevado grau de pureza, atendendo à sua especificidade como arcana. Para Paracelsus, a alquimia era a transformação dum material bruto no produto pretendido por meio das técnicas da química e não através de transmutações, nas quais não acreditava. Assim, conseguiu a cura de doenças, o que lhe trouxe a fama e o espanto da população; por exemplo, descobriu o uso de sais de mercúrio no tratamento da sífilis e a ação emética dos sais de antimónio. Beber vinho por uma taça de antimónio era a maneira de o paciente se livrar de humores nocivos, através do vómito, e a purga passou a ser prática comum no século XVII. Nas doenças mentais, a purga era seguida do uso de remédios feitos de ervas e de amuletos para atrair a influência benéfica dos astros e de preces, pedindo a ajuda de Deus. Verificou ainda que pequenas quantidades de arsénio tinham um efeito benéfico em determinadas doenças, mas que quantidades elevadas desta substância eram fatais[16]. É-lhe atribuída a máxima "a diferença entre um remédio e um veneno está na dose".

Personalidade estranha, era amado como um deus por alguns e odiado por outros, que o consideravam um demónio. Estas duas fações com ideias antagónicas já foram referidas: uma era constituída pelos pacientes que tratou e a outra, pelos boticários e médicos que não seguiam a sua medicina. Chegou a ser professor da Universidade de Basileia, mas, logo na inauguração do ano letivo, queimou os livros de Galeno e Avicenna em praça pública, enquanto vociferava impropérios contra estes consagrados mestres. Desta maneira, talvez tivesse pretendido mostrar a sua discordância da medicina tradicional, à semelhança do que fizera Lutero quando recebeu a bula de excomunhão. Havia entre os dois uma simpatia mútua: Paracelsus admirava Lutero como um homem sábio; e o monge era atraído pelos aspetos quase religiosos da alquimia. Irreverente, dava as aulas em alemão vernáculo em vez do latim, como era obrigatório. O seu comportamento contribuiu muito para a ruína da sua vida: só esteve dois anos como professor, tendo passado a sua vida errando pelo mundo.

Paracelsus não provocou uma revolução científica porque, preso como estava às magias da alquimia, não poderia revolucioná-la encaminhando-a para os trilhos da ciência. No entanto, as suas ideais e práticas contribuíram, apreciavelmente, para o desenvolvimento da Química. Ao fazer da alquimia um conjunto de técnicas auxiliares da medicina, aumentou o número de cultores, o interesse pelo seu ensino e pelo desenvolvimento de técnicas laboratoriais que viriam, mais tarde, a ser úteis à Química. Paracelsus não fez, de facto, uma revolução que tivesse criado a ciência química porque ele pouco alterou os fundamentos da alquimia, mas não há dúvida de que, pela utilidade dos seus objetivos e pelo desenvolvimento da prática laboratorial, marcou uma época correntemente designada por iatroquímica (química para a medicina).

Nesta época, registaram-se também importantes descobertas de Química aplicada, designadamente nos domínios da mineração, metalurgia e cerâmica. O alemão Georg Bauer, apelidado de Agrícola, desenvolveu técnicas de fundição metalúrgica e mineração e o francês Bernard Palissy, célebre como ceramista, técnicas de fabricação de esmaltes de estanho e chumbo, segredos que foram com ele para a sepultura. Johann Rudolph Glauber, alquimista e médico alemão, preparou vários compostos, entre os quais o sulfato de sódio hidratado com aplicação em medicina e que ficou conhecido como o *sal mirabile* ou sal de Glauber. Este composto era preparado por reação do ácido sulfúrico com sal das cozinhas, destilando o ácido clorídrico e ficando como resíduo o sulfato

---

[16] DAVID KNIGHT, *Ideas in Chemistry: A History of the Science*, cap. 2, Cambridge: University Press, 1992.

de sódio. Este período foi o primeiro surto de Química industrial e marcou o início da desagregação da alquimia esotérica.

A iatroquímica foi continuada com Andreas Libavius, que estudou as propriedades medicinais do ácido canfórico e do ácido arsenoso e descobriu o chamado "licor fumante de Libavius". Mas a sua ação mais importante foi a sistematização de conhecimentos e o seu livro *Alchymia, opera colecta* de 1597, um dos primeiros livros didáticos sobre alquimia, onde o autor descreve um plano minucioso para um laboratório químico que, além do espaço destinado à realização de experiências, contempla salas destinadas a operações de destilação e coagulação e ainda espaços para arrecadação de lenha e aposentos para o pessoal.

Um dos alquimistas que mais se evidenciou no pós-paracelsianismo foi van Helmont. Apesar das contradições da época que também atingiram este médico, alquimista e fisiologista belga, ele deu uma significativa contribuição para o desenvolvimento da Química. Joan-Baptista van Helmont viveu entre 1577 e 1644 e era um filósofo que combateu o aristotelismo. Também não acreditava na *tria prima* de Paracelsus, mas recebeu deste a crença na magia e a importância das técnicas químicas na preparação das substâncias. Defendia a ideia de que a água e o ar eram os elementos constituintes da matéria e que não eram interconvertíveis. Deu vários exemplos observáveis na natureza que mostravam ser a água a origem de todas as substâncias.

Helmont acreditava no magnetismo animal e, como Paracelsus, defendia a possibilidade de curar feridas por correntes magnéticas, admitindo que as relíquias sagradas tinham poder curativo por influência magnética. Escreveu *De magnetica vulnerum naturali et legitima curatione contra Joannem Roberti* (Paris, 1621), que lhe trouxe problemas para o resto da vida: detido pela Inquisição espanhola (a Bélgica era domínio de Espanha) acusado de ter escrito um "monstruoso panfleto", não mais deixaria de ser perseguido por este tribunal, que o manteve em prisão domiciliária.

Realizou trabalho experimental de mérito, quantificando os resultados por pesagem. Fez a análise química do fumo exalado na combustão de substâncias sólidas e líquidas e concluiu que era diferente do ar e do vapor de água, apresentando propriedades específicas do material que o originara. Introduziu pela primeira vez o termo *gas* (do grego *cahos* 'desordem' ou, provavelmente, de *gaesen* 'que fervesce' ou 'que fermenta'). Ficou conhecido como o descobridor dos gases: identificou o dióxido de carbono na combustão do carvão, na fermentação do vinho e na reação do vinagre destilado com o calcário. Conjuntamente com Paracelsus foi o autor do imaginário *alkaest*, solvente universal que tinha o poder de reduzir todas as substâncias a água.

Como fisiologista, descobriu que havia fermentos específicos no estômago, no fígado e noutras partes do corpo que atuavam na digestão e noutras funções biológicas: descobriu que o ácido do suco gástrico era necessário para a digestão e distinguiu seis fermentações que ocorriam na transformação dos alimentos no corpo humano.

Dadas as circunstâncias da sua vida, escreveu pouco e os seus trabalhos foram publicados em 1648 em *Ortus medicinae vel Opera et opuscula omnia* ('Origem da medicina ou Trabalhos completos'), livro editado pelo seu filho.

Com a chegada do século XVII, a alquimia foi desaparecendo porque a mentalidade da época não era propícia à crença na magia nem ao interesse por um método que não produzia nada de valor. Já no paracelsianismo e no helmontianismo o aspeto dominante da alquimia era o trabalho laboratorial que ela dinamizava. Todavia, nenhuma corrente de pensamento termina abruptamente numa data determinada porque o peso da tradição e a descrença na novidade que se segue a prolongam durante algum tempo. E, assim, durante todo este século e até no seguinte, encontramos nomes que dedicaram atenção à alquimia e que fizeram algumas descobertas.

Em 1669, o alquimista Henning Brand de Hamburgo procurava preparar a pedra filosofal no seu laboratório, utilizando urina humana misturada com areia amarela. Calcinou e destilou a mistura e obteve um corpo que, com surpresa sua, emitia luz na penumbra da noite. O composto que acabava de obter era um elemento novo, o fósforo.

A alquimia francesa tinha tido um lendário alquimista, Nicolas Flamel, que gozava da fama de ter fabricado ouro com auxílio da pedra filosofal, seguindo um livro que lhe fora revelado por um anjo durante um sonho. Dizia ele que, em certo dia de 1357, comprou um livro velho que imediatamente reconheceu ser o do sonho.

No século XVIII, apareceu neste país um alquimista enigmático conhecido por Conde de Saint-Germain cujo verdadeiro nome não se conhece. Foi admitido na corte de Luís XV e tinha propensão para a cultura de alquimia. Instalou um laboratório em Versalhes e outro no Trianon. São-lhe atribuídos grandes êxitos em obras alquímicas: além da preparação do ouro a partir de metais, do crescimento de diamantes e da obtenção de pedras preciosas, preparou bálsamos, elixires, unguentos para curar doenças e manter o garbo da juventude. Ele próprio teria sido um exemplo da eficácia desses preparados, tendo-se tornado uma figura admirada pelas damas da corte. Morreu com oitenta e seis anos ou mais.

A Espanha foi terra de alquimistas e de adeptos desta prática. Os primeiros alquimistas foram Maslama ibn Ahmad (?-1007) e Moisés ben Maimón (1139-1205) aos quais se foram juntando outros. A alquimia foi acarinhada pela corte de Filipe II (Filipe I de Portugal), tendo o próprio rei patrocinado a instalação, no Escorial, de aparelhos de destilação para preparar extratos de plantas, de rosas e de outros vegetais cultivados nos jardins do palácio para seu próprio uso. O conde-duque de Olivares, ministro e valido do rei Filipe IV, esteve envolvido em várias aventuras com alquimistas que redundaram noutros tantos fracassos, explorados pelos opositores políticos para o ridicularizar. Nem o exemplo destes governantes espanhóis, que o eram também de Portugal, trouxe a alquimia para o nosso país.

Apesar das reminiscências alquímicas que se prolongaram pelo século XVIII, este foi culturalmente caracterizado pela revolução científica. As ideias de Bacon sobre a forma de dominar a natureza e sobre o valor da ciência, expressas em *Novum Organum*, encontraram eco em Galileo, que estabeleceu as leis do movimento por meio de experiências cuja conceção e realização mostraram o alcance da inovação no estabelecimento científico.

Sem deixar de admirar a obra de Galileo, Descartes criticou o seu método de estudo porque, em sua opinião, ele ignorava a natureza da matéria, não tinha âmbito globalizante nem oferecia a garantia de que as conclusões extraídas dos resultados fossem corretas. Considerou a ciência galileana como incompleta e desordenada. Para o pai do racionalismo, a Física reduzia-se à Matemática. Ao contrário de Galileo, Descartes não defendia o enunciado de uma ou outra afirmação relativa a um ou outro fenómeno detetado pelos sentidos: o método científico devia formar um tecido abrangente e imutável, capaz de fornecer uma explicação absoluta e global da realidade.

Quanto à constituição da matéria, Descartes admitia que esta era dividida em partes capazes de movimentos. Não era atomista e, consequentemente, não aceitava a existência de partes da matéria que não fossem divisíveis nem a existência de vazio, ou seja, espaços sem matéria. A sua explicação para a possibilidade de movimento das partículas constituintes da matéria num sistema sem espaços vazios era baseada no facto de esta se poder dividir indefinidamente e dar origem a partículas de dimensão tão pequena que seriam tão subtis como o éter dos filósofos. Este 'éter' preenchia o espaço entre as partículas e não impedia os seus movimentos, embora desempenhasse um papel ativo nos fenómenos naturais.

Descartes acreditava na existência de Deus que, sendo perfeito, corrigia a mente humana, não a deixando iludir as ideias clara e distintamente apercebidas por ela, através das quais se chega ao conhecimento da natureza, que é obra sua.

Estavam lançadas as bases de duas vias de construção da ciência já referidas: o método indutivo, proposto por Bacon e seguido por Galileo, confiava a formulação científica aos sentidos; e o método dedutivo, estabelecido por Descartes, desconfiava da informação dada pelos sentidos e entregava essa missão à razão. Esta confrontação ou competição das duas vias tinha raízes na Antiguidade e iria continuar pelos tempos fora, mantendo-se viva, ainda hoje, a questão de saber se a imagem que temos do mundo é uma invenção baseada nos sentidos ou é uma realidade assente na razão pura[17].

A procura do conhecimento acerca da natureza tal como decorria nesta época era propícia ao reaparecimento da teoria atómica. Um universo constituído por

---

[17] E. Schrödinger, *Science and Humanism: Physics in Our Time*, London: Cambridge University Press, 1961.

átomos em permanente movimento era a resposta dos atomistas ao mecanicismo em voga. Só que a teoria atómica sempre estivera ligada ao ateísmo e a sociedade do século XVII era cristã e com crença muito arreigada.

O cientista francês Pierre Gassendi, de quem já falámos, trouxe o átomo de Epicuro para o meio científico de setecentos, angustiado pela ansiedade com que procurava desvendar a natureza íntima da matéria. Mas, ao contrário do filósofo helenista, considerou-o uma obra de Deus, que o dotara das propriedades que apresentava: os seus movimentos não eram casuais, mas consequência da determinação divina que lhe fora dada previamente. Em 1649, publicou as suas ideias sobre a natureza constituída pelos átomos de matéria e por vazio em *Syntagma Philosophiae Epicuri*.

Gassendi considerava os sentidos como a primeira fonte da ciência e, embora aceitasse que algumas informações podiam ser obtidas pela razão, rejeitava as grandes especulações, afirmando que as qualidades dos corpos não podiam ser nada mais para além das aparências. Defendia o método indutivo, não acreditava nas ideias inatas e criticava o caráter apriorístico e dedutivo do cartesianismo, que podia levar a conceitos não correspondentes com a realidade. Criticava em Galileo o facto de não apresentar as causas primárias e de se ter limitado a explicar fenómenos particulares. Era como ele um empirista, mas procurava construir uma ciência mais sistemática.

Um dos maiores cientistas do século XVII foi o inglês Robert Boyle, nascido na Irlanda em 1627, na altura sob domínio inglês. A Química e a Física ficaram a dever-lhe conquistas importantes conseguidas graças à sua argúcia na interpretação teórica e ao minucioso e extenso trabalho experimental que realizou.

Boyle admitia que a matéria era constituída por corpúsculos invisíveis e intangíveis que se mantinham em movimento no meio do vazio. As propriedades dos corpos resultavam da dimensão, forma e movimento dos corpúsculos e da interação destes uns com os outros. Os corpúsculos não eram os átomos de Gassendi porque estes eram partículas indivisíveis, movendo-se no vazio e aqueles seriam divisíveis. Também não eram partículas de Descartes ligadas umas às outras e imersas em 'éter', constituindo um sistema contínuo de matéria. Boyle não negava a existência de átomos que, no caso de existirem, podiam agregar-se formando corpúsculos.

Não sendo fácil interpretar as propriedades dos corpos através das qualidades físicas atribuídas aos corpúsculos, Boyle introduziu o conceito de elementos por uma via diferente da seguida até então: *I now mean by 'elements' as those chymists that speak plainest do by their principles, certain primitive and simple bodies, or perfectly unmingled bodies; which not being made of any other bodies or of one another, are the ingredientes of wich all those called perfectly mixed bodies are immediately compounded, and into which they are ultimately resolved.*

A definição de elemento proposta por Boyle tem raiz experimental ou operacional. Quer dizer que se pode sintetizar um composto reunindo os elementos — corpos simples que originam compostos (perfectly mixed bodies) quando se ligam uns aos outros —, ou que os elementos podem obter-se decompondo um composto por operações analíticas até chegar ao limite de elemento.

O conceito de elemento apresentado por Boyle é distinto do proposto anteriormente. Como sabemos, Aristóteles definiu elemento como um corpo no qual outros corpos podem ser analisados e ele próprio não pode ser analisado noutros. Como admitia a natureza contínua da matéria, o corpo a que Aristóteles se referia na definição de elemento não era um corpo na aceção de partícula, mas antes uma porção de matéria que contivesse um dos conjuntos de propriedades atribuídas ao elemento e definidas pelo padrão que fora fixado e que era externo à substância em apreço. Essas porções de matéria podiam ainda ser divisíveis, mas, se isso acontecesse, uma ou duas propriedades do elemento seriam substituídas e o elemento deixava de existir para passar a ser outro diferente. Ocorria, então, uma transmutação.

Sob o ponto de vista concetual, a *triade prima* não era diferente da quádrupla de Aristóteles a não ser pelo número de elementos e pelo facto de os seus padrões, se bem que fictícios, se aproximarem mais de propriedades químicas dos corpos.

Na sua obra mais famosa, *The Sceptical Chymist or chymico-physical doubts and paradoxes touching the sparagist's principles common call'd hypostatical as they are wont to be propos'd and defended by the generality of alchymists*, publicada em Londres em 1661, Boyle combate o aristotelismo, o haspagirismo e a alquimia e defende a Química como um dos ramos das ciências da natureza e não uma ciência que se limite a dar apoio à farmácia, medicina, metalurgia etc. *The Sceptical Chymist* é escrito em forma de diálogo entre quatro amigos, figuras que representam um cético (Carneades), um alquimista (Philoponus), um aristotélico (Themistius) e um juiz neutral (Eleutherius). O cético é a personagem que expõe as ideias de Boyle, que é o hospedeiro e moderador.

A contribuição de Boyle para o avanço da Química está longe de se reduzir às ideias que exprimiu sobre a constituição da matéria e o trabalho experimental realizado foi notável, principalmente na análise química e no estudo do ar.

Fez uso de reagentes para identificar alguns compostos. Usou o areómetro e a balança hidrostática para a determinação de pesos específicos de líquidos. Utilizou corantes como indicadores nos ensaios analíticos. Em 1680, escreveu o livro *Experimenta et considerationes de coloribus*, impresso em Génova. Fez várias experiências sobre a calcinação de metais (cobre, prata, estanho, chumbo, aço e zinco), sendo o primeiro ou um dos primeiros a verificar que o resíduo obtido por calcinação do metal tinha um peso superior ao do metal utilizado; atribuiu este aumento de peso às partículas de fogo que passavam através do vidro do recipiente tornado poroso por aumento da temperatura: as partículas do fogo ficavam retidas pela 'cal' do resíduo, aumentando o seu peso. Estas experiências haveriam de despertar posteriormente a atenção de muitos experimentadores e de contribuir para os planos de investigação que tiveram um papel importante na fundação da Química científica.

Uma série de descobertas foram feitas no tempo de Boyle. Em 1641, Torricelli e Viviane, alunos de Galileo, descobriram o princípio de funcionamento do manómetro. Seis anos mais tarde, o alemão Otto von Guericke, produziu uma bomba de vácuo de êmbolo e realizou a famosa experiência de 'força do vácuo'. Pela mesma altura, Blaise Pascal mostrou a variação da pressão atmosférica com a altitude.

Em 1860, Boyle e Huygens aperfeiçoaram a bomba de vácuo e o comportamento do ar dentro do corpo da bomba no decorrer do seu funcionamento despertou-lhes a atenção para a elevada compressibilidade e expansibilidade do ar comparadas com as da água líquida. O ar comportava-se como uma mola, *the spring of air*, propriedade que se manifestava quando o volume variava. Boyle levantou duas hipóteses para explicar este comportamento: o ar que envolvia a Terra era como a acumulação de pequenos corpos repousando uns sobre os outros à semelhança de um velo de lã; ou, numa imagem cartesiana, o ar seria um amontoado de partículas flexíveis de diferentes dimensões e formas, que se elevam pelo calor (especialmente o do Sol) no éter que envolve a Terra.

A crença no vazio tornou-o alvo de crítica por parte dos defensores do *plenum*, entre os quais figurava o filósofo Thomas Hobbes. Na resposta a estas críticas, Boyle realizou várias experiências que o levaram ao enunciado da lei dos gases e que ficou conhecida com o seu nome.

Foi um participante ativo nas reuniões de cientistas que tiveram um papel importante na fundação da Royal Society de Londres.

Em 1675, Nicolás Lémery expõe a teoria corpuscular no primeiro livro dedicado ao estudo da Química: *Cours de Chimie*. É um livro com cerca de mil páginas, no qual o autor descreve as várias operações químicas e aborda a composição dos diferentes compostos químicos, medicamentos, tintas, venenos, etc. Recomendava com insistência o uso da balança, de forma a conhecer com exactidão a quantidade das substâncias nas experiências a realizar. Seguidor da teoria corpuscular, Lémery atribui a ligação entre os corpúsculos ao encaixe dos recortes das suas superfícies. Por exemplo, os corpúsculos de um ácido apresentavam pontas que iam ajustar-se às reentrâncias dos corpúsculos das bases, dando lugar a um agregado neutro.

O *Cours de Chimie* teve um extraordinário sucesso, tendo sido traduzido para latim, alemão, holandês, italiano, espanhol e inglês. A segunda edição foi publicada em 1677, a terceira em 1679, a quarta em 1681 e, por 1757, a obra ia na trigésima edição. Esta procura mostra o papel que o livro teve na divulgação da Química, a aceitação que esta ciência já tinha na época e o mérito do livro, que se manteve como o principal texto de Química por mais de meio século.

O *Cours de Chimie* combatia a alquimia e, na quarta edição, fazia e distinção entre químicos e "fazedores de ouro que, movidos pela cobiça, são levados à degradação moral e à charlatanice". A *Académie Royale des Sciences*, na qual Lémery foi admitido em 1699, constituiu um grupo de químicos com o objetivo de demarcar fronteiras entre Química e alquimia. Etienne François Geoffroy também fazia parte do grupo e, em 1722, publicou *Des Supercheries Concernent la Pierre Philosophale*, onde se refere à alquimia nos termos seguintes: "a alquimia não passa de uma série de truques que deturpam a arte química verdadeira para ludibriar o público em benefício pessoal dos seus praticantes". Em 1718, Geoffroy publicou uma tabela de afinidades, que teve aceitação entre os químicos da época.

Mas o corpuscularismo não foi capaz de dar uma explicação fundamentada dos fenómenos químicos. Era uma teoria que se adaptava ao pensamento da época — acreditava-se que a mecânica era a via para encontrar a interpretação dos fenómenos naturais — e, no que diz respeito à Química, um sistema constituído por uma diversidade de partículas em movimento, a teoria era demasiado rudimentar para dar conta das propriedades observadas experimentalmente. Como mais tarde a mecânica haveria de ser um modelo de interpretação da Química, usando os termos das competições desportivas, diremos que, no século XVII, o corpuscularismo foi uma falsa partida. No entanto, a teoria corpuscular acabou definitivamente com a alquimia e, dada a clareza com que abordou alguns aspetos da Química, abriu-lhe os horizontes para a tornar num dos grandes ramos das ciências naturais.

A criação das primeiras cátedras de Química e a construção de laboratórios químicos remontam a esta época. O ensino da quimiatria começou, por 1560, na Universidade de Basileia, onde o próprio Paracelsus foi professor e onde estudaram vários alunos, incluindo Libavius. Mas para a quimiatria, o ensino da Química era motivado pela medicina. Num sentido mais químico, foi criada a primeira cadeira de Química, em 1610, na Universidade de Magdeburg, a primeira universidade luterana da Europa. A cátedra foi confiada ao paracelsiano Johann Hartmann, que aí tinha estudado Medicina. Em 1685, a cátedra foi ocupada por Johann Jacob Waldschmiedt, que construiu um laboratório químico.

A seguir a Magdeburg, foram criadas cadeiras de Química em Jena e Altdorf e outras iniciativas foram sendo tomadas por várias universidades até ao final do século XVII: na Alemanha, Leipzig (1668), Könisberg e Halle; na Suécia, Upsalla (1655) e Estocolmo (1683); na Holanda, Utrecht (1668) e Leiden (1669); na Grã-Bretanha, Oxford (1683) e Cambridge (1702); em França, Montepellier (1676) e Estrasburg (1683); na Suíça, Basileia (1685); na Bélgica, Lovaina (1695).

A criação das cátedras de Química foi acompanhada pelo estabelecimento de laboratórios destinados à realização do trabalho experimental. O primeiro a ser construído, seguindo os planos descritos por Libavius, foi o de Altdorf, inaugurado em 1683 e confiado à Johann Moritz Hofmann. O projeto teria sido usado, posteriormente, na construção do laboratório da Universidade de Oxford.

No último terço do século XVII, surgiu, na Alemanha, numa nova tentativa de interpretação dos fenómenos químicos. Talvez que a recordação do ilustre Helmont tivesse desencadeado a ideia de retomar o caminho que a Química vinha seguindo no tempo dele e procurado argumentos para encontrar a chave interna da explicação da Química, ou seja, nas próprias substâncias. Depois de Boyle, o fogo passou a merecer a atenção dos investigadores, apesar de este cientista não acreditar que este fosse o método que levasse à identificação dos elementos.

Em 1667, o médico alemão Johann Joachin Becher publicou *Physica Subterranea*, obra que tratava o crescimento químico de minerais importantes. Considerou a terra e a água como elementos constituintes da natureza, distinguindo três espécies diferentes de terra: *terra fluída*, que contribui para a fluidez, subtilidade e caráter metálico das substâncias; *terra pinguis*, que produz óleo, propriedades sulfurosas e combustíveis; e *terra lapídea*, que era o princípio da fusibilidade. Apesar de Becher não ser paracelsiano, estas conceções das várias terras tinham alguma semelhança com as da *triada prima*.

O médico Georg Ernst Stahl, também alemão, perfilhou as ideias de Becher quanto à existência da variedade de terras e dedicou grande importância ao princípio da combustibilidade (*terra pinguis* de Becher) e designou-a por flogisto.

Quanto mais combustível fosse uma substância, mais flogisto existiria nela. Os fenómenos de combustão e calcinação eram facilmente interpretados por esta teoria. Um metal ou qualquer substância combustível eram ricos em flogisto, que se libertava para a atmosfera — um grande reservatório —, resultando em substâncias voláteis pobres em flogisto. Na calcinação dos metais, o processo era idêntico, com a diferença de que os produtos resultantes do aquecimento eram sólidos, tinham um aspeto pulvurulento e eram chamados 'cal'. Se uma 'cal' fosse aquecida na presença duma substância rica em flogisto, por exemplo o carvão, o flogisto desta era cedido à 'cal', dando novamente o metal.

Por volta de 1697, a teoria do flogisto foi tratada em três publicações de Stahl e rapidamente conquistou a adesão de muitos químicos, na Alemanha e noutros países da vanguarda científica, como a França e a Grã-Bretanha, tornando-se teoria dominante durante aproximadamente um século.

Stahl deu conta da diferença entre "mistura" e "composto verdadeiro", dando atenção à formação de corpos a partir dos elementos: distinguiu os corpos formados por simples agregação das partículas elementares e que não perdiam a sua identidade ao incorporar-se na substância de que iam fazer parte dos corpos resultantes da combinação dos elementos que davam origem a uma substância com propriedades novas. Considerou esta distinção um facto importante na Química e, na verdade, ele constituiu um tema de interesse de muitos químicos no século XVIII e parte do seguinte.

Dois assuntos que foram objeto de estudo por Boyle prenderam a atenção de muitos químicos e iriam ter um papel importante na revolução química. Como já foi dito, Boyle verificou que a 'cal' resultante da calcinação do metal tinha um peso superior ao deste.

A primeira interpretação da combustão foi dada por Robert Hooke, discípulo de Boyle. Inspirado pelos trabalhos do mestre, estudou a combustão do carvão na ausência e na presença do ar. Destas experiências, realizadas entre 1665 e 1667, concluiu que: *a)* o ar era um dissolvente das substâncias sulfurosas porque na sua ausência não se dava a combustão; numa atmosfera fechada verificava-se a formação de pequenas quantidades de resíduo, enquanto em espaço aberto a combustão era completa; *b)* a combustão era acompanhada por libertação de calor a que chamou fogo; *c)* a dissolução das substâncias no ar era muito semelhante à que ocorria na explosão da pólvora e era devida à interação das partículas sulfurosas com as partículas do ar — teoria nitroaerea; *d)* na dissolução dos corpos pelo ar, uma parte destes unia-se ao ar e, uma vez transformada em ar, movia-se com ele.

Boyle não admitia que o ar fosse uma entidade química, mas sim um fluido elástico necessário para a respiração, por retirar impurezas dos pulmões, e responsável pelo enferrujamento do ferro e pela formação do verdete do cobre.

John Mayow fez várias experiências sobre a combustão do enxofre na presença de ar e água e na presença de nitro e água. Em ambos os casos, a combustão originava óleo de vitríolo. Estas experiências correspondem aos esquemas seguintes:

$$\text{Enxofre} + \text{Ar} + \text{Água} \rightarrow \text{Óleo de vitríolo}$$
$$\text{Enxofre} + \text{Nitro} + \text{Água} \rightarrow \text{Óleo de vitríolo}$$

As conclusões a que Mayow chegou a partir destas experiências foram as de que o ar e o nitro tinham um constituinte comum e que o óleo de vitríolo continha partículas nitraoaereas e sulfurosas.

Este investigador observou o decréscimo do volume de ar ocasionado pela respiração dum animal, como o rato, mantido num vaso fechado, por exemplo, dentro de uma bexiga de animal cheia de ar. Observava-se um efeito semelhante se, em lugar do rato, se colocasse uma vela acesa. Admitiu, então, que o ar continha partículas de *spiritus nitro-aereus* que alimentava a respiração e a combustão e o outro constituinte restante era inerte e tinha menor elasticidade. Como aluno de Boyle, não esqueceu as experiências sobre a calcinação de metais que o mestre fizera e, como ele, também procedeu à calcinação do antimónio, tendo verificado que o resíduo resultante tinha uma massa superior ao do antimónio usado na experiência. O aumento de peso seria devido à incorporação de partículas nitraoaereas do ar no resíduo, incorporação que seria de origem mecânica e não química. Verificou ainda que o resíduo antimónio obtido por calcinação era idêntico ao obtido por reação do antimónio com ácido nítrico seguida de aquecimento. Os seus trabalhos foram publicados em 1674 em *Five Medicao-Physical Treatises*.

Não deixa de ser curioso notar que o aumento de peso que acompanha a calcinação dos metais, objeto de interesse de Boyle, Hooke e Mayow, já tivesse sido descrito pelo médico francês Jean Rey, em 1630. Nas horas vagas do exercício da medicina, Rey dedicou-se aos estudos físico-químicos, realizando alguns ensaios de calcinação do chumbo e do estanho e concluindo que era o ar 'incorporado' que se misturava com a 'cal': *c'est l'air qui se nesle parmi la chaux de l'etain & du plomb qu'on calcine, que l'augmente de poids.* Estas conclusões produzidas por um médico desconhecido encerram as extraídas nos trabalhos que se lhe seguiram, aos quais fizemos referência. A questão principal era saber que tipo de mistura era a do ar com o metal e nenhum dos trabalhos é explícito quanto a isso.

Para a recolha de gases, Stephen Hales inventou diversos dispositivos instrumentais, que passaram a ter grande divulgação dada a importância que os gases passaram a ter nos trabalhos em curso.

Um destes dispositivos foi a célebre tina hidropneumática: um recipiente com água sobre o qual era colocada uma proveta completamente cheia deste líquido, ficando a abertura da proveta dentro da água da tina e o fundo voltado para cima. O gás introduzido na parte inferir da proveta ia-se acumulando no topo desta e aí ficava retido; o volume da água deslocada permitia calcular a quantidade de gás recebido. Hales era formado pela Universidade de Cambridge e exercia as funções de vigário em Teddington, ocupando os tempos livres no estudo a botânica. Interessou-se particularmente pela pressão da seiva nas plantas.

No século XVIII, surgiram muitos e talentosos investigadores no domínio da Química, que deram contributos de grande alcance para o seu desenvolvimento. O médico escocês Joseph Black investigou o tratamento de cálculos das vias urinárias sem recurso a cirurgia, que envolvia riscos. Sabia-se que os cálculos eram solúveis em bases fortes que, não podendo ser ministradas aos pacientes, lhe serviram de guia para experimentar o emprego de bases mais fracas e biologicamente toleráveis. Para tal, usou a magnésia alba (carbonato básico de magnésio) e verificou que, em contacto com os ácidos, esta substância libertava um gás que turvava a água de cal. Chamou a este gás 'ar fixo', porque para ele o gás estava fixado à magnésia da qual se libertava por ação do ácido. Para Black passaram a existir duas espécies de ar: o ar atmosférico e o ar fixo. Em junho de 1754, apresentou a sua tese de doutoramento na Universidade de Edimburgo com um apêndice onde o autor descrevia o comportamento de várias bases, matéria que foi apresentada à Phylosophical Society de Edimburgo e publicada, em 1756, como título *Experiments upon Magnesia alba, Quicklime, and some other Alcaline Substances.*

Antes dos seus trabalhos preparatórios para a tese de doutoramento, Black estudou as mudanças de estado da água, que conduziram a conceitos importantes:

quando o gelo era aquecido, a temperatura ia aumentado até atingir o ponto de fusão; logo que aparecia a primeira gota de água, a temperatura mantinha-se constante, mesmo que o sistema continuasse a ser aquecido; logo que o gelo desaparecia totalmente, a temperatura passava a aumentar até ser atingido o ponto de ebulição da água; nesse instante, a temperatura permanecia constante até ao desaparecimento da água. Black explicou estes fenómenos, atribuindo ao calor a natureza de matéria — o calórico. Na transição da fase sólida para a líquida (fusão), o calor reagia com o gelo e era fixado por este, resultando água. Analogamente, durante a vaporização, a água fixava o calor para passar a vapor. O calor fixado pelo gelo era o calor latente de fusão e o fixado pela água, o calor latente de vaporização.

Um outro nome incontornável da história da Química é o de Henry Cavendish, que pertencia a uma família aristocrática com grande fortuna. Inscreveu-se na Universidade de Cambridge, que frequentou durante quatro anos sem nunca ter prestado qualquer prova de exame nem recebido qualquer diploma. Dedicou toda a sua vida à investigação de gases e da eletricidade, tendo adaptado a sua mansão a laboratório, onde realizava os seus trabalhos a expensas suas. Em 1760, entrou para a Royal Society, instituição que frequentava com assiduidade, tomando correntemente as suas refeições no clube da sociedade. Publicava os seus trabalhos nas *Phylosophical Transactions*.

Era um investigador rigoroso que procurava obter sempre resultados quantitativos. Uma das suas descobertas foi a do hidrogénio, a que chamou 'ar inflamável'. Verificou que por reação do zinco, ferro e estanho com o ácido vitriólico se formava um gás — a espécie mais simples de todos os ares conhecidos e cujo peso era inapreciável.

Era um fiel seguidor do flogisto, convicção que manteve a vida inteira e lhe limitou a interpretação, impedindo-o de tirar da descoberta as conclusões que poderia ter tirado. A interpretação que deu às reações do metal com o ácido corresponde ao esquema seguinte, representando o flogisto ϕ:

$$\begin{array}{llllll} \text{Metal} & + & \text{Ácido} & \rightarrow & \text{Sal} & + & \text{Ar inflámavel} \\ \text{cal} + \phi & & & & \text{cal} + \text{ácido} & & \phi \end{array}$$

Identificou o hidrogénio (ar inflamável) como sendo o flogisto e pensava que a sua origem era o metal — dois erros que o incapacitaram de dar uma maior profundidade e novidade aos seus experimentos.

Cavendish verificou que a mistura do ar comum com o ar inflamável dava origem a água, quando era produzida uma descarga elétrica no seio da mistura. Esta experiência mostrava claramente que a água não era um elemento, como admitia Aristóteles e os filósofos que se lhe seguiram. Analisou o ar comum depois de o misturar com monóxido de azoto, tendo concluído que este último composto transformava parte do ar em ar flogisticado, sendo, portanto, o ar atmosférico constituído por ar desflogisticado (em linguagem da atualidade, oxigénio) e ar flogisticado (azoto). Teria sido o descobridor do oxigénio, mas, preso à ideia do flogisto, muitas evidências do seu excelente trabalho experimental passaram-lhe despercebidas, e esta também.

Um outro investigador brilhante, pessoa modesta e de elevada sensibilidade humana, foi o sueco Carl Scheele. Começou a interessar-se pela Química quando começou a ganhar a vida como aprendiz de boticário, aos quinze anos. Nunca mais deixaria de ocupar todo o tempo de que podia dispor e empregar todo o dinheiro que conseguia amealhar no seu laboratório instalado na farmácia onde trabalhava. Nunca aceitou qualquer cargo oficial porque o privaria da liberdade de se entregar à sua paixão que era a Química. Das seiscentas libras que lucrava da farmácia que adquiriu, dispensava cem nos seus gastos pessoais e as restantes eram destinadas ao seu laboratório[18]. Apesar deste esforço financeiro, era um laboratório modesto, equipado com aparelhos simples, mas de lá saíram admiráveis descobertas graças ao seu engenho de investigador.

Preparou o ar de fogo (oxigénio) por aquecimento do ácido nítrico. Flogistonista, admitia que o calor era uma substância rica em flogisto e, quando o perdia, originava um outro ar — o ar de fogo. O calor era, portanto, constituído por ar de fogo e flogisto. Quando o calor fosse aplicado a uma substância que lhe retirasse o flogisto, ficava o ar de fogo como substância resultante. Sabendo que o ácido nítrico era uma substância que retirava o flogisto aos metais, utilizou-o para preparar o ar de fogo por aquecimento:

$$\text{Ácido nítrico} \ + \ \text{Calor} \ \rightarrow \ \text{Ácido flogisticado} \ + \ \text{Ar de fogo}$$
$$\text{ar de fogo} + \phi \qquad\qquad \text{ácido nítrico} + \phi$$

Os gases libertados foram recebidos numa bexiga contendo água de cal que retinha os vapores rutilantes de óxido azoto, ficando o ar de fogo livre. Scheele preparou ainda o oxigénio por decomposição do óxido vermelho de mercúrio pelo calor e por reação do negro de manganésio (dióxido de manganésio) com óleo de vitríolo a quente.

Preparou várias outras substâncias, entre elas o cloro. Alguns dos seus trabalhos são anteriores a 1760, a maior parte deles realizados antes de 1773, contudo só foram entregues para publicação em 1775 e o livro apenas foi publicado em 1777. Este desinteresse de Scheele pela corrida na disputa de prioridade das descobertas permitiu que outros tivessem ficado com esses louros que, por justiça, lhe cabiam a ele.

Em 1733, nascia próximo de Leeds um rapaz que viria a ser uma personalidade de relevo na ciência do tempo e a ter grande influência no avanço da Química do último quartel do século XVIII — Joseph Priestley. Foi educado em instituições não-conformistas, que acentuavam muito o valor da educação e da ciência, e viveu perto de uma fábrica de cerveja, o que lhe

---

[18] B. Wojtkowiak, *História de la Química*, Zaragoza: Editorial Ascribia, 1987.

despertou a curiosidade de conhecer o estado gasoso, ao observar a libertação do dióxido de carbono na fermentação da bebida.

Até 1767, foi pastor em Leeds e professor de línguas, ao mesmo tempo que se ia dedicando à ciência. Durante este período da sua vida, publicou trabalhos sobre educação e *History and Present State of Electricity*, que o tornou conhecido como cientista amador.

Em 1767, foi convidado por William Petty, Lord Shelburne, para seu bibliotecário e mordomo da Bolwood House, o seu palácio rural no condado de Wiltshire. Ofereceu-lhe um bom salário, acesso à sua magnífica biblioteca, subsidiou a sua investigação científica e estabeleceu-lhe uma pensão de reforma.

Priestley instalou em casa do seu protetor um laboratório equipado para a manipulação de gases e para a prática das operações da Química dessa época. Isolou e identificou as propriedades de muitos gases como o cloreto de hidrogénio, o amoníaco, o anidrido sulfuroso, o sulfureto de hidrogénio, a fosfina, o óxido de azoto e o azoto (a que chamou 'ar flogisticado'). Foi o químico que descobriu o maior número de 'ares', que isolava e caracterizava por meio de reagentes e pelos seus efeitos vitais. Um destes ensaios constava da observação do comportamento de uma planta ou de um animal encerrado numa campânula cheia com o gás recém preparado. Este tipo de experiências possibilitou-lhe o estudo químico de funções biológicas relativas à respiração e à putrefação.

A 1 de agosto de 1774, numa sala da Bolwood House adaptada a laboratório, Priestley descobriu o oxigénio sem lhe atribuir o papel que mais tarde viria a ter na Química. Ao aquecer o *mercury praecipitatus per se* (óxido de mercúrio) com uma lente de aquecimento, verificou a libertação dum gás que recolheu e cujas propriedades determinou. Verificou que, por ação deste gás, um pedaço de carvão incandescente colocado no seu seio entrava em combustão viva e uma vela acesa tornava-se mais brilhante. Misturado com gás nitroso, originava vapores de cor avermelhada (óxido de azoto). Priestley chamou a este gás 'ar desflogisticado', do qual voltaremos a falar mais à frente. Publicou as suas descobertas de gases em vários volumes com o título *Observations and Experiments on Different Kinds of Air* (1778-1786).

Em 1780, Priestley despediu-se amigavelmente do seu protetor para ir para Birmingham, onde se juntou aos seus correligionários político-ideológicos, membros da Lunar Society, onde se reuniam intelectuais e industriais de espírito aberto aos novos tempos. Todos os associados defendiam a independência da América e apoiavam a Revolução Francesa, mas, para o povo, o orador e símbolo do grupo era Priestley. A 14 de julho de 1791, houve um jantar comemorativo da tomada da Bastilha, que originou distúrbios violentos que se prolongaram por três dias. Apesar de ele não ter estado presente no banquete, o movimento "Church and King" destruiu várias casas e entre elas a de Priestley, onde tinha instalado o seu laboratório.

Assim, viu-se obrigado a abandonar Birmingham e regressou a Londres, mas não teve o acolhimento que esperava e passou a ser ignorado pela Royal Society. Desgostoso, partiu em 1794 para os Estados Unidos, onde tinha dois filhos e onde foi bem recebido. Foi-lhe oferecida a cadeira de Química da Universidade de Philadelfia, que não aceitou, tendo otado por residir em Northumberland, na Pennsylvania, onde pensava fundar uma academia para os filhos dos refugiados. Nos Estados Unidos, descobriu o monóxido de carbono, mas passou a maior parte do final da vida a escrever sobre o flogisto, crença científica que nunca abandonou. *Considerations on the Doctrine of Flogiston*, publicado em 1796, foi o seu último combate na defesa da teoria a que foi fiel durante toda a sua carreira científica e talvez também uma acusação a Lavoisier a quem nunca perdoou a apropriação das suas informações e ideias que lhe transmitiu na sua visita a Paris e às quais o químico francês nunca se referiu publicamente, assunto a que nos referiremos a seguir. Joseph Priestley morreu em 1804.

Em 14 de julho de 1874, um século depois da descoberta do oxigénio, realizou-se um encontro nacional de Química na casa que Priestley habitara em Northumberland — hoje Museu Pristley. Nesse encontro, foi criada a American Chemical Society, um ato cheio de significado em homenagem a um grande vulto da Química.

Em meados do século XVIII, surgiu no meio científico francês um jovem muito ambicioso, dotado de grande vivacidade intelectual e espírito de iniciativa, qualidades que cedo despertaram a atenção das pessoas ligadas à ciência. Chamava-se Antoine Laurent Lavoisier. Era bacharel em Direito e, ainda como estudante do Collège Mazarin, foi aconselhado por Jean-Etienne Guettard a frequentar as lições de Química de Rouelle no Jardim du Roi. Rouelle não era professor universitário, mas adquiriu reputação como demonstrador de Química, proferindo as suas lições em público. Aprendera Química pelo livro de Stahl, mas interpretava alguns aspetos desta ciência à sua maneira: para Rouelle, os elementos stahlianos eram princípios que entravam na formação de compostos e, ao mesmo tempo, instrumentos utilizados nas operações químicas. Com ele aprenderam Química Rousseau, Diderot, Turgot, Macquer, Venel e Lavoisier.

Aos vinte anos, Lavoisier foi convidado por Guettard para o acompanhar no levantamento duma carta de jazidas minerais e de formações geológicas francesas. Apesar de Guettand nunca ter publicado os resultados desta digressão, Lavoisier apresentou à *Académie Royale des Sciences* uma comunicação sobre o gesso. Foi um dos concorrentes a um concurso lançado pela *Académie* para um estudo sobre o processo mais conveniente de iluminar a cidade de Paris. Não ganhou, mas foi-lhe atribuída uma medalha por ter apresentado a proposta mais engenhosa.

Entrou para a *Académie* como químico adjunto supranumerário. No relatório para a admissão, os proponentes escreveram que se tratava dum "jovem de excelente reputação, de elevado intelecto, mente clara, cuja considerável fortuna lhe permite dedicar-se exclusivamente à ciência". Contava então trinta e cinco anos. Até 1771, participou ativamente nos trabalhos da Academia e viajou pelo país em afazeres relacionados com a sua posição na *Ferme Générale*[19].

No início de 1773, com Macquier e Darcet, fez parte de um grupo de químicos da Academia que procurou pôr termo a uma polémica acerca da estabilidade ou instabilidade do diamante a elevada temperatura. As conclusões das experiências realizadas por este grupo foram apresentadas na sessão pública da Academia de 29 de abril de 1772.

Em 1 de novembro deste ano, apresentou na Academia uma *pli câcheté* cujo conteúdo foi lido na reunião de 5 de maio do ano seguinte. Tratava a nota em arquivo de um estudo sobre a combustão do fósforo e do enxofre e a decomposição pelo calor da 'cal' de chumbo (óxido de chumbo). As experiências de combustão do fósforo teriam decorrido entre 10 e 20 de setembro, tendo Lavoisier verificado que o fenómeno ocorria com fixação duma prodigiosa quantidade de ar. Acontecia o mesmo na combustão do enxofre, experimento realizado em 24 de setembro. Desde esta data até 1 de novembro, ocupou--se da decomposição do óxido de chumbo, transformação acompanhada de libertação de grandes quantidades de ar[20].

J'ay fait la reduction de la litharge dans les vaisseau fermés avec l'appareil de M. Hales et j'ay obervé qu'il se (produisait) degageait au moment du passage de la chaux en metal une quantité considerable d'air et quelle formait au moins un volume mille fois plus grand que la quantité de litharge employée.[21].

Os resultados eram esclarecedores da participação de ar na combustão ou calcinação, assim como na decomposição da 'cal' que resultava daquelas operações e de que só um quinto do volume era ativo. Se não fez estas experiências para provar a falsidade da teoria do flogisto, elas indiciaram claramente esta conclusão. Teve a consciência do valor dos resultados, mas faltava-lhe esclarecer muitas dúvidas que se levantavam na interpretação dos fenómenos que observara. Assim se explica a rapidez com que procurou acautelar a possibilidade de a descoberta ser feita por outrem, depositando uma nota sobre ela na academia. Prosseguiu os seus trabalhos sobre a calcinação de metais, decomposição da 'cal' resultante na presença e ausência de carvão, procurando recolher dados sobre estas operações e sobre as propriedades do ar. O plano de investigação sistemática que pretendia implementar encontra-se descrito no *memorandum* de 20 de fevereiro de 1773, o que sugere que a nota de 1 de novembro do ano anterior era o resultado de um trabalho exploratório. Tem, naquela altura, consciência da extensão da investigação a realizar e também

---

[19] Organização financeira que, por concurso, cobrava os impostos, entregando ao rei a quantia estipulada e ficando o restante para a organização.

[20] H. GUERLAC, *Lavoisier. The Crucial Year*, New York: Cornell University Press, 1961, 156-191.

[21] RENÉ FRIC, *Ouevres de Lavoisier – Correspondance*, II, Paris: Éditions Albin Michel, 1957, p. 339-390, *apud* H. GUERLAC, *op. cit.*, p. 228-230.

da sua importância[22]: *Avant de commencer la longue suite d'expériences que je me propose de faire sur le fluide elastique qui se dégage des corps, soit par la fermentation, soit par la distillatian, soi enfim par des combinaisons de toute espéce, ainsi que [sur] l'air absorbé dans la combustion d'un grand nombre de substances, je crois devoir mettre ici quelques réflexions par ecrit, pour me former a moi-même le plan que je dois suivre...*". Neste *memorandum* expressa a ideia de que os trabalhos anteriores são elos soltos duma grande cadeia e que *l'importance de l'objet m'a engagé a reprendre tout ce travail qui n'a paru fait pour occasionner une révolution en physique et en chimie*".

Lavoisier não descobriu técnicas novas, limitou-se a aperfeiçoar as que vinham sendo usadas, selecionando o material que empregava. Por exemplo, por vezes, as retortas de vidro não resistiam às temperaturas que era necessário atingir e as de cerâmicas eram porosas, o que o levou a utilizar retortas de ferro com frequência. Para aquecimento a temperaturas relativamente baixas, recorria aos fornos a carvão e, para temperaturas mais elevadas, ao dispositivo ótico que concentrava no foco duma lente convergente de grandes dimensóes um feixe de raios solares (lente ardente). Na recolha dos gases libertados, usava as técnicas instrumentais desenvolvidas principalmente por Hales. Houve, contudo, um aspeto que distinguiu o trabalho experimental de Lavoisier do da maioria dos autores: a utilização sistemática da balança. Todos os reagentes e produtos dos experimentos eram pesados. No caso dos gases libertados e recolhidos na tina hidropneumática, o seu peso era calculado a partir do volume e da densidade da água. A quantificação dos experimentos foi uma das armas importantes para o seu sucesso. Para tal, dispunha de balanças de grande sensibilidade — algumas táo sensíveis como as balanças mecânicas atuais. Eram construídas para ele e a de maior precisão foi concebida por Fortin, um antigo engenheiro do rei. O custo destas balanças só era acessível a pessoas de grande fortuna, como era o seu caso.

Um aspeto importante para interpretar os resultados era a identificação do ar que era absorvido ou libertado, o qual representava um quinto do ar atmosférico. Além do ar comum, na época conhecia-se o ar fixo, mas o ar atmosférico tinha uma quantidade tão diminuta de ar fixo que as suas propriedades não eram determinadas por este.

Em 1774, Lavoisier teve duas ajudas preciosas que lhe facilitaram o desenvolvimento do programa de investigação que tinha em curso e a interpretação dos resultados de que já dispunha. Em fevereiro deste ano, o boticário do exército francês, Pierre Bayen, publicou no jornal do abade François Rozier, *Observation sur la physique,* um artigo sobre a decomposição do litargírio por aquecimento, na presença e na ausência de carvão, tendo obtido o metal e um gás que ele pensava ser ar fixo. A única novidade deste trabalho foi o autor ter

---

[22] H. M. Berthelot, *La Revolution Chimique,* Paris: Germer-Bailliere, 1890, *apud* H. Gerlac, *op. cit.,* p. 228-230.

conseguido decompor o litargírio quer na ausência quer na presença de carvão. A outra ajuda, esta sim, muito importante para Lavoisier foi a de Priestley. Em outubro desse ano, Priestley deslocou-se a Paris a acompanhar Lord Shelburne e, no jantar em honra deste, estiveram vários Químicos, entre eles Lavoisier. Priestley relatou as suas experiências que o haviam levado à descoberta dum novo ar, por aquecimento de óxido de mercúrio. Descreveu as propriedades desse ar e designou-o por ar nitroso flogisticado, pelo facto de ele ativar a chama. Este era, naturalmente, o mesmo ar que Lavoisier andava a procurar.

Tomou as experiências de Priestley e estudou o gás que se libertava por decomposição térmica do óxido de mercúrio. O gás reagia com o ar nitroso originando vapores rutilantes. No entanto, quando o ar nitroso era adicionado ao ar atmosférico, somente a quinta parte do volume deste era consumido. Depois de efetuar várias experiências, Lavoisier chegou à conclusão de que o ar atmosférico era uma mistura de dois tipos de ar: um respirável, o consumido pelo ar nitroso, e outro não respirável, que designou por mofeta, sendo a proporção do primeiro para o segundo de 27:73. Era claro que o ar envolvido nas operações de combustão ou de calcinação eram combinações de ar respirável com o metal, dando como produto compostos que vinham sendo designados por cal; na decomposição desta pelo calor, o ar respirável era libertado, ficando livre o metal.

Posteriormente, ao estudar a acidicidade em meios aquosos, Lavoisier concluiu que ela se devia à presença de compostos que continham ar respirável, a que deu o nome de oxigénio (etimologicamente 'gerador de ácidos'). Mais tarde, verificar-se-ia que nem todos os ácidos continham oxigénio e que o caráter ácido daquelas soluções estava relacionado com o hidrogénio, mas o nome manteve-se. A mofeta, a parte não-respirável do ar, foi designada por azoto ('que não sustenta a vida').

As suas experiências sobre a respiração animal, que já vinham sendo realizadas por outros investigadores, levaram-no a concluir que se tratava dum fenómeno semelhante à combustão e que também necessitava do oxigénio para ocorrer.

Por 1778, estava cientificamente interpretada a combinação das várias substâncias com o oxigénio e estabelecida a composição do ar atmosférico. Lavoisier podia ter dado por concluído o seu programa, uma vez que estava demonstrada a não existência do flogisto e explicada a combustão pela teoria química do oxigénio. Não foi esta a sua opção e continuou a investigar para dar à teoria uma maior generalização. Além das qualidades de investigador que revelava — definia objetivos à partida, seguia um plano sistemático para os alcançar e era um experimentalista qualificado que usava equipamento e técnicas que lhe forneciam dados de elevada precisão —, ele possuía capacidade e conhecimentos que o tornaram num excelente teorizador. Aprendera matemática e lógica com o filósofo Condillac, que lhe deram a preparação para ligar os dados obtidos por via empírica por uma cadeia que os unia a todos e que abrangia outros fenómenos além dos observados. Admitiu, então, que a matéria era constituída por elementos, corpos indivisíveis por meio de operações químicas, que podem ser revelados por decomposição das substâncias suscetíveis de serem decompostas por qualquer método analítico. É uma definição empírica e, portanto, isenta das ambiguidades contidas na definição de Boyle. Da combinação dos elementos resultavam todos os compostos existentes na natureza. Apresentou uma lista de trinta e três elementos muito incompleta e com algumas incorreções, que foi sendo aumentada e corrigida com o tempo.

Na sessão da Academia de 25 de junho de 1783, apresentou uma experiência que realizara no dia anterior, auxiliado por Laplace, na presença de vários académicos e de Blagden, secretário de Royal Society de Londres. Tratava-se da combustão do hidrogénio numa mistura deste gás com o ar, reação desencadeada por uma faísca elétrica produzida no seio da mistura. Da reação resultava a formação de água, o que mostrava que esta era um composto formado por dois elementos, o hidrogénio e o oxigénio.

Charles Blagden era um médico militar que, atraído pela ciência, deixou o exército para se tornar assistente de Cavendish, recebendo aproximadamente quinhentas libras por ano. Era ele quem fazia a ligação entre Cavendish e os colegas e amigos franceses: Cuvier, Laplace e Berthollet, entre outros. Em junho de 1783, numa das suas viagens a Paris, Blagden revelou a experiência de Cavendish a Lavoisier, que não perdeu tempo: repetiu-a e, no dia seguinte, transmitiu os resultados à Academia, sem ter dado relevo ao trabalho do químico inglês. A única referência que se viu forçado a fazer para procurar fugir à crítica de alguém que tivesse conhecimento dos factos, nomeadamente de Blagden, foi a de que "M. Cavendish avait déjà essayé, à Londres, de brûler de l'air inflammable dans des vaisseaux fermés et qu'il avait obtenu une quantitè d'eau trés sensible".

Cavendish só tornou pública a sua experiência na sessão da Royal Society de 15 de janeiro de 1784 — três anos depois de a ter efetuado e um ano depois da comunicação de Lavoisier à Académie Royale des Sciences. A nota de Lavoisier sobre o trabalho prévio do inglês não teve qualquer impacto na prioridade e foi o químico francês que ficou como o primeiro autor duma experiência que tinha sido feita pelo seu colega inglês dois anos antes.

Não há dúvida de que Lavoisier se apoderou da iniciativa e da experiência de Cavendish, tal como havia procedido com Priestley, mas também é verdade que os dois tentavam alcançar objetivos bem diferentes dos de Lavoisier e com alcances distintos para o progresso da ciência. Cavendish procurava estudar o comportamento do seu ar inflamável, que identificara com o flogisto, e registar a reação deste com o ar, dando origem a água. Lavoisier pretendia verificar que os dois elementos, hidrogénio e oxigénio, se combinavam, originando um composto: a água. Os dois autores estavam em campos opostos quanto à crença científica. Cavendish pretendia reforçar o conceito de flogisto e Lavoisier queria expurgá-lo da ciência. Contudo, o grande alcance das experiências que, sem ele, não teriam tido as mesmas consequências não atenua o seu procedimento censurável de não citar os autores que precederam o seu trabalho.

Tem-se escrito algumas vezes que, nesta experiência, Lavoisier provou que a água, considerada ao longo da História como elemento, era um composto. Por certo, não seria este o seu propósito nem a conclusão a que chegou. Ele tinha uma ideia clara do conceito de elemento e sabia que a noção de elemento na Antiguidade não era senão uma associação de duas propriedades ligadas vagamente a aspetos sensoriais. A água dos filósofos não era a água, composto químico. O que ele pretendeu mostrar foi, sobretudo, o comportamento do oxigénio na formação de compostos.

Mais tarde, Lavoisier e o seu colaborador Jean-Baptiste Meusnier comprovaram a composição da água, fazendo a sua decomposição por via térmica.

Para que a revolução pudesse prosseguir, tornava-se necessária uma nova nomenclatura de elementos e compostos químicos que tivesse uma construção lógica e adaptada à ciência química que acabava de nascer. Aquela que vinha sendo usada não se adaptava a um encadeamento de fenómenos próprio do desenvolvimento científico. Os nomes dos compostos eram arbitrários: uns eram conhecidos pelo nome do investigador que os descobriu — licor de Libavius, sal de Glauber; outros eram designados pelo aspeto que apresentavam — manteiga de antimónio, azeite de enxofre; outros, pelo nome de planetas, a lembrar a alquimia e a sua crença no efeito dos astros sobre a natureza — luna córnea, vitríolo de vénus; e muitos, pela designação vulgar das propriedades — cal viva, cal apagada, soda cáustica, etc.

A ideia da necessidade de uma nomenclatura científica veio da Suécia. Após a classificação botânica, Lineu sugeriu a Tobern Bergman, seu colega na Universidade de Uppsala, que algo semelhante deveria ser feito na Química. Bergman, amigo de Guyton de Morveau, transmitiu-lhe a ideia e o químico de Dijon apresentou-a à Academia, que decidiu constituir uma comissão para proceder a este estudo e da qual fizeram parte o próprio Guyton, Berthollet, Fourcroy e Lavoisier, que desempenhava as funções de secretário. Os quatro componentes da comissão eram figuras cimeiras da Química da época e todos árduos defensores das novas ideias, mas Lavoisier reunia condições para ter uma ação relevante neste projeto: era o pai da nova Química e a lógica que aprendera com Condillac era muito útil para estabelecer normas de nomenclatura. O trabalho da comissão — a base do sistema de nomenclatura atual — foi publicado em 1787.

Em 1789, Lavoisier fez uma compilação das suas experiências que foram sendo apresentadas em comunicações à Academia e expôs as suas ideias sobre a Química que acabara de lançar em *Traité élémentaire de chimie*, que serviu como código da Química lavoisiana e se foi tornando, com o rodar do tempo, num monumento à revolução da Química. Lavoisier foi uma figura científica que causou muitas surpresas aos seus contemporâneos e, ainda hoje, alguns aspetos da sua carreira e da sua conduta não são fáceis de entender. De facto, à medida que os trabalhos iam decorrendo, Lavoisier ia comunicando os resultados à Academia, evitando sempre divulgar a estratégia que estava a seguir e o fim que pretendia alcançar. A sua ambição de ser figura única da obra que empreendera foi ao ponto de não respeitar princípios éticos, omitindo as ajudas ocasionais de Priestley e de Cavendish.

Em 1772, a mudança repentina do seu campo de interesse não era previsível antes da célebre nota apresentada nesse ano à Academia, até porque a química do ar tinha mais tradição em Inglaterra do que em França. Há autores que se têm ocupado das principais razões que o teriam encaminhado para o novo campo. Guerlac analisou com pormenor os contactos possíveis com os cientistas da época e não foi capaz de descobrir um ponto de contacto que fizesse deflagrar o empenho de Lavoisier pela ação do ar nos processos químicos. Um dos possíveis portadores da ideia poderia ter sido o português João Jacinto de Magalhães (Apêndice 1), que deixou o nosso país no tempo de Pombal e vivia em Londres, onde se dedicava à construção de aparelhos científicos. Mercê do seu modo de vida, mantinha contactos permanentes com cientistas ingleses e franceses e informava-os das novidades de que tinha conhecimento. Magalhães não tinha qualquer curso universitário, fora um religioso do Convento de Santa Cruz de Coimbra. Por se tratar dum compatriota, faremos um apontamento sobre a vida deste homem, que teve oportunidade de participar no mundo científico de uma época importante para a Química[23].

A Química lavoisiana encontrou grande resistência em toda a parte, mas muitos foram aderindo e a conquista de adeptos foi-se verificando, embora com uma certa lentidão. Era necessário lançar mão de todos os meios de divulgação, o mais poderoso dos quais eram as revistas que já nessa altura circulavam no mundo científico. A revista que podia divulgar a Química era o *Journal de Physique*, dirigido por partidários do flogisto, que não aceitavam artigos da Química pneumática. Então, Lavoisier, em colaboração com o seu jovem discípulo Pierre Adet, resolveu fundar a revista *Annales de Chimie* de cuja comissão redatorial faziam parte Guyton de Morveau, Lavoisier, Monge, Berthollet, Fourcroy, Baron de Dietrich, Hassenfratz e Adet. Era um periódico com publicação de três volumes por ano, fundamentalmente de comunicações apresentadas à Academia, como aliás indica o seu título completo: *Annales de Chimie ou Recueil de Mémoires Concernant la Chimie et les Arts qui en dependent*. O primeiro número foi publicado no início de 1783 e a revista continuou a ser publicada com regularidade e com elevado nível científico até 18 de junho de 1793, data em que foi suspensa durante quatro anos.

---

[23] A possível influência de Magalhães na divulgação dos estudos de Química do ar é apresentada no Apêndice 1.

Lavoisier foi preso a 20 de novembro desse ano e a França vivia sob o regime do terror imposto pela ditadura de Maximilien Robespierre, após a morte de Louis XVI. Em Paris, foram encarcerados trezentos mil suspeitos de se oporem ao regime e guilhotinados dois mil seiscentos e vinte sete. A maioria dos detidos eram proprietários aos quais o governo pretendia confiscar as terras e entregá-las a indigentes — os jacobinos — que, agradecidos, reforçariam o seu partido. Entre janeiro e julho de 1794, a ditadura de Robespierre implantou o período mais sangrento da história francesa.

Como já foi referido, Lavoisier fez parte da *Ferme-Générale*, que cobrava os impostos e, por isso, era considerada inimiga do povo pelos revolucionários. Foi decapitado em 8 de maio de 1794. Não foi o único intelectual a ser executado: o astrónomo Bailly, o matemático Condorcet e o poeta Chenier tiveram sorte idêntica. Nem foi o único membro da Comissão redatorial dos *Annales*, pois o mesmo aconteceu a Philippe Frédéric, barão de Dietrich, apoiante da Revolução e que o novo regime político havia colocado como presidente da Câmara de Estrasburgo. Foi em sua casa que, em abril de 1792, Rouget d'Isle compôs a *Marseillaise*, o hino revolucionário. Estrasburgo não apoiou a morte do rei, que veio pôr fim à monarquia liberal, e o barão de Dietrich teve problemas graves: foi expulso da Academia, preso e executado em 28 de dezembro de 1793.

A publicação dos *Annales* reiniciou-se em 1797 com uma comissão redatorial da qual faziam parte os membros da inicial, exceto Lavoisier e Dietricht, e outros seis novos químicos. No prólogo do número com que se reiniciou a publicação, numa linguagem chocante e demagógica, a revista elogia a nova ordem política e exprime-lhe o seu apoio e serviço. Deixou de haver o tratamento de *Monsieur* e passou a ser usado o de *Citoyen*. Não deixa ainda de ser tocante que, no reinício da atividade, o prólogo desse número não tenha sequer aludido ao seu fundador e animador a quem muitos dos que continuavam responsáveis pela redação tanto deviam.

A Biblioteca Geral da Universidade de Coimbra adquiriu os *Annales* desde o início da sua publicação, cedendo-os, mais tarde, magnificamente encadernados, à Biblioteca do Departamento de Química. Trata-se de um excelente instrumento de trabalho para conhecer a Química da época.

Na opinião de Fourcroy, referida no terceiro volume da *Encyclopédie Methodique* (1796), o sucesso de Lavoisier deveu-se a três fatores principais. O primeiro foi a experimentação sistemática do estudo da intervenção do ar nas operações químicas. Em boa verdade, ele partiu para o programa de investigação já com o objetivo determinado ou este surgiu-lhe logo após os primeiros resultados obtidos por finais de 1772. O segundo foi a sua preocupação com a quantificação das substâncias usadas e das evanescentes. Fez uso constante da balança e serviu-se doutros aparelhos sofisticados que construiu e adaptou: eudiómetro, calorímetro, gasómetro, areómetro, entre outros. O terceiro foi a sua capacidade intelectual que o levou a interpretar os resultados dos experimentos, usando uma tática e uma estratégia perfeitamente adaptadas aos objetivos a alcançar, aspeto que é relevado por James Conant[24].

No adiantado do século XVIII, a Química ainda era considerada um conjunto de técnicas úteis à humanidade e a outras ciências, mas que nunca viria a ser uma verdadeira ciência por se não poder aplicar a matemática à matéria que versava[25]. Esta era a ideia de Kant para quem uma ciência era tão mais ciência quanto mais matemática contivesse. Esta sua convicção influenciou o espírito de alguns químicos que foram seus alunos, como Jeremias Benjamin Richter.

Kant exprimiu as suas ideias sobre a Química poucos anos antes da publicação do *Traité,* mas estamos convencidos de que o teria feito mesmo depois de conhecer esta obra. Na realidade, Lavoisier apenas colocou a primeira pedra nos caboucos da ciência química cuja construção iria demorar século e meio a acabar — tempo longo, pela dificuldade de penetrar nos registos mais íntimos da natureza, onde a Química tem a sua base. Esta dificuldade gerou acesas polémicas, algumas prolongadas, como a dos equivalentistas e termodinâmicos contra os atomistas, que se manteve durante quase todo o século XVIII.

Este século ficou assinalado não apenas pelo nascimento da Química como ciência, mas também por ter sido o berço da indústria química que, nessa altura, tinha já alguns contactos, ainda que fugidios, com a ciência.

A indústria do ácido sulfúrico instalou-se em Inglaterra em 1746 com o método de fabrico pelas câmaras de chumbo. Anos depois, o processo foi substituído pelo método de contacto. Em 1766, um industrial francês conseguiu obter, em Inglaterra, o segredo do método de preparação do ácido sulfúrico e instalou uma fábrica em Ruan — a primeira de muitas que se foram estabelecendo em França, onde, por 1782, já havia cinco.

As indústrias vidreiras, saboeira e têxtil eram consumidoras de carbonato de sódio, primeiramente obtido a partir das cinzas de vegetais. A expansão destas indústrias fez aumentar o consumo desta substância para quantidades que não podiam ser satisfeitas pelo método primitivo e, em 1776, a *Académie Royal des Sciences* de Paris lançou um concurso para a descoberta dum método de síntese química do composto. Este concurso conduziu à descoberta do método de Leblanc.

Um dos subprodutos deste método é o ácido clorídrico, que passou a ter um grande número de aplicações, entre estas a produção de cloro utilizado no branqueamento de tecidos.

A porcelana foi também uma indústria que, neste século, se desenvolveu muito na Alemanha, França e Inglaterra. Em 1796, descobriu-se o cimento.

---

[24] J. B. CONANT, *On Understanding Science*, London: Yale University Press, 1956.

[25] I. KANT, *Metaphysische Anfangsgründe der Naturwissenschaften,* 1786.

3. O primeiro século da Química na Universidade de Coimbra

Se compararmos a data do início do estudo da Química na Universidade de Coimbra, que teve lugar com a Reforma Pombalina, com a que marcou o nascimento desta ciência com Lavoisier, verificamos que os dois acontecimentos estão separados apenas por um mês. Pombal entregou os novos estatutos à Universidade em 29 de setembro de 1772 e Lavoisier realizou as primeiras experiências de Química pneumática entre 10 de setembro e 1 de novembro deste mesmo ano — dia em que entregou os resultados na Academia. Por conseguinte, a primeira cátedra de Química foi criada em Portugal precisamente quando este ramo do conhecimento adquiria o nível de verdadeira ciência. Esta coincidência dos dois acontecimentos não significa que o país estivesse, à partida, em igualdade de condições com os outros, que já dispunham de estruturas científicas organizadas, maiores recursos económicos e um clima social favorável ao desenvolvimento da ciência. Se, por um lado, a entrada na constelação científica de uma disciplina, que revelara a sua grande utilidade através de técnicas intrínsecas, gerava condições propícias ao seu desenvolvimento, por outro, o nível científico do país era muito baixo. Era necessário construir uma ciência de raiz num meio economicamente pobre e sem tradição científica.

O programa da cadeira de Química iniciava-se pela sua história e o professor era advertido para evitar "os mistérios escuros" dos alquimistas. Seguiam--se-lhe os princípios gerais, dando relevo à análise e composição dos corpos levadas "aos limites impostos pela existência de substâncias inalteráveis a todas as forças do artifício chymico". É de salientar a enfâse dada ao conhecimento da composição completa das substâncias e à noção de elemento que vinha de Boyle. Dos princípios gerais, o programa passava para o estudo das substâncias que faziam parte dos três reinos da natureza. A afinidade química, problema fundamental da Química à procura de explicação, ocupava uma parte significativa do programa.

Os autores da Reforma não esqueceram a solidez que a experiência dá ao saber, ordenando a construção de um laboratório destinado à realização de trabalhos práticos. Este laboratório seria frequentado por alunos do curso filosófico, alunos de Medicina em matérias relacionadas com a Química e alunos do curso de boticário. Estes frequentavam o laboratório durante dois anos e depois passavam para o Dispensatório Farmacêutico, que frequentavam outros dois para completarem o curso.

A iniciativa da construção dum laboratório químico naquela época merece ser realçada porque, como vimos, os laboratórios existentes eram destinados à prática alquímica e muito poucos foram os construídos no século XVII. Os existentes no século XVIII e princípios do século seguinte eram instalações adaptadas a esse fim: Cavendish adaptou parte da sua sumptuosa mansão de Clapham Common a laboratórios onde realizava as suas experiências; Pristley instalou o seu primeiro laboratório em casa do seu protetor Lord Shelbourne e o segundo na sua casa de Birmingham; Berzelius tinha um laboratório, espécie de cozinha, onde não havia espaço para mais de dois investigadores trabalharem em simultâneo. Os laboratórios destinados ao ensino da Química só viriam a generalizar-se depois do primeiro quarto do século XIX e o pioneirismo desta prática é correntemente atribuído a Justus Liebig.

Liebig, aluno da Universidade de Giesen, foi estudar para Paris, onde trabalhou com Dumas e Thénard e, de volta à sua universidade de origem, criou, em 1824, um laboratório de ensino da Química cuja fama atraiu alunos alemães e de vários pontos do mundo. Sendo um químico teórico brilhante, dava grande importância à preparação laboratorial dos que pretendiam vir a trabalhar em Química. Por 1830, frequentavam a Universidade de Giesen dez a quinze estudantes de Química e, por meados do século, o seu número mais do que duplicou. Pela organização e importância que deu ao ensino prático na formação do químico, Liebig é considerado o criador do trabalho laboratorial.

O sítio escolhido para a localização do Laboratório Químico da Universidade de Coimbra foi definido durante a permanência do Marquês na cidade e figurava já no mapa geral das construções levantado em dezembro de 1772. Iria ser construído no local onde funcionara o refeitório do Colégio de Jesus, que comunicava com este Colégio através duma passagem interior e com o Colégio das Artes através de uma outra passagem (v. figura 2). Todo o conjunto constituído pelas cozinhas e pelo refeitório foi demolido, tendo-se aproveitado da construção antiga algumas paredes que se encontravam em bom estado de segurança.

O edifício ficou isolado de qualquer outra construção: separado do edifício principal do Colégio de Jesus por um largo (largo Marquês de Pombal) e do Colégio das Artes por um pequeno jardim.

O traçado do edifício sofreu algum atraso, pois ficou a aguardar a chegada de Viena duma planta que lhe servisse de modelo. Em fevereiro de 1773, o marquês escrevia ao reitor da Universidade informando-o: "Fica porem ainda aqui a planta do Laboratorio Chymico que foi preciso formarse pelo modelo que o Dr. José Francisco Leal trouxe por minha ordem da Côrte de Vienna de Austria, havendo eu conhecido que o paiz de Alemanha he aquelle em que a referida arte tem chegado ao grao de mayor perfeição".

Em setembro desse ano, a planta, ou antes, a pré-planta estava concluída como se depreende da carta do projetista Coronel Elsden para o Marquês[26]: "Entrei com o desenho do Laboratorio Chymico mas para Maior asserto examinei as paredes existentes da caza que foi do lavatório, e da refeitoria e achei que ellas erão muito capazes, e somente precizavão reformar as janellas para completar, não só o Theatro, mas também os fornos e outras oficinas necessárias, e assim a despeza hade ser inconsideravelmente modica. A elevação geométrica da frente, e a planta ichonografica com suas explicações está completada".

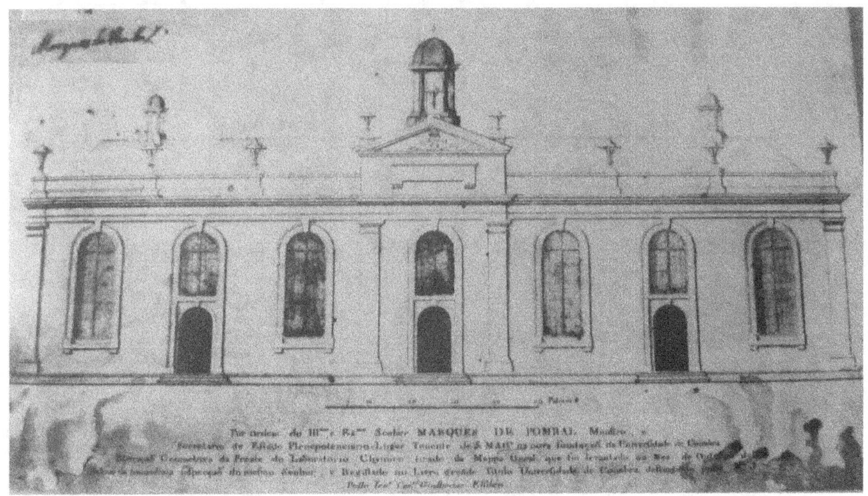

Por ordem do Illmo, e Exmo Senhor, MARQUES DE POMBAL, Ministro, e Secretário de Estado Plenepotenciario, e Lugar Tenente de S. MAG na nova fundação da Universidade de Coimbra Elevação Geométrica da Frente do Laboratorio Chimico tirado do Mappa Geral, que foi levantado no Mes de Outubro de 1772. Debaxo da immediata inspecção do mesmo Senhor, e Registado num Livro grande Titulo Universidade de Coimbra, distinguido pello Nº J. Pello Tene Corel Guillerme Eldsden.

Figura 7 – Alçado frontal do Laboratório Químico, primeiro projeto assinado
por Guilherme Elsden e rubricado pelo Marquês de Pombal (1772).

---

[26] William Elsden, cidadão inglês, veio para Lisboa para participar no plano urbano da cidade após o terramoto de 1755. Colaborou como arquiteto com os engenheiros militares Eugénio dos Santos e Carlos Mardel. Ingressou no exército e, em 1760, foi promovido a tenente-coronel de Infantaria com o posto de engenheiro. Foi autor de muitos projetos em vários locais do país e, em 1772, foi nomeado diretor das obras da Universidade de Coimbra, funções que desempenhou até à sua morte em 1778.

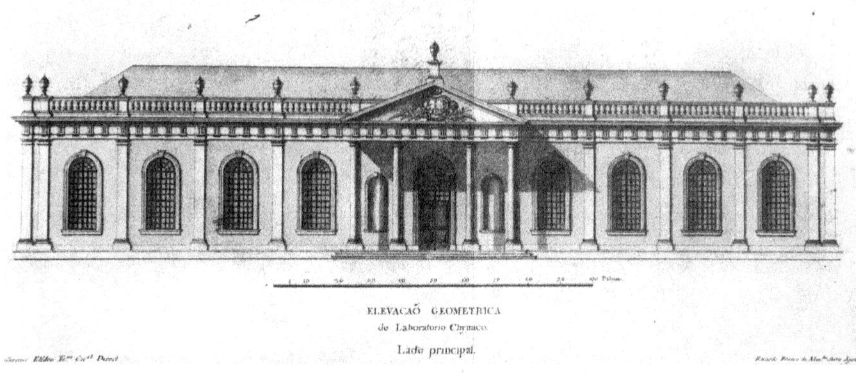

Figura 8 – Traçado definitivo da elevação frontal do Laboratório Químico, assinado por Guilherme Elsden, diretor, e Ricardo Franco de Almeida Serra, ajudante de engenheiro (1773).

Figura 9 – Desenho da fachada do Laboratório Químico (Anuário U.C. 1878). O frontão da entrada ainda não tinha sido concluído.

Figura 10 – O frontão do corpo central foi finalmente construído em 1893, mas segundo projeto diferente do pombalino. O ornato é aquele que o edifício apresenta hoje.

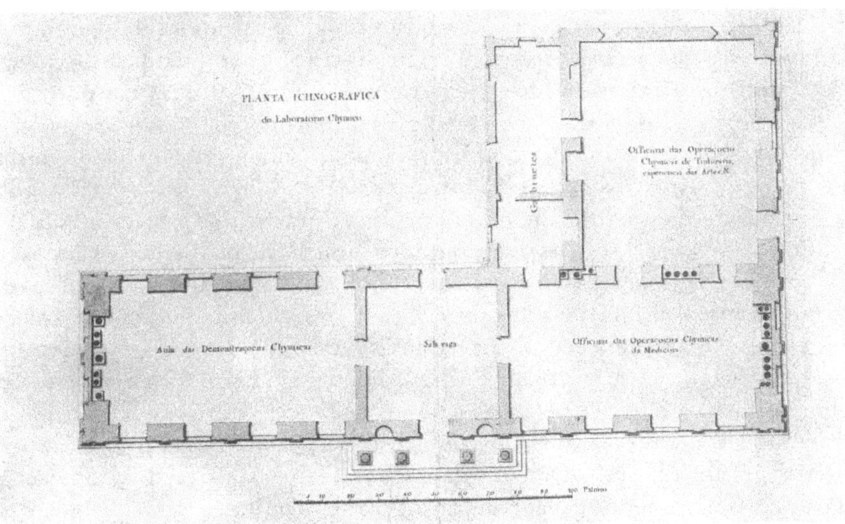

Figura 11 – Planta do Laboratório Químico pombalino. De notar o número de fornos nas paredes das salas destinadas a trabalhos práticos.

Figura 12 – Restos de um forno embutido na parede (cortesia do Museu da Ciência).

O edifício, de piso térreo, era composto por dois corpos unidos em forma de L e tinha uma área coberta de 1734m^2 (fig. 11). A entrada principal tem um coberto central avançado sustentado por quatro colunas e a porta dá acesso a um espaçoso átrio. A porta à direita de quem entra no átrio pela porta principal dá acesso a uma sala, onde havia mesas para o trabalho laboratorial dos alunos e armários envidraçados dispostos ao longo das paredes, onde se guardavam os produtos de química mineral, utensílios e máquinas mais delicadas. A esta sala segue-se uma outra com mesas de pedra preparadas para trabalhos de Química em maior escala. Dispunha de ventilação lateral para extrair os fumos produzidos nos fornos, caldeiras e alambiques lá instalados. Em comunicação com esta sala havia duas outras de menores dimensões: na mais pequena, estava instalado o destilador de água que fornecia todos os laboratórios; e a outra servia para depósito de louças, vidros de laboratório e produtos químicos de maior consumo. Esta sala comunicava com o jardim interior por uma porta, à esquerda da qual havia uma cisterna para fornecer a água necessária a todos os laboratórios. Para reforço da nascente, a água das chuvas caídas nos telhados pendentes para o lado do jardim era conduzida para a cisterna. A água para os gastos dos laboratórios e lavagem das salas e das roupas era elevada por um balde, puxado à mão por meio duma cadeia de ferro e depois transportada para os locais de consumo em cântaros de metal. O sistema de abastecimento e distribuição de água ao domicílio só começou em Coimbra por volta de 1888, ou seja, mais de um século depois. À esquerda de quem entra no átrio do Laboratório, fica a sala da aula em anfiteatro com capacidade para noventa e dois alunos. Esta sala dava acesso ao laboratório destinado a experiências de metalurgia e docimasia, equipado com fornos e com forjas embutidas nas paredes. Este laboratório, além do acesso pela sala de aula, tinha uma porta que dava para o jardim.

Como já referido, as obras de edificação do Laboratório ficaram concluídas pelo verão de 1775 e pronto a ser utilizado já no ano letivo de 1775-76. Faltava o ornamento do frontão da entrada e algumas obras no jardim. Até essa data, o custo da construção foi de 10.801$239 mil réis.

De acordo com os estatutos, o Laboratório era dirigido pelo professor da cadeira de Química sob a inspeção do reitor. O único lugar técnico que estava previsto era um "operário chymico", oficial subalterno que executava os trabalhos práticos necessários e estava encarregado de manter os laboratórios em boas condições de funcionamento.

Durante a sua permanência em Coimbra, Pombal nomeou os professores para as cátedras da Universidade renovada. Domingos Vandelli ocupou as de Botânica e de Química, dirigiu o Laboratório e o Museu de História Natural desde a fundação até 1788. Vandelli era professor na Universidade de Pádua quando foi convidado pelo Marquês de Pombal para professor do Colégio dos Nobres. Após o fecho deste colégio, manteve-se em Portugal, foi um dos colaboradores na fundação do jardim da Ajuda e depois convidado como professor da Universidade de Coimbra. Dedicava-se principalmente ao estudo da Botânica, mas não tinha uma boa preparação em Química. Ele próprio o afirma na sua primeira lição de Química proferida em 17 de maio de 1774 e da qual mandou cópia ao Marquês[27]. Inicia a referida lição afirmando: "nunca me veio ao pensamento que eu devesse ser o primeiro, que nesta Illustre Universidade houvesse de insinar a Sciencia Chimica, a qual eu tão somente me tenho aplicado pª investigar os segredos da Natureza corporea, quanto pela experiência se pode alcançar".

Em boa verdade, numa fase de grande desenvolvimento da Química, durante os dezasseis anos do seu magistério, Vandelli não fez qualquer tentativa de abordagem a esta ciência, limitando-se a tratar de aspetos práticos. Curiosamente, como veremos, ao terminar o seu curso filosófico, um jovem publicou, em 1788-1790, um livro de ensino de Química no qual introduziu a linguagem e as ideias da Química moderna, livro esse que nunca foi recomendado como texto das lições proferidas na cadeira.

Enquadrando a sua primeira lição na Química da época e sendo ela o sumário das matérias da cadeira, verifica-se uma certa superficialidade na abordagem

---

[27] D. Vandelli, *Arquivo Historico Colonial*. Reino. Papeis avulsos, 17 de maio de 1774.

dos materiais que se propunha tratar, como a afinidade, que expõe através duma série de experiências, explorando apenas a espetacularidade visual de reações químicas. A bibliografia que recomendava e que considerava suficiente para acompanhar as lições é o livro de J. R. Spielman *Institutiones Chimicas*, escrito em 1763 e com uma segunda edição de 1766. No final da sua primeira lição, diz do texto recomendado aos alunos: "Ellas são muito suficientes pª dar uma boa idea da Chimica, querendo porem adiantarvos em esta sciencia, deveis ler principalmente hum Lemery, hum Hoffmann, hum Boerhaave, Geoffroy, Pott, Maquer, Baumé e outros". A ignorância da evolução da Química é manifesta, porque não tem sentido recomendar autores tão antigos como Lemery ou outros que somente tinham tratado de aspetos particulares da Química como Friedrich Hoffmann.

Por ordem régia de 26 de setembro de 1786, os professores eram obrigados a publicar as suas lições, dever que nunca cumpriu. Por tudo isto, somos levados a concluir que Vandelli não tinha uma boa preparação na matéria nem prestou atenção à evolução da Química no decurso do seu professorado.

Não dispomos de elementos que nos permitam saber em pormenor o equipamento que adquiriu para o Laboratório quando este iniciou a sua atividade. Contudo, conhecendo o acervo museológico da Química e as aquisições feitas pelos professores que lhe sucederam, Vandelli deve ter comprado: material diverso para calcinação e aquecimento; instrumentos como fornos e estufas; instrumentação para destilação de líquidos e para recolha e manipulação de gases; um gasómetro; uma máquina de fazer vácuo; uma coleção de minerais e outra de modelos cristalográficos. Deve datar do seu tempo a instalação de uma roda de oleiro e o forno para cozedura das peças cerâmicas fabricadas no próprio Laboratório. O naturalista alemão Link, que viajou por Portugal de 1797 a 1799, descreveu o Laboratório de Química como sendo bom, "vasto e iluminado, tendo aparelhos pneumáticos e uma coleção de aparelhos químicos depois da nova nomenclatura antiflogisto".

Quanto a prática de Química no seu tempo, sabemos que o Laboratório assegurava a preparação dos alunos destinados ao Dispensatório Farmacêutico e ele próprio, com ajuda de colaboradores, procedeu a alguns ensaios sobre a qualidade de matérias para fabrico de porcelanas. Alguns autores de análise de água agradeceram-lhe o saber que lhes transmitiu e que os tornou capazes do trabalho que realizaram[28].

Simões de Carvalho, na sua memória comemorativa do primeiro centenário da Reforma Pombalina, dá relevo ao lançamento de dois balões construídos

---

[28] D. Vandelli, *Análise da água dos banhos do Estoril com notícias históricas pelo cirurgião Jacinto da Costa*, 1778.

J. M. C. Pessoa, *Análise das águas das Caldas da Rainha*, 1778.

J. M. Gago, *Tratado físico-químico da água das Caldas da Rainha*, 1779.

F. Almeida Beja, *Análise das agoas hepathizadas marciais do lugar de Falla*, 1789.

pelos alunos de Vandelli e orientados por ele. O lançamento dos balões foi feito na presença das autoridades académicas e civis com o espalhafato público que não tem a ver com a ciência. De facto, este ato não tinha novidade científica porque há muito se sabia que o ar quente e o hidrogénio eram usados para impulsionar balões atmosféricos. Estas experiências não passavam, portanto, de mera curiosidade. Dois irmãos franceses, Golfier, tinham lançado na altura balões atmosféricos destinados a registar valores das propriedades físicas do ar a elevada altitude, mas o lançamento dos balões dos alunos do Laboratório Químico não teve qualquer propósito de estudo. Muitos episódios em que Vandelli intervinha mostram traços de pessoa ambiciosa, que procurava rédito ou notoriedade em tudo em que participava.

Durante a edificação das instalações exigidas pela Reforma universitária, o reitor Francisco de Faria Pereira Coutinho resolveu instalar uma fábrica para produzir telha e tijolo para os edifícios em construção, iniciativa que agradou ao Marquês que considerou a "nova Fábrica de Telha Vidrada, como útil não só para a Universidade como também, para o país, dada a facilidade de transporte dadas pelo Rio Mondego e o porto da Figueira da Foz". A fábrica estava localizada na Rua João Cabreira na baixa citadina e foi instalada em casas, umas pertencentes à Universidade e outras arrendadas a particulares. Na edificação da fábrica, gastaram-se 5.770$745 réis.

Concluídas as obras, a Universidade resolveu fechar a fábrica e terminar com o contrato de arrendamento da parte do edifício que não lhe pertencia. Vandelli propôs, então, à faculdade, a aquisição da fábrica e a sua exploração comercial. Apesar de alguns membros da congregação terem manifestado a opinião de que a vocação da faculdade não era gerir negócios de fábricas, a proposta foi submetida à apreciação da rainha que a rejeitou. Vandelli ficou com a fábrica para si, mas declinou o contrato quando verificou que as despesas para a reparar e os encargos de exploração não tornavam o negócio rentável. Então, instalou no Rossio de Santa Clara uma fábrica de louça doméstica e decorativa, que teve grande sucesso: a louça Vandelli era a mais cotada no mercado, logo depois da do Brioso, famoso ceramista conimbricense da época.

Vandelli possuía duas coleções de exemplares de História natural: uma feita quando ainda estava em Pádua e outra reunida quando já estava em Portugal. Vendeu uma à Universidade, para organizar o museu relativo à cadeira que tinha a seu cargo, e ofereceu a outra à faculdade. A que vendeu foi mandada vir de Pádua e recebeu por ela 2.960$00 réis, quantia que lhe foi paga entre 1778 e 1782. A que ofereceu à faculdade veio do Real Jardim Botânico da Ajuda do qual foi diretor, antes de vir para Coimbra. Porém, a oferta da coleção de exemplares dos reinos da natureza não foi um gesto de amor para com a escola onde lecionava ia para seis anos, nem uma contribuição para lhe conceder meios para, como era sua obrigação, preparar os alunos que a frequentavam, mas sim a expectativa de receber um galardão da rainha. Suplicou a Sua Majestade que lhe conferisse "a Mercê que fosse do seu Real

Agrado"; a rainha mandou avaliar a dávida e, por alvará de 7 de dezembro de 1779, concedeu-lhe o direito de exploração dum alvéolo do Rio Velho nas imediações da mata do Choupal.

Era uma pessoa dinâmica e dado a tomar iniciativas. Em 1778, foi visitar o Visconde de Barbacena para lhe falar da vantagem em criar uma sociedade económica baseada na ciência, à semelhança das que havia noutros países. Esta sociedade ficaria sediada em Lisboa; não foram dadas razões para a escolha desta localização, mas a intenção seria afastá-la da Universidade: ou porque ela era obra de Pombal, que impusera ao país um regime político hostil à elite, então refugiada no estrangeiro, regressada depois da queda do Marquês e que agora ocupava o poder; ou simplesmente para afastar a nova instituição duma eventual tentativa de domínio por parte da Universidade — hipótese provável, pois no tempo de Pombal fora prevista, mas não realizada, a criação de uma Congregação Geral de Ciência destinada ao estudo das ciências naturais com a participação das faculdades de Medicina, Matemática e Filosofia.

O Visconde de Barbacena manifestou interesse pelo assunto e prometeu defender o projeto junto da rainha. Por aviso régio de 24 de dezembro de 1779, foi criada a *Academia Real das Ciências de Lisboa*, fundada pelo Duque de Lafões, o Visconde de Barbacena e o Abade Correia da Serra. Escreveram os fundadores: "esta Academia de Ciências [é] consagrada à glória e felicidade pública para adiantamento da Instrução Nacional, perfeição das Ciências e das Artes e aumento da Indústria Popular". A sua divisa é típica do Iluminismo: *nisi utile est quod facimus, stulta est gloria* ('se não for útil o que fizermos, a glória será vã').

Vandelli apresentou à Academia várias comunicações sobre produtos de interesse económico, estudou alguns materiais cerâmicos que procurou explorar comercialmente e defendia a fisiocracia como a fonte de riqueza que, em seu entender, maior interesse teria para Portugal.

A *Academia Real das Ciências de Lisboa* tinha três classes — Ciências Naturais, Ciências Exatas e Belas Letras —, sendo a primeira presidida por Vandelli. A sua iniciativa nos preparativos da fundação da Academia foi um serviço que prestou ao nosso país e que honrou o Laboratório Químico. No tempo em que dirigiu o Laboratório, foram realizados alguns trabalhos de análise de águas usadas em tratamentos médicos; o seu colaborador José Martins da Cunha Pessoa fez a análise da água das Caldas da Rainha em 1778[29]. Os resultados analíticos foram expressos numa linguagem da Química do flogisto e as concentrações em grãos por libra de água. Os componentes da água foram designados por flogisto (ar fixo e ácido sulfúreo), sal fontano de base alcalina, sal fontano de base térrea, selenite, terra calcária e terra argilosa. Não nos surpreende totalmente tais designações dos sais, atendendo a que a nova nomenclatura só seria publicada nove anos depois, mas já o uso do termo

---

[29] J. M. C. PESSOA, *op. cit.*

flogisto nessa data era indicativo do não acompanhamento dos trabalhos de Lavoisier, ou seja, de atualização.

Embora mantivesse o vínculo à Universidade, em 1788 foi nomeado Diretor do Jardim da Ajuda, não voltou a exercer funções docentes em Coimbra e jubilou-se em 1793.

Vandelli pertencia à Maçonaria, organização que começou a ter expressão em Portugal no século XVIII, devido aos contactos com o estrangeiro de nobres e burgueses endinheirados, que deixaram o país pobre e oprimido à procura da liberdade e duma cultura de vanguarda que o estrangeiro lhes oferecia. D. João Carlos de Bragança, duque de Lafões, exilou-se em Inglaterra, onde viveu muitos anos, foi sócio da Royal Society e só regressou a Portugal depois do afastamento de Pombal. O abade José Correia da Serra era considerado pelo intendente Pina Manique como um maçon perigoso. A vinda do Conde de Lippe e dos oficiais que o acompanhavam para organizar o nosso exército contribuiu para a difusão da maçonaria no meio militar.

Com as invasões francesas, a perseguição à maçonaria intensificou-se porque os maçons eram considerados apoiantes do inimigo. Aliás, a ação da Inquisição já vinha recrudescendo desde que Pombal deixou a governação do país. Em 1809, Vandelli foi preso e voltaria a sê-lo na Setembrizada (10 a 12 de setembro de 1810), mas, desta vez, foi levado para a fragata Amazonas, que transportou um grande número de deportados para os Açores. Por influência da Royal Society, foi para Inglaterra e, em 1813, regressou a Lisboa, onde passou a viver e onde morreu em 1816.

Thomé Rodrigues Sobral fora aluno de Vandelli e sucedeu-lhe na direção do Laboratório Químico. Nasceu em 1759 e matriculou-se na Universidade de Coimbra como aluno das faculdades de Matemática e de Filosofia em 1779, tendo-se doutorado nesta última em 1783. Presbítero secular, foi nomeado lente substituto extraordinário sem indicação de cadeira, em 1784, e, no ano seguinte, lente substituto de História Natural. Passou a ocupar o lugar de demonstrador de Química e de substituto extraordinário desta especialidade até ser promovido, em 1791, a 3º lente de Química e Metalurgia, funções que desempenhou durante dois anos, passando, então, a 2º lente de Química.

Tomou posse como diretor do Laboratório por 1809, em tempos difíceis para a Universidade e para o país, ocupado pelas tropas de Napoleão Bonaparte. A Universidade mobilizou-se para combater o invasor e formou o Batalhão Académico, constituído por lentes e estudantes voluntários que lutaram ao lado do exército contra os franceses. Thomé Sobral alistou-se na Companhia dos Artífices Voluntários Académicos.

A escassez de pólvora com que os portugueses se debatiam na retirada das tropas da primeira invasão levou Thomé Sobral a disponibilizar o Laboratório Químico para o fabrico deste explosivo. Reuniu-se um grupo de pessoas com conhecimentos das técnicas de fabrico e enchimento dos cartuchos e, sob orientação de Sobral, produziram a quantidade de pólvora que o nitro que conseguiu obter permitiu. Até 28 de julho de 1808, fabricaram-se quarenta arrobas e no mês seguinte mais de vinte e três arrobas de pólvora. Nessa altura, o Laboratório Químico foi transformado em arsenal de guerra, não constando que tenha sido alvo de ataque dos franceses em ação de represália. Por vezes, tem-se escrito que, na terceira invasão, os franceses teriam lançado fogo à residência de Sobral por lhes ter chegado ao conhecimento que ele fora o "mestre da pólvora". É de estranhar que este tenha sido o motivo para lhe incendiarem a casa, porque mais razão haveria para destruir o Laboratório onde fora preparado o explosivo. O invasor preferiu pilhar documentos e peças de arte da Universidade do que ocupar-se da retaliação contra um colaborador no fabrico de pólvora três anos antes.

É vulgar passarem para a História narrativas fantasiosas como adorno de feitos, estes sim, merecedores de nela figurarem. Há quem diga que dois grandes vasos de pedra que existiam no Laboratório Químico teriam sido usados como cadinhos na preparação da pólvora para a guerra, mas eles foram comprados muitos anos depois para enfeitar o jardim. De facto, não será aceitável que, no clima de aflição, sob fogo do inimigo e sem pólvora para se defender, alguém se tivesse lembrado de mandar talhar dois enormes cadinhos de pedra para a simples mistura dos ingredientes usados na preparação. Estes dois vasos são, com certeza, os registados na folha de despesas do Laboratório de 3 de dezembro de 1862 e que custaram 2$800 réis. Por 1970, ainda se encontravam no jardim: um deles com a parede fendida possivelmente por ação das raízes de arbustos ou qualquer outra causa e o outro, intacto. Este foi removido para o Museu da Ciência e da Técnica com o rótulo de "cadinho da pólvora" e, com as mudanças, acabou por rachar. Os vasos tinham dois orifícios no fundo para escoar o excesso de água e não eram, de modo algum, adequados à manipulação de pós. Estas fantasias não retiram mérito às pessoas envolvidas na preparação da pólvora para defender o seu país em circunstâncias tão dramáticas, especialmente à ação patriótica de Sobral, como chefe desse grupo.

Em consequência da guerra, em agosto de 1809 declarou-se em Coimbra uma epidemia que se propagou pela cidade, particularmente pela Alta. A peste teria tido origem no Colégio da Trindade, aquartelamento das tropas inglesas que desembarcaram na Figueira da Foz. Neste colégio existia uma cisterna de grandes dimensões, em tempos destinada ao fornecimento de água, mas na altura fora de uso. Passou a ser usada como recipiente de dejetos do aquartelamento e, no verão, transformou-se num foco infecioso. É natural que a tal cisterna não tenha sido a única origem da infeção porque, além dela, havia por toda a parte sepulturas pouco profundas cavadas apressadamente para enterrar os mortos da guerra e que contribuíam para a contaminação do ambiente. A peste propagou-se e atingiu vários pontos da cidade, como os hospitais reais da Universidade implantados por Pombal no antigo Colégio dos Jesuítas. Thomé Sobral tomou a iniciativa de lançar uma campanha de combate à peste: desinfetar os locais atingidos com ácido muriático flogisticado (cloro) — gás produzido pela adição de ácido sulfúrico a uma mistura de sal comum e de dióxido de manganésio. Mandou fazer uns pequenos vasos de barro de dimensões adequadas, onde eram colocados os reagentes sólidos aos quais, no momento desejado, era adicionado o ácido contido num pequeno frasco de vidro. A quantidade de reagentes a usar em cada operação dependia da área a tratar. As proporções dos reagentes podem ser avaliadas pelo exemplo seguinte: "sal comum pisado – 6 colheres; óxido negro de manganês – 1 colher; ácido sulfúrico (óleo de vitríolo) – meia onça"[30].

Este método havia já sido utilizado em França por Guyton de Morveau na desinfeção da catedral de Dijon e nas cadeias públicas desta cidade, em 1773. O dispositivo usado pelo químico francês para produzir o gás era mais sofisticado porque continha a mistura de todos os ingredientes referidos, que entravam em reação no momento desejado por pressão exercida sobre a tampa do frasco. O vaso utilizado por De Morveau permitia iniciar e terminar a produção de gás quando se desejasse e regular o seu débito. O inventário de 1850 registava a existência de um fumigador deste químico francês.

O método de Guyton De Morveau foi usado na fumigação de atmosferas perigosas para a respiração: em 1816, o governo espanhol recomendou-o como processo de desinfeção e foi também adotado para esse fim pelo Royal Colledge of Physicians de Edimburgo. Soluções concentradas de cloro passaram a usar-se na desinfeção das mãos.

Esta atitude de Sobral para debelar a epidemia que grassava na cidade por meio de cloro, improvisando o método do químico de Dijon, enquadrava-se no seu espírito prático, que sempre encarou a Química como um conjunto de técnicas para serem postas ao serviço da Humanidade.

Sobral deu muita vida à atividade laboratorial. A parte teórica da Química nunca lhe mereceu atenção nem ele deu mostras de possuir conhecimentos atualizados. Da leitura das suas publicações ressalta o uso de termos da Química ante-lavoisiana na designação dos reagentes, sinal de que o seu interesse estava focado exclusivamente nos aspetos da Química aplicada. Nas lições, seguia o livro *Fundamenta Chemiae* de J. A. Scopoli (Praga, 1777), escrito de acordo com as ideias anteriores à revolução lavoisiana, portanto desatualizadas, o que na altura já não era desculpável. A 30 de julho de 1798, este facto deu origem a um incidente na congregação da faculdade: nessa reunião havia que escolher o livro de Química a adotar no ano letivo seguinte. Registou-se um empate entre os membros que eram de opinião que o livro de Scopoli devia ser substituído por *Elementa Chemiae Universae et Medicae* de Josephi Francisci Jacquin e os que opinavam por continuar com o do mesmo autor

---

[30] T. R. SOBRAL, "Diário das operações que se fizeram em Coimbra, a fim de atalharem os progressos do contágio que nesta cidade se declarou em Agosto de 1809", *Jornal de Coimbra* nº 32, p. 103 a 138.

que vinha sendo seguido. A ata é omissa quanto aos professores presentes, mas Thomé Sobral estaria com certeza, pois não seria avisado escolher o livro de texto para uma cadeira na ausência do seu professor titular. Naturalmente, ele estaria com os que apoiavam a continuação do livro de Scopoli e é de presumir que a opinião desse grupo tenha sido influenciada pela do professor da cadeira. Estamos perante uma situação pouco dignificante para o professor de uma especialidade científica que pretendia adotar um livro com uma doutrina completamente ultrapassada e a ser impedido de o fazer pelos colegas de outras especialidades. Transcrevemos a parte da ata relativa a este ponto:

"Congregação de 30 de Julho de 1798. Presidiu o Principal Castro. No 3º ponto da ordem do dia discutiu-se se se devia ou não ensinar chimica por outro compendio que não fosse Scopoli, enquanto o professor da cadeira de chimica não acabasse o Compendio de que estava incumbido e procedendo a votos se determinou que interinamente se ensinasse chimica por Jacquin, e como este compêndio é ainda raro entre nós e não haveria tempo de se mandar vir em abundancia tornou-se a deliberar sobre o compendio que se adotaria na falta de Jacquin e houveram tantos votos a favor de Scopoli quantos a favor de Xaptal.

Sobre este assunto determinou S. Exc.ª que se enviasse um ofício ao Diretor da Faculdade (que não assistiu à congregação) para ser ouvido como Diretor da Faculdade, e dar o seu voto por escrito; e fazendo eu o ofício deu a sua reposta na forma seguinte – Em observancia da Ordem de S. Exª pela qual se me manda responder com meu parecer sobre o que propôs em Congregação, e ficou empatada pelos vogais respondo o seguinte.

Sempre foi constante a S. Exª e a toda a Congregação o meu sentimento a respeito de Scopoli e por isso sempre o rejeitei e rejeito como incapaz para o ensino público, como indigno de aparecer nas prezentes luzes da chimica, e alem disso vergonhozo para os que o apadrinham e infamatório para a Faculdade. Fui de parecer que se ensinasse por Lavoisier pello crer mais conforme à chimica geral filosófica, a qual tão somente manda ensinar o Estatuto de Filosofia proibindo na mesma filosofia o ensino da chimica médica e farmacêutica.

Porem já que a Faculdade não foi por aí, voto só a fim de desterrar o Scopoli, que se ensine interinamente pello Xaptal enquanto não houver cópia suficiente de Jacquin, ou de outro melhor, que for mais apropriada aos fins da Faculdade segundo manda o Estatuto.

Coimbra 31 de julho de 1798. O Diretor da Faculdade. António Sousa Barbosa".

E a ata continua: "Em consequência deste voto, fica adotado interinamente o compendio de Jacquin e, não havendo, o Xaptal será adotado em segundo lugar enquanto o proprietário da cadeira não acabar o seu compendio para cujo fim ficou dispensado das aulas no ano letivo próximo futuro de 1798 para 1799, ficando somente obrigado às aulas do primeiro dia letivo de cada ano. Secretariou a reunião Vicente Coelho de Seabra e Telles."

O *Traité* havido sido publicado ia para dez anos e outros autores tinham publicado livros e artigos seguindo a nova Química, que já nessa altura era aceite pela generalidade da comunidade científica. Saliente-se a atualização científica e clareza do pensamento do Diretor da Faculdade, tanto mais que se tratava dum diplomado em cânones, professor jubilado da cadeira de Filosofia racional e moral.

Thomé Sobral foi autor de alguns artigos científicos, mais de divulgação do que de descoberta. Eram textos longos, alguns deles publicados no *Jornal de Coimbra*, periódico dedicado à "compilação e divulgação de informação médica útil à sociedade, saúde pública e aspetos relacionados com a vida das gentes locais". A caracterização genérica do jornal é apresentada no Apêndice 2, por ter sido a primeira revista deste tipo em Coimbra.

Num dos artigos, o autor descreve a sua ação no combate com cloro à epidemia que se declarou em Coimbra[31]. Num outro, em tom discursivo, dá a conhecer as dificuldades na análise de substâncias vegetais. Num terceiro, publicado em 1819, disserta sobre a história da Química, citando interpretações de Scopoli que apelida de "célebre" e trata das quinas, interpretando a sua ação febrífuga como sendo devida a uma "propriedade nova e resultante da união chimica natural dos diferentes principios que as compõe, de um principio *sui generis* distincto dos outros principios". Nesta publicação, refere-se ao trabalho de Bernardino António Gomes e, embora elogiando as suas qualidades como investigador, não augurava sucesso ao tipo de trabalho sobre quinas que acabara de executar. Sobral tinha a ideia de que o composto ao qual era atribuída a ação febrífuga seria um complemento dum conjunto e seria este conjunto que tinha ação curativa e não o composto isoladamente[32].

Nunca chegou a publicar o compêndio das lições que proferia na cadeira da Química, missão de que fora encarregado depois de Vandelli se ter jubilado. Traduziu o "Tractado das Affinidades Chimicas, artigo que no Diccionário de chimica, fazendo parte da Encyclopedia por ordem de matérias deu Mr. De Morveau; e que para comodidade dos seus discípulos traduziu Thomé Rodrigues Sobral" que foi publicado pela Imprensa da Universidade de Coimbra em 1793.

Foi jubilado por carta régia de 12 de agosto de 1822. Depois duma certa ausência às reuniões da congregação da Faculdade, esteve presente na de 1 de agosto de 1827, à qual presidiu. A assinatura de letra irregular que deixou na ata dessa reunião revela claramente ter sido vítima de doença que lhe afetou a escrita. Faleceu em 1829.

---

[31] Ver nota anterior.

[32] T. R. SOBRAL, "Memória sobre o princípio febrífugo das quinas", *Jornal de Coimbra*, nº 532, parte 1ª, p. 126.

Nenhum destes dois primeiros professores foi capaz de acompanhar a evolução da Química. Tendo-se iniciado o seu ensino quando esta, num desenvolvimento muito rápido, deixava o estado de preliminar e passava ao de ciência, a atualização requeria uma preparação que nenhum deles possuía. Apesar disso, a Reforma da Universidade despertou um certo entusiasmo pelo estudo das ciências e apareceram jovens com talento que evidenciaram ao longo da vida.

Um dos primeiros químicos formados em Coimbra foi Manuel Joaquim Henriques de Paiva. Matriculou-se na Faculdade de Filosofia em 4 de novembro de 1773, onde obteve o grau de bacharel em 1775 e se formou em Medicina em 1781. Foi contratado como demonstrador interino de Química, quando frequentava o último ano do curso filosófico, e como demonstrador, quando terminou este curso. Desempenhou as funções de demonstrador até 1783. Publicou alguns trabalhos de Química, entre eles *Elementos de Chimica e Farmacia* (1783) — o primeiro livro de Química escrito em português.

Foi perseguido, como maçon, pela Junta da Inconfidência em 1809 tendo sido despojado de todos os cargos e honras e condenado a degredo no ultramar. Fixou-se na Baía, onde disfrutava de grande fama como médico. Por decreto de D. João VI de 6 de fevereiro de 1818 e aviso régio de 14 de novembro deste ano, foi integrado como lente da cadeira de Farmácia, tendo-lhe sido suprimido o vencimento em 1822, por ausência no Brasil. Em 1824, foi nomeado professor do Colégio Médico-Cirúrgico da Baía, cidade onde faleceu em 1829.

Por essa altura, um número considerável de jovens brasileiros vinha estudar na Universidade de Coimbra. Muitos deles por cá ficaram, alguns como professores universitários.

Um destes brasileiros foi Vicente Coelho da Silva Seabra e Telles, que, em 1783, se inscreveu nas Faculdades de Matemática e de Filosofia. Obteve o bacharelato em Filosofia, em 1786, e o doutoramento, em 1791. Matriculado em Medicina em 1786, concluiu o bacharelato em 1790 e e formou-se no ano seguinte.

Foi demonstrador de Química e de Metalurgia de 1791 a 1795 e, em seguida, foi nomeado lente substituto de Zoologia e de Botânica, mantendo-se no ensino destas cadeiras até 1801, data em que ficou ligado à Química.

Como bacharel em Filosofia, escreveu o texto destinado ao ensino *Elementos de Chimica*, que publicou em duas partes: a primeira, em 1788, dedicada aos fundamentos da ciência; dois anos depois, a segunda e mais volumosa tratava do estudo dos compostos químicos. O livro foi dedicado à Sociedade Literária do Rio de Janeiro para uso do ensino da Química no Brasil e foi impresso na Real Officina da Universidade de Coimbra.

A publicação de *Elementos de Chimica* causa algumas surpresas. A primeira é vermos um jovem bacharel, aluno dum professor que nunca manifestou possuir conhecimento da Química lavoisiana, publicar um livro escrito nesta linguagem química. Não é comum um aluno, por sua iniciativa, elevar-se muito acima das aulas que recebe. O professor Thomé Sobral dava aulas pelo livro antiquado de Scopoli, mas ele estudava pelos divulgadores da teoria de Lavoisier e foi capaz de entender a revolução em curso e aderir a ela. A segunda surpresa é o facto de o livro ter sido sempre ignorado pela Faculdade, que nunca o aprovou como texto recomendado para estudo das lições. Curiosamente, a congregação da Faculdade de 30 de julho de 1798, onde se discutiu a aprovação ou não do livro de Scopoli e que gerou a celeuma a que nos referimos, foi secretariada por Vicente Seabra, que escreveu a respetiva ata. É fácil imaginar o seu estado de espírito no decorrer da reunião e o sentimento a respeito dos que apoiavam Scopoli, dez anos após a publicação do *Traité* e dos *Elementos de Chimica* de sua autoria. Se o seu livro não tinha ainda a maturidade de autor consagrado, era um despertar para uma Química atualizada, atributo essencial para a formação dos mais novos.

E em nota preliminar, Vicente Seabra escrevia, dirigindo-se aos estudantes brasileiros: "Eu espero que vós (...) me agradecereis esta mostra de zelo e de amor do meu Paiz; e que tanto menos desprezareis o meu pequeno trabalho, quanto talvez sejam nenhuns os bons Compêndios de Chimica, que até hoje tenham saído à luz por toda a Europa literata".

No domínio da Química publicou ainda: *Dissertação sobre o calor* (1788) e *Dissertação sobre a fermentação em geral e suas espécies* (1787). Morreu aos quarenta anos, vítima de doença pulmonar.

Bernardino António Gomes foi outro dos alunos de quem ainda hoje se fala. Distinguiu-se na Universidade de Coimbra, onde se graduou pelas Faculdades de Filosofia e de Medicina. Durante a sua carreira de médico da Armada, interessou-se pela medicina preventiva. Possuía conhecimentos de Química e tinha vocação para a investigação, tendo estudado as propriedades terapêuticas de várias plantas. O seu nome ficou ligado à história da Química das quinas e foi citado como um dos pioneiros do estudo destas substâncias.

Em 1806, a Secretaria de Estado dos Negócios da Guerra e da Marinha solicitou à Academia das Ciências a sua colaboração para estudar a casca de quinas provenientes do Rio de Janeiro. A Academia pediu à Casa da Moeda autorização para poder utilizar o seu laboratório químico e aí realizar a investigação necessária para dar resposta ao que lhe era pedido. Nomeou uma comissão constituída por quatro dos seus sócios, sendo um deles Bernardino Gomes. A comissão produziu um relatório com as conclusões a que tinha chegado sobre a qualidade das quinas que lhe foram enviadas, tendo Bernardino Gomes apresentado posteriormente à Academia a parte química do trabalho laboratorial como título "Ensaio sobre o cinchonino, e sobre a influência na virtude da quina, e d'outras cascas"[33].

---

[33] B. A. GOMES, "Ensaio sobre o cinchonino, e sobre sua influência na virtude da quina, e d'outras cascas", *Memorias de Mathematica e Physica da Academia Real das Sciencias de Lisboa*, Tomo III, parte I, Lisboa, 1812.

Pensou ter isolado um princípio ativo das quinas, um alcaloide designado por cinchonino, o que não corresponde à verdade porque o produto isolado por Bernardino Gomes não era um composto puro, mas sim uma mistura de dois. No entanto, o mérito do seu trabalho levou a que, ainda hoje, seja citado na história da síntese das quinas.

Um outro químico desta geração foi Gregório José de Seixas, graduado pela Faculdade de Filosofia em 1790 e pela Faculdade de Medicina quatro anos depois. Exerceu funções de demonstrador de Metalurgia de 1804 a 1822. Transitou então para a Casa da Moeda cujo laboratório químico foi criado em 1801; tinha como funções o ensaio de moedas, a melhoria dos seus processos de fabrico e a preparação de pessoal nestes domínios. Por carta régia de 11 de maio de 1804, as aulas de Docimasia e de Farmácia dadas naquele laboratório químico foram anexadas à Universidade de Coimbra, de modo que aquele estabelecimento passou a ser, formalmente, uma extensão da faculdade de Filosofia. O diretor do laboratório da Casa da Moeda era o lente José Bonifácio de Andrada e Silva, coadjuvado por João António Monteiro, lente de Metalurgia e pelo ajudante Gregório Seixas. Mais tarde, Seixas foi promovido a provedor e realizou trabalho de mérito no domínio da Química, tendo traduzido as *Taboas Sinopticas de Chimica* de Fourcroy.

Seixas era membro da maçonaria. Em 1808, esta organização criou um corpo paramaçónico de luta contra a ocupação francesa. Na Primavera desse ano, foi redigido um pedido a Napoleão, solicitando-lhe a outorga duma constituição e duma monarquia constitucional para Portugal. Era o pedido antecipado do regime político que acabaria por se instalar com a revolta de 1820. Seixas foi apontado como a pessoa que redigira a petição, o que lhe valeu ter sido mandado como médico para Silves pelo governo saído da Vilafrancada que, dada a sua feição absolutista, moveu uma perseguição cerrada aos maçons.

Em outubro de 1821, a cadeira de Química foi entregue a Manuel Martins Bandeira, 3º lente substituto de Química. Em abril seguinte, a cadeira passou para Joaquim Franco da Silva que, entretanto, devia ter sido promovido a lente de Química. Não são claras as razões que levaram à entrega da cadeira ao Dr. Bandeira, no início do ano letivo, porque o Dr. Franco da Silva era, à data, mais antigo como doutor e também como lente substituto. Os tempos eram de grande instabilidade política e o regime vigente era o liberal, mas até à sua queda com a Vilafrancada, em 17 de maio de 1823, foi abalado por várias tentativas de revolta e pela independência do Brasil cuja responsabilidade fora assacada aos liberais. O Dr. Bandeira era um claro apoiante do Liberalismo e foi alvo de perseguição por parte dos miguelistas. Por alvará régio de 5 de dezembro de 1823, foi criada a Junta Expurgatória, destinada a apreciar o comportamento das pessoas quanto à "religião", "comportamento político" e "suficiência literária". A reunião desta Junta ocorria na Universidade, era presidida pelo reitor, Furtado de Mendonça, e dela faziam parte lentes de várias faculdades, sendo Thomé Sobral (na altura jubilado) o representante da Faculdade de Filosofia. Após várias sessões, foi proposta a demissão de trinta e oito alunos, dos cinquenta e seis acusados. Da lista dos professores julgados fazia parte Manuel Martins Bandeira, lente substituto, cujo processo foi incluído nos improcedentes ou perdoados no julgamento. Desconhecemos a preferência política de Franco da Silva. Em 1808, quando iniciava funções na Faculdade de Filosofia, pertenceu à Companhia de Artífices do Corpo de Voluntários Académicos e, em 1821, foi vereador do Corpo da Universidade, adesão que, por si só, não denuncia tendências partidárias. A mudança de posse da cadeira de Química a meio do ano letivo tanto poderia ter a ver com os jogos da política, como poderia ter acontecido por razões académicas.

Em 1821, Franco da Silva passou a dirigir o Laboratório Químico e manteve-se no cargo até 1829, ou seja, até ao início da guerra civil. Das suas intervenções nas reuniões do conselho da faculdade colhe-se a impressão de que se tratava dum professor atualizado, dinâmico e com prestígio, que procurava ultrapassar a rotina que se instalara no seu departamento. Na congregação de 1 de agosto de 1827, apresentou à faculdade uma lista longa de obras a fazer no edifício e de equipamento a adquirir, de modo a modernizar o Laboratório Químico. Dessa lista fazia parte o pedido de lageamento da aula e a construção de um pequeno anexo para instalar aparelhos que necessitassem de resguardo por não poderem estar no ambiente corrosivo dos laboratórios onde se manipulam reagentes, e ainda a compra de aparelhagem laboratorial para ramos emergentes da Química, como a Eletroquímica e a Termoquímica. Pelo equipamento que era pedido, nota-se a sua formação em Física, adquirida como demonstrador de Física Experimental, funções que desempenhou de 1812 a 1818. No Apêndice 3, apresenta-se a lista do equipamento proposto por Franco da Silva e que foi aprovada pela congregação.

A Universidade disfrutava de grande prestígio social desde a Reforma Pombalina. Com D. Maria I, cujos governos eram menos centralizadores e mais rigorosos na observância dos preceitos religiosos inscritos nos estatutos da Universidade, esta foi aumentando o valor sócio-cultural que lhe era atribuído e assumindo o papel de Universidade central de tipo napoleónico, que superintendia o ensino no país. Era chamada a participar em órgãos de administração do ensino como a Junta da Diretoria Geral dos Estados e Escolas do Reino, criada em 1794 e instalada em Coimbra. Esta Junta era presidida pelo reitor da Universidade e dele faziam parte lentes no ativo e jubilados. Por carta régia de 4 de novembro de 1824, "os lentes de Prima das diferentes Faculdades, que dignamente exercitarem, como taes, as suas funções por espaço de oito anos realmente efetivos, sejam condecorados com a Carta do Título do Conselho".

Com a morte de D. João VI, a disputa do trono pelos filhos Pedro e Miguel foi-se agudizando e a instabilidade política transmitia-se à Universidade, perturbando a atividade escolar. Em 1828, uma embaixada constituída por três lentes e dois cónegos da Sé, que seguia para Lisboa para saudar D. Miguel pela subida ao trono, foi emboscada em Cartaxinho, perto de Condeixa, por um grupo de estudantes, maçons pró-liberais pertencentes aos Divodignos, tendo sido assassinados dois dos lentes. Uma onda de perseguições, expulsões e demissões varreu o país e o ano letivo não chegou ao fim. A despesa registada pelo Laboratório Químico durante o segundo semestre de 1828-29 foi diminuta, reduzida à necessária para a manutenção do edifício e de algum compromisso assumido anteriormente. De janeiro de 1829 a junho de 1834 não houve qualquer lançamento de despesa do Laboratório, o que significa que esteve encerrado. Foi o período da guerra civil entre as duas ideologias em confronto, que terminou com a capitulação de D. Miguel, assinada na Convenção de Évora-Monte a 26 de maio de 1834.

A Universidade retomou a sua atividade e, no ano letivo de 1834-35, inscreveram-se oitenta e seis alunos, menos de metade do habitual, mas no ano seguinte a frequência retomou o valor médio normal. Um despacho régio de 14 de julho de 1834 estabelecia o corpo docente da Universidade com critérios baseados no "merecimento", nas "letras" e na "causa da legitimidade das instituições liberais". Por carta régia datada do dia seguinte, foram demitidos quarenta e quatro lentes considerados miguelistas e substituídos por outros tantos partidários do regime triunfante. Chegado ao poder, o novo regime distribuiu as suas benesses pelos apoiantes, tendo ido ao ponto de nomear lentes sem estes terem feito qualquer concurso.

O plano de estudos em vigor era praticamente o da Reforma Pombalina. No decorrer dos sessenta e dois anos, foram introduzidas no plano primitivo apenas pequenas alterações. Por carta régia de 24 de janeiro de 1791, a cadeira de Lógica racional e moral foi incorporada no Colégio das Artes, subordinado à Universidade, e foi criada a cadeira de Botânica e Agricultura, lecionada no quarto ano, passando a cadeira de Química para o terceiro ano do curso. Por carta régia de 4 de janeiro de 1801, foi criada a cadeira de Metalurgia "para se ler no quarto anno conjuntamente com a cadeira de agricultura, unindo-se novamente o ensino da botânica à cadeira de História natural, na forma dos Estatutos". O plano curricular do curso filosófico foi alterado pelo decreto de 5 de Dezembro de 1836, promulgado por Manoel da Silva Passos, Secretário de Estado dos Negócios do Reino, cargo que ocupou após a revolta de Setembro desse ano, que levou ao poder a ala liberal radical. O curso filosófico passou a ter as seguintes cadeiras: primeiro ano, 1ª cadeira – Química, Aritmética, Princípios de Álgebra, Geometria Elementar, Trigonometria Plana; segundo ano, 2ª cadeira – Física Experimental, Álgebra e Cálculo; terceiro ano, 3ª cadeira – Mineralogia, Geometria e Metalurgia, Foronomia dos Sólidos, Ótica e Acústica; quarto ano, 4ª cadeira – Anatomia e Fisiologia Vegetais, Botânica; 5ª cadeira – Anatomia e Fisiologia Comparadas, Zoologia, Foronomia dos Líquidos, Arquitetura e Hidráulica; quinto ano, 6ª cadeira – Agricultura, Economia Rural, Veterinária; 7ª cadeira – Tecnologia, Fisiologia e Medicina.

Para obter a carta de formatura, os alunos tinham de prestar uma prova de Desenho, curso que frequentavam no decorrer da licenciatura.

O curso passou de quatro para cinco anos, com matérias repartidas por sete cadeiras e diversas disciplinas científicas que contemplavam já algumas subdivisões dos domínios convencionais que se foram individualizando com o avanço da ciência. Nesta reforma, a Química saiu desfavorecida porque se manteve como cadeira única, ministrada no 1º ano do curso conjuntamente com uma cadeira de Matemática, quando anteriormente era dada no 3º ano, inteiramente dedicado ao seu estudo. Sob um ponto de vista global, a antecipação do estudo da Química iria beneficiar as cadeiras que necessitassem do conhecimento das matérias nela versadas, mas, no que respeita à Química, o seu programa era limitado a um nível acessível a alunos acabados de chegar à Universidade e, portanto, sem terem ainda desenvolvido a sua capacidade de abstração.

Não sabemos com rigor qual a influência que esta reforma teve na vida escolar. Pouca seria, se é que chegou a ser posta em prática, porque o governo de Passos Manuel caiu logo em maio desse ano e o gabinete cartista de Costa Cabral, que lhe sucedeu, entrou igualmente com propósitos de reformar o ensino. De facto, a rainha D. Maria II pediu a cada uma das faculdades universitárias que lhe fossem enviadas sugestões para a reforma que desejassem efetuar. A 8 de março de 1843, a Faculdade de Filosofia reuniu o seu conselho, que decidiu indigitar um grupo de professores — Goulão, Antonino e Henrique Couto — para estudar um projeto de reforma a enviar à rainha. Da proposta da faculdade resultou um novo elenco de cadeiras que figuravam no decreto publicado em 20 de setembro de 1844.

O curso filosófico passou a ter a seguinte distribuição curricular: primeiro ano, 1ª cadeira (1ª parte da Física) – Propriedades gerais da matéria, dos corpos sólidos, líquidos, gasosos e imponderáveis; 2ª parte – Química inorgânica; segundo ano, 2ª cadeira (1ª parte) – continuação da Química inorgânica, Philosophia química (2ª parte da Física), Leis gerais da mecânica e suas aplicações ao equilíbrio e movimento dos corpos sólidos, líquidos, gasosos e imponderáveis; terceiro ano: 3ª cadeira – Química orgânica, análise química e tecnologia; quarto ano: 4ª cadeira – Anatomia e fisiologia comparadas, Zoologia; 5ª cadeira – Anatomia e fisiologia vegetais, Botânica; quinto ano: 6ª cadeira – Mineralogia, geologia, arte de minas, 7ª cadeira – Agricultura, economia rural e veterinária. Como na reforma anterior, todos os alunos eram obrigados a frequentar a cadeira de Desenho.

No que respeita à Química, a situação melhorou: aumentou o tempo destinado ao seu estudo; incluiu, pela primeira vez, algumas das suas especialidades, plenamente estabelecidas nessa altura; e aumentou o número de lentes catedráticos de um para dois.

A reforma de 1844 definiu a estrutura do curso da Faculdade de Filosofia, que se manteve na sua essência até 1911, apenas com pequenas modificações.

Uma dessas alterações teve lugar em 1861, feita a pedido das Faculdades de Matemática, Filosofia e Medicina, tendo em vista aprovar a distribuição de cadeiras de cada um dos cursos das três faculdades, de modo a harmonizar as ligações entre elas. A respetiva portaria foi publicada em 9 de outubro de 1861 e assinada pelo Marquês de Loulé. As alterações relativas à Química foram as seguintes: a Química inorgânica e a Metalurgia constituíam a 1ª cadeira ensinada no 1º ano; e a Química orgânica e a Análise química eram matérias da 2ª cadeira, ensinada no 2º ano.

Passamos agora em revista os professores do Laboratório no período que vai da aposentação do Dr. Sobral até 1872, data da comemoração da Reforma de Pombal. Já falámos de Joaquim Franco da Silva e de Manuel Martins Bandeira.

Sobre o primeiro não encontrámos qualquer registo depois da guerra civil. Do que lemos sobre o que fez no curto espaço de tempo em que dirigiu o Laboratório, temos a imagem dum professor capaz de dar à Química um rumo diferente daquele que vinha seguindo, caracterizado pelo estudo prático de substâncias de interesse em Medicina e Farmácia. O seu nome desapareceu dos registos da Universidade nos tempos da guerra civil.

Bandeira surgiu triunfante após a vitória da causa liberal e dirigiu o Laboratório até 1854. Aparentemente, teria sido um dos beneficiados pelo novo regime político porque foi nomeado lente catedrático logo em 1834 e apareceu como figura de destaque da Faculdade de Filosofia. Por despacho do vice-reitor, José Alexandre de Campos, foi-lhe entregue a direção de todos os estabelecimentos da faculdade[34]. Quando a administração entrou na normalidade, Bandeira passou a diretor do Laboratório Químico acumulando estas funções com as de diretor da faculdade.

Em 1844, passou a haver duas cadeiras de Química e Bandeira escolheu a cátedra da 2ª cadeira, Química orgânica e análise, ficando a 1ª cadeira, Química inorgânica e Filosofia química para Luiz Ferreira Pimentel, também um dos beneficiados do regime político logo que conquistou o poder. Ferreira Pimentel era bacharel em Direito quando, em 1818, se matriculou na Faculdade de Filosofia. Doutorou-se nesta faculdade em 1826 e, em 1834, foi nomeado lente de Metalurgia, cátedra que ocupou até 1837, data em que transitou para a cadeira de Física experimental na qual se manteve até 1844, passando a ocupar a cátedra de Química inorgânica durante os dez anos em que ainda esteve ao serviço da Universidade.

No tempo do Dr. Bandeira, registou-se algum progresso na Química, mas com lentidão. Durante quase todo o tempo em que foi diretor, o aspeto dos laboratórios não era muito diferente do dos tempos idos. Continuaram os fornos de argila fabricados pelo oleiro no Laboratório com barros vindos dos mesmos locais, panelas de ferro e louças compradas nos mercados, alambiques

---

[34] Despacho transcrito no *Livro de Receita e Despeza do Laboratório Químico* (manuscrito pertencente ao Laboratório Químico), p. 50.

de diferentes materiais, capacidades e formas fabricados pelos artesãos da cidade. A água continuava a ser transportada em cântaros da cisterna para os laboratórios. Nos trabalhos práticos, passou-se a conceder ainda maior importância à preparação e estudo de substâncias extraídas de materiais correntes do reino animal ou vegetal. Continuou-se a preparar reagentes a partir de produtos naturais como vinho, aguardente, vinagre, sarro de vinho, nós-de-galha. Apenas os alunos destinados ao Curso Farmacêutico eram obrigados a fazer trabalhos laboratoriais.

Mas para o final do seu mandato, comprou-se material de laboratório, algum de fabrico nacional e outro de origem estrangeira. Estas aquisições foram-se intensificando com o tempo e, apesar de se continuar a utilizar material fabricado na casa ou comprado no mercado local, os laboratórios iam, pouco a pouco, adquirindo um ar mais moderno e uma maior funcionalidade.

Durante o diretorado de Martins Bandeira fizeram-se obras de beneficiação no edifício, algumas das quais já tinham tido aprovação no tempo de Franco da Silva, mas não foram realizadas devido à guerra. É o caso do lageamento da aula, feito em 1849 e o ajardinamento do espaço livre interior do Laboratório com a plantação de corrimões de videiras armadas em latada ao longo do muro que separa o terreno do Laboratório da cerca dos jesuítas. Estes trabalhos foram pagos pela folha nº 27 de 4 de janeiro de 1840 do *Livro de Receita e Despeza do Laboratório*. Esta latada de videiras ainda existia, já decrépita, quando, em Outubro de 1947, chegámos ao Laboratório para frequentar a licenciatura em Ciências Físico-Químicas.

São ainda de assinalar alguns factos que ocorreram no tempo em que Bandeira esteve à frente do Laboratório, principalmente os relacionados com o acervo bibliográfico. Até esta altura, pouco se falava de livros para além dos aprovados para o estudo das matérias lecionadas, aliás muito desatualizados como vimos. A bibliografia passou a ser, a partir de então, objeto de atenção: a seleção dos livros, a aquisição de várias obras que iam saindo dos prelos, principalmente dos franceses, e a organização de uma biblioteca.

No ano letivo de 1834-35, ano em que foi reiniciada a atividade do Laboratório depois da guerra civil, Bandeira propôs o livro de M. Orfila *Éléments de Chimie*. Este autor era professor da Faculdade de Medicina de Paris e um químico conhecido no domínio da toxicologia. O livro reflete esta especialidade do seu autor e dá relevo aos aspetos médicos interpretados pela Química. Orfila utilizava os números proporcionais e apresentava uma tabela em que o oxigénio tinha o valor 100. A respeito da teoria atómica escreveu: *et il ne faut de confondre avec que l'on apelle la theorie atomique qui n'ést q'une hypothese dont nous occuperons même pas.*

Na congregação de 28 de abril de 1837, Martins Bandeira propôs para aprovação o livro *Abrégé Élémentaire de Chimie* de J. L. Lassaigne, que ia na sexta edição trazida a lume no ano anterior. A primeira edição era de 1829. Lassaigne era professor de Química na Escola Real Veterinária d'Alfort e tinha a ideia de que a Química era uma ciência acessória ao estudo da Medicina, Farmácia e História natural.

E 8 de fevereiro de 1843, propôs um novo autor para o ano letivo de 1844-45, ano em que iam entrar em funcionamento duas cadeiras de Química. A 1ª (Química Inorgânica), foi regida por Ferreira Pimentel e a 2ª (Química Orgânica), por Martins Bandeira. Para a 1ª, foi proposto o 1º volume de *Premiers Elements de Chimie* de Regnault e, para a 2ª, o 4º volume da mesma obra. A aprovação deste autor parece indicar uma certa mudança no objeto do ensino que teria passado a ser mais dirigido para a ciência química e menos como auxiliar de matérias médicas. Regnault tinha sido aluno de Liebig em Giesen, uma escola de formação de químicos e uma das primeiras a dar relevo à investigação científica e aí recebeu uma sólida formação em métodos físicos de análise, principalmente de compostos orgânicos. Os seus livros não deixavam de abordar a descrição das propriedades dos compostos, mas davam maior relevo à Química básica.

Martins Bandeira foi o fundador da biblioteca do Laboratório e da faculdade. Já na reunião da faculdade de 28 de julho de 1814 "foi ponderada a necessidade duma biblioteca especial para cada estabelecimento". Não encontrámos qualquer desenvolvimento desta ideia até 10 de março de 1842, data em que o conselho da faculdade tomou a decisão de pedir dos "depósitos de livros dos extintos conventos as obras de que houvesse exemplares repetidos que fossem convenientes para o ensino das ciências naturais". Os livros foram recebidos, mas somente na reunião de 4 de março de 1852, ou seja, dez anos depois, é que foi aprovada a proposta de "fundação de uma biblioteca especial da faculdade de Filosofia. Esta biblioteca foi instalada em salas do pavimento térreo do Museu de História Natural e, em 27 de julho de 1853, foi visitada pelo conselho da faculdade, que elogiou as instalações e o espólio científico. Aparentemente, os livros das várias cadeiras faziam parte da mesma biblioteca e só posteriormente é que cada uma delas arranjou instalações próprias e formaram bibliotecas departamentais, sistema usado até há pouco tempo.

No Laboratório Químico existem vários livros cuja origem foi a biblioteca e a farmácia do Convento de Santa Cruz. De lá veio o livro mais antigo do Laboratório: *Chymie in artis formam redacta* de Guarneri Rolfinci impresso em Frankfurt em 1686 e ainda outros volumes de vários autores da época da pré-química, o que demonstra o interesse do mosteiro pela ciência, designadamente, pela Química. O mesmo não aconteceu na Universidade, que não deixou qualquer testemunho de se ter dedicado ao estudo da Química antes de Pombal.

Uma parte dos documentos da livraria do mosteiro foi levada para a Real Biblioteca Pública do Porto por ordem de uma comissão constituída por várias pessoas, entre elas Alexandre Herculano, 2º bibliotecário desta biblioteca. Uma das tarefas que a comissão entregou a Herculano foi a seleção de peças importantes dos arquivos e bibliotecas eclesiásticas para as incorporar na Real Biblioteca, criada por D. Pedro de Bragança a 9 de julho de 1833. Herculano esteve em Coimbra para selecionar os documentos mais importantes do acervo do mosteiro de 19 de maio a 25 de junho de 1834 e, nesse dia, despachou para o Porto "vinte e dous caixoins com livros e papeis", via porto da Figueira da Foz. Assim, na Real Biblioteca Pública do Porto, hoje Biblioteca Municipal do Porto, encontram-se documentos importantíssimos da história portuguesa e mundial. É estranho que esse espólio tenha ido para o Porto, havendo em Coimbra a Biblioteca Geral da Universidade para onde foram, posteriormente, apenas algumas obras do arquivo de Santa Cruz.

Por portaria de 27 de outubro de 1836, a rainha D. Maria I ordenou a entrega à Universidade dos edifícios dos colégios situados na Alta de Coimbra (de Almedina para cima).

A biblioteca da Química não começou somente com os livros vindos do Convento de Santa Cruz ou com os que se compraram por essa altura com verbas destinadas ao Laboratório porque, pela folha de despesas datada de 31 de maio de 1845, foi efetuado o pagamento de oito volumes da 3ª série da publicação periódica *Journal de Pharmacie et Chimie,* correspondentes aos números publicados de janeiro 1842 (o início da publicação) a dezembro de 1845. O Laboratório continuou a assinar regularmente a revista, possuindo a coleção completa dos números publicados. Portanto, as fontes bibliográficas de interesse para os químicos começaram a ser adquiridos pela faculdade, pelo Laboratório e até pela Biblioteca Geral da Universidade e, mais tarde, tudo o que dizia respeito a Química foi concentrado no Laboratório.

A publicação de *Lições de Philosofia Chimica* por Simões de Carvalho, em 1851[35], ocorreu no final do mandato de Manuel Bandeira e é de assinalar como facto significativo por dois motivos: por ser o primeiro livro de Química para o ensino universitário, escrito por um português depois de Vicente Seabra; e por tratar um assunto esquecido pela Química portuguesa mesmo depois da remodelação curricular de 1844, que o incluía como tema a abordar na 2ª cadeira. Como vem sendo dito ao longo deste trabalho, a Química mantinha-se amarrada à ideia de ser uma ciência auxiliar da Medicina e da Farmácia com prejuízo do seu desenvolvimento como ciência autónoma. Sendo uma abordagem dos conceitos básicos, a Filosofia Química era nessa altura uma "pedrada no charco", na medida em que seria o acordar para a correção de uma falta grave ou desvio verificado no ensino.

Como se lê no prefácio do livro, o autor teve por objetivo condensar os fundamentos teóricos — "princípios, leis e teorias" — numa disciplina independente, de modo a torná-los mais compreensíveis do que quando estão dispersos em livros mais gerais. Todavia, o livro não era a melhor forma de apresentar a matéria abordada no auge da polémica que se gerara em torno dela. Mesmo que o livro se limitasse a dar conta das controvérsias sem apontar

---

[35] J. A. SIMÕES DE CARVALHO, *Lições de Philosophia Chimica,* Coimbra: Imprensa da Universidade de Coimbra, 1851 (segunda edição em 1859).

caminhos (como era o caso), manter-se-ia atualizado apenas por um período muito curto. Para sermos mais claros vamos dar um breve apontamento dessa época.

Em 1803, a publicação da teoria atómica de Dalton veio gerar uma acesa polémica entre os que consideravam o peso atómico como a referência correta para apresentar a composição dos elementos na expressão da fórmula dum composto e os que vinham fazendo uso dos pesos equivalentes ou números proporcionais desde Richter (1792-93). A teoria atómica surgia numa atmosfera cultural muito pouco propícia à sua aceitação. Os químicos não tinham esquecido a teoria do flogisto, abandonada ia para meio século e que os mantivera iludidos durante muito tempo. O seu espírito estava aberto ao experimentalismo, rejeitando tudo o que não fosse suscetível de ser verificado por esta via. A corrente dominante da filosofia da ciência já não era o romantismo alemão. A Naturphilosophie (1797) de Schelling, o filósofo da natureza do idealismo metafísico, não conseguira opor-se à teoria de Lavoisier e o positivismo era a corrente científica dominante. O positivismo — primeiramente sob a forma de positivismo sistemático de Spencer e Comte, depois de positivismo crítico de Huxeley e Mach — rejeitava a metafísica e considerava o atomismo como pertencendo ao domínio desta e, como tal, devia ser expurgado da ciência.

A termodinâmica, método de estudo físico-químico em desenvolvimento nessa altura, veio provar que as transformações da matéria podiam ser interpretadas pela energia envolvida sem necessidade de recorrer a qualquer teoria sobre a natureza da matéria. E só no fim do século é que a teoria atómica acabou por vencer os obstáculos que se lhe vinham a opor. Até lá, as fórmulas apresentadas para um dado composto eram as mais diversas.

Kekulé dava como exemplo da confusa situação o caso do ácido acético, composto simples, para o qual haviam sido propostas dezanove fórmulas diferentes[36,37]; para uns, OH representava a água, para outros, o peróxido de hidrogénio; para uns, a água era representada por OH, para outros, H_2O. Face a esta situação, Kekulé, Wurtz e Waltzien organizaram o congresso de Karlsruhe de 1860, o primeiro congresso internacional de uma especialidade científica e o primeiro da Química, a fim de procurar um consenso sobre os conceitos de átomo, molécula, equivalente, atomicidade, alcalinidade, discutir os verdadeiros equivalentes dos corpos e as suas fórmulas e iniciar um plano de nomenclatura nacional[38]. No congresso, Cannizzaro apresentou o conceito de molécula baseado na hipótese formulada pelo seu compatriota Avogadro. Apesar do ardor e dos argumentos científicos com que defendeu o conceito, não conseguiu a adesão ao seu ponto de vista no decorrer do congresso, mas

---

[36] F. A. KEKULÉ, *Lehrbuch der Organischen Chemie,* Erlangen: Verlag von Ferdinan Enke, 1861, p. 58.

[37] W. H. BROCK, *The Fontana History of Chemistry,* London: Fontana Press, 1992, p. 253.

[38] Circular de 10 de Julho 1860 enviada pelos organizadores do Congresso.

não passou muito tempo para que fosse aceite por toda a comunidade química, acabasse a adesão ao atomismo e desaparecessem as divergências dos químicos quanto às fórmulas moleculares.

Qualquer livro que não desse uma contribuição original para pôr termo à confusão reinante teria pouco interesse e ficaria rapidamente desatualizado. Pela sua importância, esta matéria devia ser tratada nas aulas, mas o texto de apoio às aulas devia ter caráter provisório, atendendo à mudança permanente do panorama científico.

Lições de Philosophia Chimica não foi além daquilo que podia ser encontrado nos vários livros de texto da época. O seu autor tende a incluir muita informação sobre os temas tratados como, por exemplo, o conceito de sais, sem apresentar um debate crítico profundo sobre as matérias sujeitas a controvérsia. Diríamos que o papel mais importante do livro era o de não deixar que fosse esquecida uma matéria fundamental para a formação do químico num plano curricular que reservava duas cadeiras para quatro especialidades da Química. Este objetivo não foi totalmente alcançado. Efetivamente, na congregação da faculdade de 6 de outubro de 1848, decidiu-se passar a Filosofia química nesse ano letivo para o 3º ano. Na reunião seguinte, a 19 de outubro, o conselho resolveu trazer o curso para o 2º ano e incluí-lo na segunda cadeira. Na congregação de 26 de junho de 1849, por proposta do Dr. José Maria de Abreu, a Filosofia química deveria ser ensinada no 3º ano conjuntamente com a Química orgânica e, em 30 de julho do mesmo ano, a proposta era no sentido de a matéria ser ensinada nas cadeiras de Química inorgânica e de Química orgânica, ou seja, deixou de haver tempo exclusivo para a lecionação da Filosofia química.

Simões de Carvalho doutorou-se na Faculdade de Filosofia em 1842, tendo entrado para o corpo docente desta faculdade como substituto extraordinário, funções que desempenhou durante treze anos. Esta categoria profissional foi extinta pelo decreto de 1844. Todavia, o parágrafo 1º do artigo 126 deste decreto estabelecia: "os que existirem com aquelle título, continuarão a fazer as obrigações, que ora têm a seu cargo e servirão de vogais extraordinários do Conselho Superior de Instrução Publica, até serem promovidos aos logares a que estiverem a caber, sobre proposta graduada, abonando-se-lhes os seus atuais vencimentos", que eram de trezentos mil réis anuais, duzentos mil réis inferior ao auferido pelos lentes substitutos. Em 1855, ocupou o lugar de lente de Zoologia, Botânica e Mineralogia e, de 1865 a 1868, o de lente de Química Orgânica e de Análise Química. A Química não foi assunto que o tivesse prendido, pois desta cadeira passou para a de Agricultura, onde terminou a sua carreira.

O Dr. Bandeira ocupou o lugar de diretor do Laboratório Químico, desde a tomada do poder pelos liberais até ao confronto das fações vintistas e cartistas na guerra civil da Patuleia. Estes dois partidos mantiveram a agitação político-social em que o país viveu durante um quarto de século, o que, naturalmente, perturbou a vida da Universidade. Durante esta guerra civil, o Laboratório Químico esteve encerrado de 31 de Julho de 1846 a 31 de Outubro de 1847, não havendo lançamento de qualquer despesa além de cerca de 4$000 réis mensais destinados ao pagamento do ordenado do criado, com pequenas variações em função do número de dias úteis de cada mês.

Antonino José Rodrigues Vidal (da Silveira) sucedeu a Martins Bandeira no lugar de diretor do Laboratório Químico. Em estudante, Antonino Vidal participou no Batalhão Académico que lutava a favor dos liberais em 1828. Em consequência disso, foi "riscado" da Universidade no reinado de D. Miguel. Este perdeu a guerra contra o irmão e Antonino regressou aos estudos. Doutorou-se na Faculdade de Filosofia em 1837 e, no ano seguinte, foi nomeado lente substituto de Agricultura. Neste lugar, esteve ligado ao ensino de várias cadeiras. No ano letivo de 1854-55, ascendeu a lente titular de Química Inorgânica, optando, no ano seguinte, pela 2ª cadeira (Química Orgânica e Análise Química), que manteve até 1865, quando passou para a de Zoologia, que manteve durante quatro anos, período em que exerceu as funções de diretor desta unidade da Faculdade de Filosofia. Deixou a Zoologia e passou para lente e diretor da Botânica de 1868 a 1873. Exerceu as funções de diretor da Faculdade de Filosofia de 1864 a 1872.

Enquanto o Dr. Antonino Vidal permaneceu como lente catedrático de Química, foram professores da 1ª cadeira José Maria de Abreu (1855-57), Manuel dos Santos Pereira Jardim (1857-60) e Miguel Ferreira Leão (1860-1877). Destes três lentes somente o último se manteve ao longo da sua carreira na Química, onde teve uma ação assinalável. José Maria de Abreu dedicou parte da sua atividade à administração universitária e à política. Como lente titular, esteve dois anos na Química, de onde passou para a Mineralogia e depois para a Agricultura. Manuel Jardim deixou a Química em 1860 para ir para a Mineralogia.

Quando Antonino Vidal tomou conta do Laboratório Químico, o país acabara de entrar num período de acalmia política. Após o golpe militar de 1851, a Regeneração punha um país exausto por meio século de guerra contra estrangeiros e de lutas internas no caminho do progresso social e económico. Os recursos eram limitados, mas foi um período de prosperidade relativa, vivido com tranquilidade para planear e trabalhar. Esta situação teve naturalmente reflexo na Universidade. No Laboratório Químico, iniciou-se uma mudança no quotidiano e na imagem: a monotonia da atividade deu lugar a um progresso assinalável e os instrumentos artesanais iam sendo substituídos pelos fabricados pela indústria especializada que emergia nos países cientificamente mais avançados. Esta mudança refletia-se na biblioteca, na reparação e modernização das instalações e na preparação do pessoal docente.

A biblioteca foi enriquecida com a compra de livros de publicação recente
e houve mais cuidado com a atualização da bibliografia recomendada para o
estudo das cadeiras. Na reunião do conselho da faculdade de 18 de junho de
1856, foi aprovado, para a 1ª cadeira, *Premiers Éléments de Chimie* de Henri-
Victor Regnault, publicado em 1851. Na mesma congregação, foi aprovado
o *Precis d'Analyse Chimique Qualitative* de Ch. Gerhardt e G. Chancel, para
o ensino de Análise Química integrada na 2ª cadeira regida pelo Dr. Vidal.

Na reunião de 29 de julho de 1858, por proposta do Dr. Miguel Leão,
foram aprovadas para as aulas da 1ª cadeira as *Leçons de Chimie Générale* de
A. Cahours, obra em dois volumes publicada em 1856. A adoção deste livro
para o ensino foi recomendada ao Dr. Leão por Mathias de Carvalho que, na
altura, se encontrava em Paris como bolseiro. O mesmo autor foi aprovado
para o estudo da 2ª cadeira regida pelo Dr. Pereira Jardim. Na congregação
de 1 de junho de 1861, os livros de Cahours foram substituídos pelas *Leçons
Élémentaires de Chimie* (2ª edição) de F. Malaguti. O professor da 1ª cadeira
era o Dr. Jardim e o da 2ª, o Dr. Vidal. No ano seguinte, a 1ª cadeira foi
entregue ao Dr. Leão (viria a ser a sua cátedra até à jubilação) e a 2ª continuou
a ser ensinada pelo Dr. Vidal, seguindo ambos os livros adotados no ano letivo
anterior.

Os laboratórios do tempo de Pombal estavam obsoletos para as práticas da
Química de então. Iam decorridos oitenta anos e, neste ínterim, a Química
expandiu-se, mudou de feição e o seu estudo passou a ser mais exigente. Franco
de Silva e Martins Bandeira vinham solicitando obras de alargamento do espaço
e de adaptação à ciência, mas a exiguidade orçamental e a instabilidade da vida
social e universitária não permitiram a concretização desses pedidos, apesar
de terem sido aprovados pelo conselho da faculdade.

Sob a direção de Antonino Vidal, o Laboratório deu passos importantes
na modernização da instrumentação utilizada nos trabalhos práticos. A folha
de despesas de 31 de maio de 1858 regista o pagamento de 326$770 réis por
instrumentos vindos de Paris para o Laboratório de Química, soma que representa
cerca de 74% da verba anual disponível. Nestas encomendas, encontramos muita
aparelhagem de utilização geral, verificando-se uma preferência dada à Análise
Química, ramo da Química Aplicada que experimentava grandes progressos e
estava a conquistar a adesão dos químicos nacionais.

Dentre a aparelhagem especializada adquirida, citamos a seguinte: em 1859,
um microscópio de luz polarizada; em 1861, equipamento para liquefação de
gases; em 1862, equipamento para produção de gelo; em 1863, um laboratório
portátil para análise química; e, em 1864, um espetroscópio de emissão atómica
de excitação por chama.

Figura 13 – Microscópio Carl Zeiss Jena para estudos com luz polarizada adquirido ao depositário francês E. Adnet Paris (comprado em 31 de dezembro de 1859 por 50$920 réis).

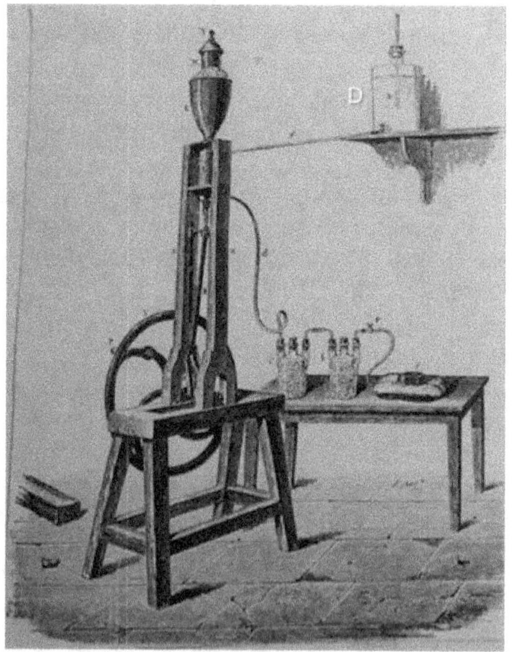
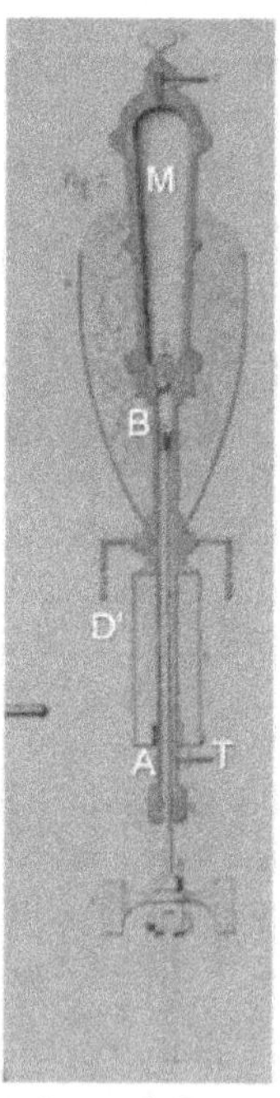

Figura 14 – Aparelho de liquefação de gases concebido por Bianchi sob indicação de Dumas. O gás comprimido na bomba (A-B) liquefaz-se por expansão para o reservatório (M). Tubuladura de entrada do gás no corpo da bomba (T), cilindro de ferro forjado de parede espessa dentro do qual de move um embolo acionado por um volante munido de manivela. O gás comprimido na bomba sai por uma válvula para o interior do reservatório, liquefazendo-se. O reservatório é arrefecido por gelo e o corpo da bomba por circulação de água proveniente do depósito (D) que entra e sai do aparelho pelas tubuladuras (D'). Adquirido em 31 de janeiro de 1861: "Pʳ um apparelho de Bianchi para a liquefação dos gases com todos os seus acessórios, 156$000 réis".

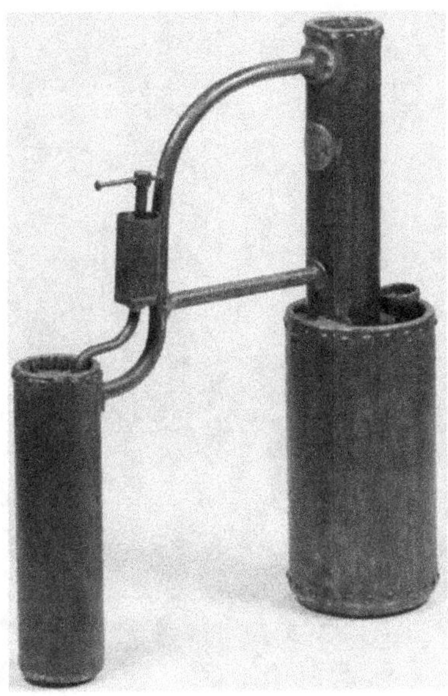

Figura 15 – Refrigerador de Carré. É um aparelho de refrigeração por absorção, constituído por uma caldeira e um congelador separados por uma válvula. Na caldeira, é introduzida uma solução concentrada de amoníaco. No interior do congelador há um vaso onde se coloca a água a congelar. Quando a caldeira é aquecida, o amoníaco libertado acumula-se na parte superior da caldeira e no refrigerador. Aberta a válvula, o amoníaco expande-se no congelador, arrefecendo.
A caldeira é arrefecida e o amoníaco é novamente arrefecido. Adquirido em 31 de março de 1862: "Dois aparelhos Carré p.a o gello artificial, 80$000 réis".

É de registar o pequeno intervalo de tempo que medeia entre a encomenda destes aparelhos e a data em que os seus inventores os lançaram no mercado, o que revela a atenção dos professores aos progressos da ciência e a abertura da Universidade para proporcionar aos seus setores as necessárias condições materiais.

Na década de 1855 a 1865, as obras no edifício foram significativas. Em 1855, o primitivo anfiteatro construído por Manuel Alves Mocomboa foi substituído por um novo construído em madeira de casquinha, que ainda existe hoje.

A despesa de carpintaria, no valor de 130$700 réis, foi paga em três prestações: duas pagas em 31 de janeiro e 31 de julho de 1856 e o restante, no valor de 19$000 réis, pago em 30 de setembro deste ano. A pintura das bancadas custou 80$000 réis e os arranjos das portas e janelas foram sendo efetuados à medida que o orçamento ia permitindo.

Figura 16 – Anfiteatro do Laboratório Chimico. Anfiteatro em madeira de casquinha com 98 lugares, instalado na Aula em 1866. A mesa do professor estava preparada para a realização de experiências. A hotte embutida na parede por detrás da mesa destinava-se às experiências que exalavam fumos. Este anfiteatro substituiu o primitivo "Theatro" construído por Macomba no final do século XVIII.

O lado norte da sala de aula do Laboratório também foi remodelado em 1856: foram demolidas as forjas, retirados os fornos de aquecimento e o espaço foi transformado em sala de professores e gabinete para a balança de precisão. O espaço por detrás do anfiteatro foi preparado para gabinete de espetroscopia e sala de trabalhos práticos.

Os melhoramentos introduzidos no Laboratório nos primeiros quatro anos da década 1860-70 tiveram expressão no orçamento que, nestes anos, teve um aumento considerável, como se pode verificar:

1811	203$840	1857	289$120	1865	335$675
1815	315$176	1858	443$190	1866	472$590
1825	332$200	1860	675$970	1867	395$160
1835	247$200	1861	677$795	1868	480$083
1845	184$689	1862	646$225	1869	780$680
1855	146$920	1863	606$380	1870	691$190
1856	255$240	1864	744$750	1871	837$169

Figura 17 – Quantias anuais (ano letivo ou ano económico) que entraram na caixa do Laboratório Químico provenientes do cofre académico da Universidade.

Um outro acontecimento assinalável foi a instalação de gás para iluminação e aquecimento, que teve lugar em 1859. O azeite deixou imediatamente de ser usado e o carvão vegetal foi sendo substituído pelo gás à medida que o equipamento e técnicas iam sendo atualizados.

A fábrica de gás foi instalada em Coimbra em 1856 e, a partir desta data, o gás passou a ser usado na iluminação pública e fornecido a particulares e à indústria. Foi um melhoramento notável para a vida quotidiana da cidade e contribuiu muito para o desenvolvimento da indústria. A fábrica localizava-se num terreno de gaveto formado pela atual rua João Machado (dantes conhecida por rua do gasómetro) com a rua da Sofia. O gás era gerado por destilação do carvão de pedra, aquecido a cerca de 1000ºC em retortas verticais e, depois de depurado de alcatrão, amoníaco e enxofre e da extração do benzeno, era introduzido em tanques (gasómetros) ligados à rede de distribuição.

Na congregação de 29 de julho de 1858, a faculdade autorizou o diretor do Laboratório Químico a "introduzir no estabelecimento o gás de iluminação da cidade, com o fim de ser empregado nas operações e trabalhos químicos em que mais convinha" e na folha de despesas de 30 de junho encontra-se registado o pagamento da instalação do gás e das obras de carpintaria necessárias e o custo do contador e dos candeeiros de iluminação. Nesse ano, foram instalados apenas quatro candeeiros e, no ano seguinte, outros tantos.

O atraso científico do Laboratório manifestava-se, naturalmente, em todos os domínios da Química, incluindo o dos trabalhos práticos. Da leitura das atas das congregações da faculdade colhe-se a ideia de que algo semelhante acontecia com as demais cadeiras. A consciência do nosso atraso era frequentemente manifestada pelos professores, que procuravam todas as oportunidades para ir ao estrangeiro buscar conhecimentos que ajudassem a recuperação.

Na sua reunião de junho de 1857, a faculdade manifestou a necessidade de recorrer ao auxílio de universidades estrangeiras para atualizar o ensino. Entendia "ser conveniente enviar um ou mais vogais do conselho a países estrangeiros para estudar a parte dos ramos das ciências físicas naturais".

Mais uma vez se continuava a cometer o erro de considerar que o nosso atraso era devido ao facto de não estarmos a acompanhar o progresso das técnicas laboratoriais, quando ele residia na nossa incapacidade de acompanhar a evolução da ciência no seu todo e que esta era a impulsionadora da técnica e não o contrário. Esta visão da universidade e da ciência era estranha porque já ia decorrido meio século após a fundação da Universidade de Berlim cujo ideário fora entregue a Wilhelm Humboldt após consulta do rei, Frederick William III, aos intelectuais alemães. Esta foi a primeira universidade a associar o ensino e a investigação, exemplo que se propagou por todo o lado e se tornou o modelo da universidade moderna. A investigação científica é a fonte que alimenta a ciência e, como tal, a força impulsionadora da universidade. Esta atividade ainda não tinha entrado na nossa Universidade e iria demorar muito tempo a chegar, com graves consequências para nossa ciência e para o país.

Na sequência das preocupações manifestadas na congregação de junho, Mathias de Carvalho, lente substituto, apresentou na reunião seguinte, 18 de junho, um requerimento indagando à faculdade se seria útil que o enviado ao estrangeiro fosse estudar "análise química e conhecer praticamente os delicados aparelhos que medem da physica os corpos imponderáveis" e se ele (requerente) estaria em situação de desempenhar essa missão. As respostas do conselho relativamente às duas questões formuladas foram afirmativas.

Mathias de Carvalho e Vasconcelos doutorara-se em Filosofia havia três anos, publicara *Princípios de Physica e Chimica* na Imprensa da Universidade e era, na altura, lente substituto de Física Experimental.

Na congregação de 11 de outubro de 1857, a Faculdade de Filosofia decidiu submeter ao governo a proposta de estágio científico de Mathias de Carvalho e, na reunião de 24 de novembro, foi indicada uma comissão constituída pelos lentes do 1º ano de Química, Pereira Jardim, e o do 2º ano de Física, Miguel Leão, para definir o programa de estudo a realizar no estrangeiro pelo estagiário. Este programa consta do Apêndice 4 e apresentamo-lo porque por dele podemos aquilatar o nível da Química da Universidade e o quão afastadas estavam as ideias dos professores do caminho do progresso. Mas, se o programa desilude quanto aos objetivos, não é menor desilusão a quase inutilidade que foi para a faculdade a missão de estudo do beneficiário. Mathias de Carvalho deambulou por França, Bélgica e Alemanha sem ter apresentado trabalho de mérito científico nem ter adquirido preparação para melhorar o nível da Química portuguesa. Foi enviando à Faculdade de Filosofia algumas informações sobre o ensino em França, sobre equipamento e sobre bibliografia. Revelou habilidade no domínio das relações públicas, nas ligações entre a Faculdade de Filosofia de Coimbra e as Universidades de Paris e Bruxelas, que se traduziram em permuta de publicações e "oferta de sementes e de catálogos pelos jardins botânicos daquelas cidades estrangeiras ao jardim botânico da Universidade de Coimbra". Foi o único português que assistiu ao congresso de Karlsruhe, mas não consta que tenha tido qualquer participação ativa.

A sua comissão no estrangeiro foi dada por finda pela portaria de 28 de julho de 1862, que ordenava o seu regresso a fim de tomar conta do serviço docente que lhe havia sido atribuído para o ano letivo seguinte. Não sabemos se teria regressado ou não a Portugal naquela data porque, por portaria de 28 de julho de 1863, foi encarregado "de continuar os trabalhos já começados em França e Alemanha sobre a organização da instrução pública, apresentando um relatório circunstanciado sobre a organização das escolas d'ensino profissional na Allemanha devendo ao mesmo tempo indicar a conveniência da sua introdução em Portugal; e remeter com a possível brevidade quaesquer documentos que já tenha coligido acerca da instrução primaria e secundaria nos paizes de que se tracta". No regresso de uma tão longa permanência no estrangeiro, teve pouca atividade como químico e ocupou-se sobretudo de cargos políticos e missões diplomáticas.

Com a transferência do Dr. Antonino Vidal da Química para a Zoologia, a direção do Laboratório Químico foi entregue ao Dr. Miguel Leão, lente catedrático desde 1860. O Dr. Leão foi exemplo dum lente que manteve ao longo da sua carreira académica a titularidade de uma das cadeiras de Química. Não deixou nome em obra científica escrita: além dos trabalhos apresentados para obter as suas qualificações académicas, publicou somente *As águas minerais de Moledo, sua composição chimica, acção physiologia e efeitos therapeuticos*, trabalho realizado em colaboração com os seus colegas da Faculdade de Medicina, Francisco António Alves e Lourenço d'Almeida Azevedo (Imprensa da Universidade de Coimbra, 1871).

Todavia, a sua ação como diretor do Laboratório Químico foi relevante. Foi o principal obreiro da remodelação do laboratório pombalino, preparando-o para o estudo da Química moderna. As beneficiações feitas pelo seu antecessor, ainda que relevantes, eram insuficientes. Procedeu ao estudo das obras a fazer, mandou elaborar o projeto e o orçamento, trabalho que ficou concluído em fevereiro de 1870 e que foi submetido à aprovação do governo, depois de ter sido aprovado pelo conselho da faculdade. As obras importavam em 1.872$000 réis; o governo não concedeu o financiamento, mas Miguel Leão não desistiu de levar o plano avante e realizou as obras por administração direta com ajuda financeira da faculdade e da Universidade.

A análise das dotações entradas na caixa do Laboratório Químico, provenientes do cofre académico, permite avaliar o esforço financeiro da faculdade e o trabalho executado pelos professores para levar a cabo as tarefas em que se empenharam e as condições em que foram realizadas.

No quadro da Figura 17 (acima), indicam-se as quantias anuais despendidas pelo Laboratório durante vários anos, para custear as despesas correntes da atividade do Laboratório e a compra de nova instrumentação.

A partir de 1 de dezembro de 1821, entrava nestas verbas o salário do servente — 180 réis por dia útil de trabalho — e, a partir de dezembro de 1853, os ordenados do guarda e do criado. Anos depois, continuaram a ser pagos pelo orçamento do Laboratório dois técnicos: o criado e o ajudante para os trabalhos práticos.

O primeiro comentário que o orçamento nos merece é ser demasiado exíguo para assegurar uma atividade satisfatória. Um segundo aspeto diz respeito à sua variabilidade. Aparentemente, ele era negociado na faculdade que o distribuía, procurando satisfazer as necessidades urgentes de cada cadeira. Na Química, registam-se quatro fases que já foram, de certo modo, comentadas. A primeira, de 1811 a 1858, com orçamento mais baixo, à qual se segue uma segunda fase, até 1864, com verbas sensivelmente mais elevadas. Segue-se-lhe uma terceira, de 1865 a 1869, em que a dotação anual decresce relativamente à segunda, mas é mais elevada do que a da primeira e, finalmente, uma quarta fase, em que o Laboratório beneficiou de uma verba relativamente elevada.

Consultando o livro de receitas e despesas, verifica-se que os períodos de dotação mais elevada correspondem à aquisição de equipamentos especiais de custo relativamente elevado, à encomenda de grandes remessas de equipamento laboratorial de uso corrente, de reagentes, ou a obras de remodelação do edifício.

A modernização das instalações não se limitou à preparação de salas e gabinetes, mas estendeu-se ao seu equipamento, dotando-as de melhores condições de trabalho.

A água utilizada nas lavagens de material de laboratório e nas operações de refrigeração ou de aquecimento era retirada por meio de baldes da profunda cisterna existente no jardim e transportada para vasos de armazenamento nos locais de trabalho de onde ia sendo retirada para uso. Em 1870, foi encomendada no Porto uma bomba de ferro que elevava a água da cisterna para um depósito colocado no telhado, alimentando uma rede de canalização que a conduzia aos laboratórios, à mesa da sala de aula, onde era usada pelo professor nas demonstrações com que acompanhava a exposição.

A água destilada, até então preparada em pequenos alambiques, passou a ser produzida num aparelho de destilação comprado na Alemanha, alimentado por água corrente proveniente do depósito geral e com capacidade para produzir água em quantidade suficiente para satisfazer os gastos de todos os laboratórios. O destilador era de cobre revestido interiormente por estanho e o aquecimento era feito por combustão de lenha. Quando frequentámos o Laboratório durante a licenciatura, este destilador ainda funcionava e produzia toda a água destilada necessária para as aulas práticas e para a investigação e foi utilizado até próximo da mudança para as novas instalações, em 1975.

O custo dos materiais empregados nas obras, os pagamentos a todos os operários e os instrumentos e produtos químicos adquiridos está registado no *Livro de Receita e Despeza do Laboratório Químico*. Por ele se pode avaliar o esforço financeiro e o zelo e dedicação dos professores para levarem a cabo o projeto de modernização. E se as obras de construção civil foram de grande extensão, não são de ignorar as verbas destinadas ao apetrechamento dos laboratórios e armazém de produtos químicos. Como exemplo da dimensão das aquisições, citemos duas encomendas feitas à firma alemã L. C. Marquat em outubro de 1873, uma de material de laboratório de uso corrente, no valor de 650 francos (117$000 réis), e outra de produtos químicos, de idêntico valor.

Para seguir com mais pormenor as alterações feitas no Laboratório pombalino aconselha-se a leitura dos relatórios de Miguel Leão[39], Correia

---

[39] M. L. Ferreira Leão, *Laboratório de Chimica in Memoria Historica da Faculdade de Philosophia* de Simões de Carvalho, Coimbra: Imprensa da Universidade, 1872, p. 179.

Barata (1879)[40] e Sousa Gomes[41] (1892). Como o relatório de Correia Barata, diretor interino no impedimento de Paulino de Oliveira, não foi publicado e é aquele que corresponde ao auge desse empreendimento, resolvemos anexá-lo à presente publicação (Apêndice 5).

Em 1877, foi feita nova tentativa para conseguir o financiamento para a remodelação das instalações e a modernização do equipamento. O vice-reitor que, estatutariamente, presidia às reuniões dos conselhos escolares das faculdades, reuniu o claustro para analisar as deficiências mais instantes das faculdades. A Universidade empenhou-se em conseguir a necessária e urgente ajuda, tanto mais que o vice-reitor era o lente jubilado da Faculdade de Matemática, D. Francisco de Castro Freire, que tinha sido decano da faculdade e seu diretor, conhecendo, portanto, os problemas com que a Universidade se debatia. Mas esta ação acabou por não encontrar eco nas instâncias superiores. Sob o ponto de vista político-social a crise da Regeneração punha fim a uma época de ouro caracterizada pela realização de obras de grande alcance económico à custa do endividamente externo, durante a qual se privilegiou o ensino técnico, e ia começar uma outra de confrontação de ideias políticas e de pobreza financeira nada favorável ao ensino universitário. Não restava à Universidade outro caminho senão continuar o seu programa de atualização das condições de trabalho e prosseguir com as obras e aquisição de equipamento à custa das dotações ordinárias que lhe eram atribuídas.

No Laboratório Químico, criaram-se gabinetes para trabalhos especializados e para professores, dividiram-se as enormes salas dos laboratórios primitivos, substituíram-se as mesas de pedra destinadas a apoiar os trabalhos em grande escala industrial por mesas de madeira para trabalhos em escala laboratorial, eliminaram-se os fornos e as forjas, substituindo-as por hottes de sucção de fumos.

Como se tem vindo a verificar, a atenção dedicada à adaptação das instalações e equipamentos às exigências do ensino e malgrado as dificuldades financeiras, não foram esquecidos os aspetos que davam ao estabelecimento uma dignidade compatível com as suas funções. Entre estes contam-se o ajardinamento e aformoseamento do espaço interior livre, bem como a limpeza e conservação do pátio de acesso ao edifício. Em 1870, foi comprado por 54$000 réis um relógio de parede com caixa de madeira. Este relógio foi instalado no canto esquerdo do anfiteatro e, durante cem anos, serviu a gerações de professores e estudantes para controlar o tempo das lições. Colocado depois na sala do conselho do novo edifício ainda funciona com precisão.

---

[40] F. A. CORRÊA BARATA, *Relatório acerca do Laboratório Chimico da Universidade relativo ao anno lectivo de 1878-1879*, Manuscrito datado de 30 de julho de 1879.

[41] F. J. SOUSA GOMES, *Nota sobre o Ensino da Chimica na Universidade de Coimbra*, Coimbra: Imprensa da Universidade de Coimbra, 1892.

A modernização do Laboratório depois da jubilação de Miguel Leão foi continuada pelos seus sucessores Paulino de Oliveira e Correia Barata. A ela se havia de referir, em 1892, com a probidade que lhe é reconhecida, o Dr. Sousa Gomes: "Ao trabalho persistente dos diretores, Leão, Paulino e Barata, efficazmente auxiliados pelos chefes de trabalhos Dr. Tollens (1869--70) e Santos Silva se deve esta radical transformação, muito lenta é certo, mas que representa um verdadeiro milagre de tenacidade e economia por ter sido feita com os minguados recursos da magra dotação do Laboratório, que era até há pouco tempo de 800$000 réis anuaes, e está reduzida hoje a pouco mais de 500$000 réis"[42].

O espaço original foi sendo dividido e subdivido num esforço enorme e inflexível determinação de acudir às necessidades que se impunham para o Laboratório poder alcançar a via da modernidade. É admirável como naquele acanhado espaço, talhado havia dois séculos, foi possível formar grupos de investigação ativos e atualizados e uma excelente biblioteca setorial que, em 1975, foram ocupar as novas instalações.

Miguel Leão foi lente da 1ª cadeira e durante o tempo em que dirigiu o Laboratório foram lentes da 2ª cadeira os Drs. Joaquim Simões de Carvalho (1865 a 1868), António de Carvalho Coutinho de Vasconcelos (1868 a 1873) e Manoel Paulino de Oliveira (1873 a 1882). Do currículo profissional do primeiro já tratámos e o mesmo faremos em relação aos outros dois.

Coutinho de Vasconcelos doutorou-se em 1858 e, depois de passar por várias cadeiras como lente substituto, foi nomeado lente de Química Orgânica em 1868, cadeira que lecionou até ao final da sua carreira (1873).

Manoel Paulino doutorou-se em 1862 e ascendeu a lente da cadeira de Química Orgânica por jubilação de Coutinho de Vasconcelos, tendo optado pela Zoologia em 1888. Dirigiu o Laboratório enquanto foi lente de Química Orgânica e foi diretor interino da faculdade de 1891 a 1892.

Mantinha-se a obrigação imposta por lei de adotar um livro para o estudo das lições. Para o ano letivo de 1864-65 foi proposto pelo Dr. Leão o *Traité Élémentaire de Chimie Medicale. Chimie Inorganique et Organique* da autoria de Wurtz, obra adotada nas duas cadeiras de Química. No ano letivo de 1867-68, Simões de Carvalho optou para a sua cadeira pelos *Principes de Chimie* de A. Naquet. Em 1969-70, voltou ao livro de Wurtz que continuou até 1875-76, ano em que regressou de novo a A. Naquet, talvez por ter acabado de sair uma segunda edição do livro deste autor. Para o ensino da Análise Química foi adotado, em 1867-68, o *Traité d'Analyse Chimique Qualitative et Quantitative*, tradução do famoso livro de R. Fresenius e que foi seguido até 1876-77.

Apesar do esforço notório de alguns professores, o fosso entre o nível científico da nossa Universidade e o das estrangeiras era cada vez mais profundo, atendendo ao extraordinário ritmo de crescimento da Química nessa altura.

---

⁴² F. S. SOUSA GOMES, *op. cit.*

Os professores continuavam, teimosamente, a apontar o atraso dos trabalhos práticos como a única faceta a necessitar de atualização.

Sem conhecermos a origem da iniciativa — se ela partiu do governo ou nasceu na faculdade — foi lida na congregação de 13 de novembro de 1868 uma portaria datada de 9 desse mês, em que o governo autorizava o contrato por cinco anos de um químico estrangeiro para dirigir os trabalhos práticos do Laboratório Químico. O Conselho encarregou o Dr. António dos Santos Viegas, lente de Física, de fazer os contactos para convidar a pessoa que pudesse desempenhar estas funções. Este encargo de Santos Viegas deve-se ao facto de ser um professor conceituado e de ter realizado uma viagem de estudo a França, Alemanha e Inglaterra, onde estabeleceu relações com eminentes cientistas. Em França, assistiu aos cursos de inverno da Sorbonne em 1866-67, onde travou relações com pessoal técnico, como Bianchi, que era e ficou conhecido pelas inovações de instrumentação científica. Na Alemanha, conheceu o prestigiado químico A. W. Hofmann, a quem recorreu para lhe arranjar a pessoa que a faculdade pretendia. Não poderia ter ido bater a melhor porta.

Na reunião de 25 de janeiro de 1869, o Dr. Viegas leu uma carta que lhe fora endereçada pelo Dr. Hofmann sobre o químico que viria para Coimbra. Tratava-se do Dr. Bernhard Tollens, um jovem que se doutorou em Göttingen, onde preparou a tese sob a orientação de Fittig. Foi depois assistente de Erlenmeyer em Heidelberg e passou algum tempo em Paris a trabalhar com Wurtz, onde se encontrava nessa altura. Nesta mesma reunião, levantou-se o problema de como pagar o vencimento ao químico alemão, tendo o Dr. Viegas ficado com a incumbência de indagar junto do senhor vice-reitor a forma de pagamento. Teria ficado acordado pagar-lhe pela verba destinada aos prémios escolares que, assim, deixariam de ser atribuídos, como aliás acontecia sempre que a Universidade tinha de fazer face a despesas inadiáveis.

Na congregação de 22 de fevereiro, o Dr. Viegas informou a faculdade que não havia dificuldade em satisfazer os encargos com o contrato e que, resolvido este problema, escrevera ao Dr. Tollens. Este deve ter assinado o contrato de chefe de trabalhos práticos do Laboratório Químico por abril de 1869 e chegou a Coimbra no outono desse ano. Durante a sua estadia, ficou instalado na pequena casa do jardim do Laboratório. Viria a estar em Coimbra somente até ao fim de março de 1870, ou seja, aproximadamente seis meses.

Tollens dinamizou a atividade laboratorial e deu a sua colaboração no plano de remodelação das instalações ao qual já fizemos referência. Infelizmente, o tempo em que esteve ao serviço do Laboratório foi tão curto que não deu o resultado que uma permanência mais prolongada certamente teria dado, pois era, efetivamente, um professor com uma carreira brilhante na Alemanha.

O vencimento mensal do Dr. Tollens era de 60.000$000 réis, quantia cerca de três vezes superior à que auferia um português com as mesmas funções. Este encargo não era suportável pela dotação ordinária atribuída ao Laboratório, dificuldade que nunca lhe foi dada a conhecer. Lá se iria conseguindo arranjar os meios para o manter. Os meses do ano de 1869 foram pagos pela Universidade, mas os três meses do ano seguinte foram pagos pela dotação ordinária do Laboratório.

Em 21 de janeiro, o reitor informou o conselho da Faculdade de Filosofia que o Dr. Tollens pedira a rescisão do seu contrato para regressar ao seu país. Foi professor e diretor do Instituto de Agricultura de Göttingen, lugares que ocupou até à sua jubilação, em 1911. Recebeu muitos alunos dos Estados Unidos, Rússia, Japão, Holanda e Austrália e a sua investigação teve grande influência no conhecimento da Química dos carbo-hidratos e na Química de vários países por intermédio dos estudantes que com ele trabalharam e que, no regresso aos respetivos países, aí instalaram os seus centros de investigação.

Gorara-se mais uma oportunidade de aproveitar de forma eficaz o avanço da Química dos países mais adiantados, para impulsionar a nossa. Depois de várias tentativas infrutíferas para arranjar alguém que desempenhasse as funções de chefe de trabalhos práticos, a faculdade decidiu mandar Santos e Silva para a Alemanha para o preparar para ocupar este lugar. Santos Silva exercera as funções de servente do Laboratório desde o final de 1864 e, um ano depois, de ajudante interino dos trabalhos práticos. Em setembro de 1871, partiu para Göttingen, onde esteve um ano a estagiar com Töllens, que conheceu em Coimbra. No ano seguinte, mudou-se para Bonn onde trabalhou com Kekulé. Publicou com este uma memória sobre a bromação do ácido canfórico em *Berichte der deutschen chemischen Gesellschaft* (vol. 6, 1873, p. 1092). De regresso ao Laboratório Químico em novembro de 1873, escreveu *Elementos de Análise Química* (1874) destinado aos alunos da Universidade e o livro foi aprovado para o estudo das lições desta especialidade por ser escrito em língua portuguesa. Dedicou-se à análise de águas minero-medicinais, sendo o autor de vários trabalhos nesta área da análise química. Em 1875, terminou o curso de Farmácia e, no início do século, foi contratado como assistente da escola de Farmácia, onde regeu várias cadeiras. Com o seu estágio na Alemanha, o Laboratório ganhou um analista, mas que não contribuiu, significativamente, para o avanço científico que urgia empreender.

Decorrera um século desde o início do estudo da Química na Universidade de Coimbra e da Reforma Pombalina. O claustro da Universidade decidiu comemorar este acontecimento, ordenando a todas as faculdades que preparassem uma memória dos progressos das respetivas ciências durante esse primeiro século. Na congregação da Faculdade de Filosofia de 16 de março de 1872, entregou-se ao Dr. Simões de Carvalho o encargo de elaborar a memória solicitada. Teria havido quem não achasse oportuno ou adequado este tipo de comemoração, o que levou a nova reunião do claustro universitário, em 25 de abril de 1772, que ratificou a decisão tomada.

A *Memória Histórica da Faculdade de Philosophia* de Simões de Carvalho traça a história da faculdade, dá notícia das principais resoluções das congregações, reúne os relatórios dos diretores sobre a vida dos vários setores, apresenta a lista de todos os professores da faculdade e a biografia dos que se haviam distinguido e já tinham morrido[43]. É um documento que tem servido de fonte de informação para muitos que se têm ocupado da história da faculdade. Escrita para celebrar o seu progresso durante o século acabado de percorrer, a *Memória Histórica* de Simões de Carvalho é uma sucessão cronológica de factos sem o enquadramento que a história exige — não é, por consequência, uma obra de história-ciência.

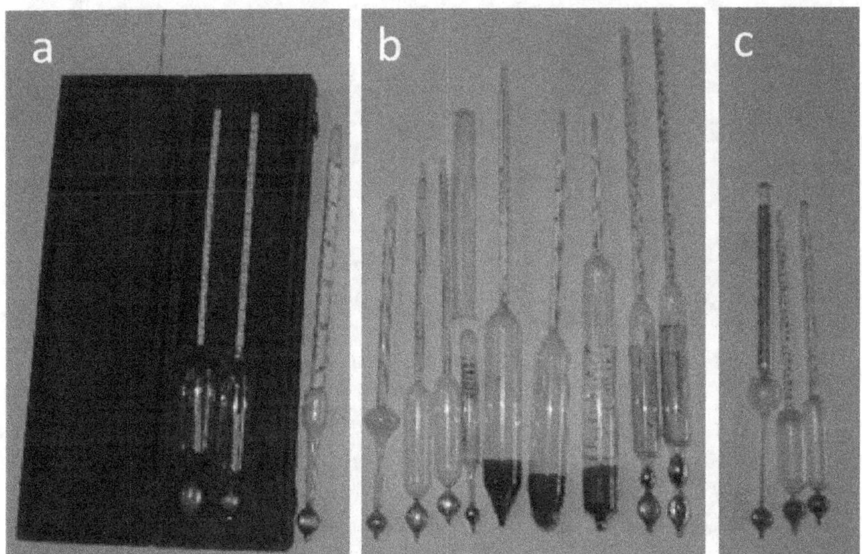

Figura 18 – Vários tipos de densímetros. Desde Vandelli que o densímetro era usado no estudo de líquidos. Este tipo de medidas foi-se valorizando e, por 1860-1870, encomendaram-se grandes quantidades destes instrumentos: (a) alcoómetro centesimal e composição centesimal de mistura de líquidos densos; (b) de pesa-éteres a líquidos densos; (c) pesa-ácidos, pesa-alcalis e pesa-sais.

---

[43] J. A. Simões de Carvalho, *op. cit.*

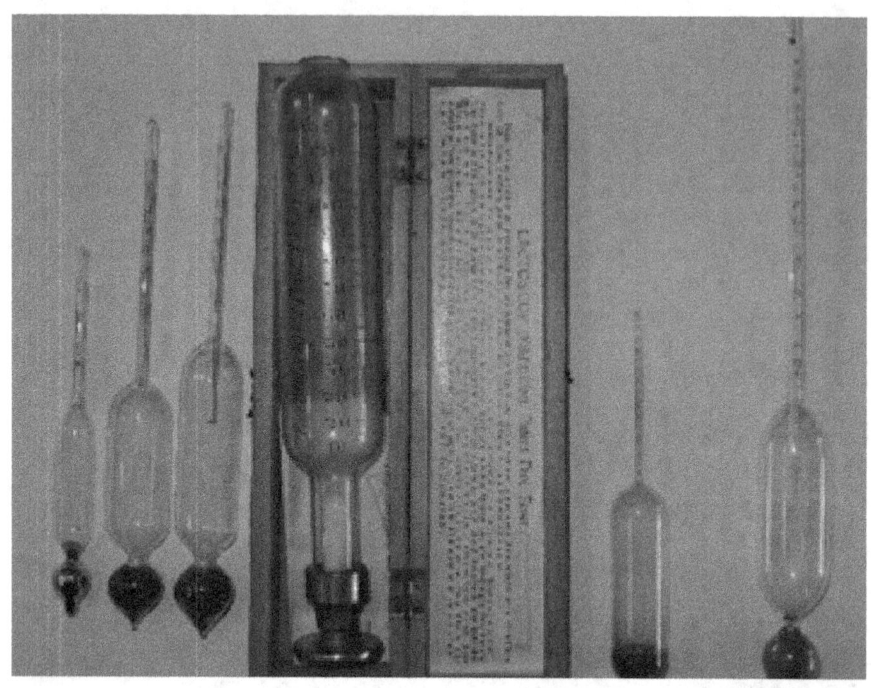

Figura 19 – Lactodensímetros, lactoscópio, urinómetro e pesa-óleos.

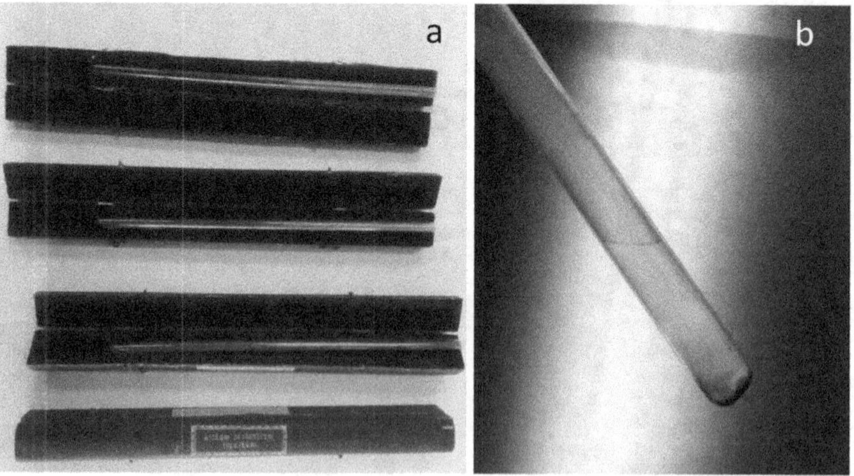

Figura 20 – Transformação líquido-vapor de dióxido de carbono: (a) tubos selados contendo dióxido
de carbono gasoso e líquido em diferentes proporções. Este conjunto permite
a observação da transição líquido-vapor em função da temperatura e da pressão. Em (b), pormenor
de um dos tubos que contém líquido que desaparece por aquecimento.

Figura 21 – Fotografias de: (a) uma das 23 gavetas da coleção de minerais; (b) uma das duas caixas de modelos cristalográficos.

Nos séculos XVIII e grande parte do seguinte, a mineralogia e a cristalografia mereceram a atenção dos químicos. Primeiramente, foi a relação com a metalurgia e, posteriormente, o desenvolvimento do conceito de molécula e química estrutural.

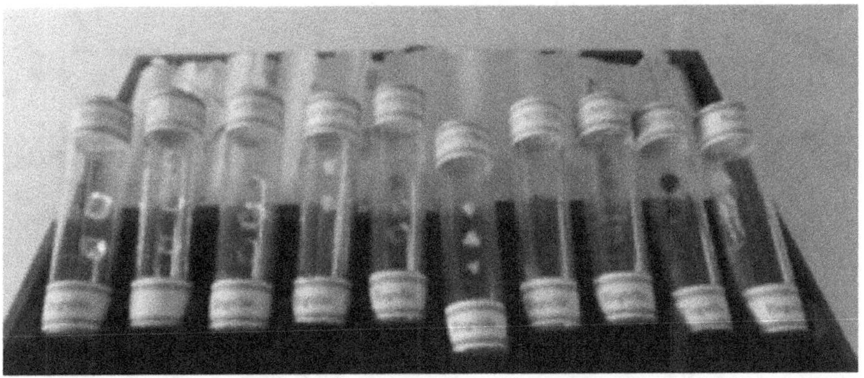

Figura 22 – Coleção de cristais de sais duplos.

Figura 23 – Coleção de compostos orgânicos. No inventário de 1850, o gabinete de Química orgânica registava a existência de 162 produtos orgânicos. Entre 1860 e 1872, importou-se uma grande quantidade destes produtos. Eram embalados em pequenos tubos de vidro fechados, de forma pouco adequada à utilização, mas sim à observação.

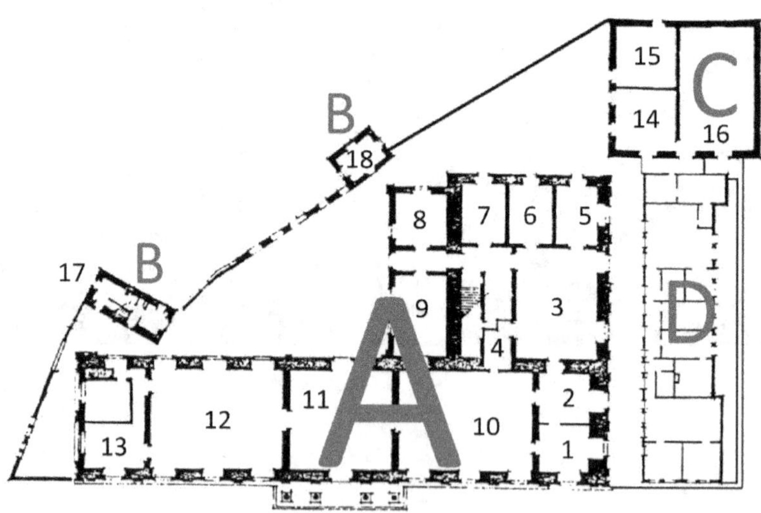

Figura 24 – Planta do Laboratório em meados do século XX: (A) área laboratorial pombalina; (B) anexos construídos na primeira metade do século XIX; (C) construção do final do século XIX; (D) radioquímica (meados do século XX).
Legenda: (1) gabinete do diretor; (2) gabinete do analista; (3) laboratório de Química analítica quantitativa; (4) câmara escura; (5) gabinete de investigação; (6) biblioteca; (7) sala de balanças; (8) gabinete de investigação; (9) laboratório de Química orgânica; (10) laboratório de Química geral; (11) átrio de entrada; (12) anfiteatro; (13) espectroscopia; (14) oficinas e destilador de água; (15) sala de aulas teóricas; (16) armazém; (17) microanálise e (18) gabinete de preparador-conservador.

Figura 25 – Laboratório Químico. Aspeto do laboratório da análise química em 1902.

3.1. O ENSINO PRÁTICO

Diz-se correntemente que a Química é uma ciência experimental. É uma ideia tão generalizada que é, por vezes, usada como aposto desta ciência, como se o caráter experimental fosse um exclusivo seu. Em 1960, o eminente químico da universidade da Califórnia, George Pimentel, publicou um livro para o ensino da Química, a que deu o título *Chemisty, an experimental science,* apesar de o livro tratar dos aspetos gerais da Química e não de trabalhos práticos[44].

À primeira vista, esta qualificação atribuída à Química não deixa de ser um tanto estranha pelo facto de a experimentação ser uma metodologia comum a todas as ciências da natureza. O desenvolvimento de todas elas iniciou-se com a acumulação de dados colhidos por via empírica, que foram sendo ordenados pela razão, até chegar ao enunciado de princípios primeiros a partir dos quais, por dedução lógica, são explicados todos os dados observados e previstos outros a descobrir. A axiomatização é o estado de maior perfeição alcançado pela ciência: experimentação e razão são as duas vertentes para o atingir. Não há, portanto, motivos que levem a relevar o caráter experimental em qualquer ramo das ciências naturais, porque em todos eles o progresso resulta da conjugação das duas aproximações, a teórica e a prática. Com a expressão substantivada talvez se pretendam sublinhar as dificuldades que a experiência encontrou para alcançar as bases de uma ciência localizadas no domínio microscópico. Foi uma jornada longa, engenhosa e difícil.

No capítulo anterior, tratámos, sobretudo, dos aspetos teóricos da ciência. Neste, vamos apresentar os elementos que pudemos coligir sobre os trabalhos práticos, de modo a que, do conjunto das duas vertentes, se possa ficar melhor a conhecer o ensino da Química da época.

O papel das aulas práticas na formação do químico foi tão bem definido nos estatutos pombalinos que, passados que são duzentos e quarenta e seis anos, ainda hoje têm atualidade. Isto é surpreendente porque, como vimos,

---

[44] GEORGE C. PIMENTEL, *Chemisty, an experimental Science,* San Francisco: W. H. Freeman, 1961.

na altura em que foi traçado, a Química encontrava-se em fase de gestação e a profissionalização dos químicos estava reduzida a casos pontuais. A reforma ordenava concretamente: "Como as Lições *Theorethicas* nesta Sciencia não podem ser bem comprehendidas sem a prática dellas, deverá o Professor mostrar aos seus Discípulos todos os Processos Chymicos, que são conhecidos na Arte... Para isso dará as Lições competentes de *Prática no Laboratorio*; nas quais não fará dos seus Discípulos meros espectadores; mas sim os obrigará a trabalhar nas mesmas Experiencias para se formarem no gosto de observar a Natureza; e de contribuírem por si mesmos ao adiantamento e progresso desta Sciencia. A qual não se enriquece com Systemas vãos, e especulações ociosas, mas com descobrimentos reais, que não se acham de outro modo, senão observando, experimentando, e trabalhando".

Na realidade, o ensino prático é um complemento das aulas de exposição teórica das matérias, necessário à sua compreensão, ao desenvolvimento da mente do aluno para o exercício da investigação e para lhe dar a destreza necessária à aplicação da ciência a casos práticos. Tudo isto foi acautelado e justificado nos estatutos, mas não foi devidamente cumprido.

A reconstituição da atividade laboratorial aqui apresentada não foi uma tarefa simples. O Laboratório possuía um espólio de equipamento rico que, naturalmente, foi acumulando ao longo do tempo e que tinha um enorme valor documental, pois a partir dele seria possível reconstituir a história da instituição, revestindo-se de grande importância por duas ordens de razão: a primeira é o facto de o Laboratório ter sido a única escola universitária de Química do país durante cento e trinta e nove anos; a segunda era constituir uma preciosa fonte de estudo de história da Química. Digamos que era um património científico valioso para a Universidade de Coimbra e para a Química portuguesa.

Nunca houve a oportunidade, nem sequer a possibilidade, de organizar um museu para poder exibir a instrumentação científica da Química antiga porque o edifício, a partir do século XIX, tornou-se demasiado exíguo para dar resposta conveniente às exigências do ensino e da investigação, ao aumento do pessoal e da frequência escolar. A valiosa biblioteca que possuía era mantida em estantes encostadas às paredes de salas e corredores. O acesso aos volumes da parte superior das estantes era feito por escadas portáteis de madeira, bastante altas, dado o enorme pé-direito do edifício (cerca de dez metros). Não havia espaço livre nem para colocar os instrumentos que iam ficando obsoletos, muito menos para um espaço museológico por diminuto que fosse. Apesar disso, não houve perdas ou danos no equipamento fora de uso porque, à medida que ia ficando desatualizado, era guardado no enorme sótão do edifício, que abrangia grande parte da área da construção primitiva. Este equipamento era mantido em condições de segurança e em ambiente que não lhe causava danos e aguardava a oportunidade de ser exposto de forma a servir de elemento de estudo, de tributo aos nossos maiores e de testemunho do passado do Laboratório quando ficassem concluídas as novas instalações.

Muitas vezes, olhava-se para ele como o embrião do futuro museu da Química.

A transferência da Química para as atuais instalações teve lugar durante o período revolucionário de abril de 1974, que afetou os trabalhos da Universidade e durante o qual foram cometidos os maiores desacatos. Infelizmente, as revoluções político-sociais, mesmo aquelas que têm objetivos definidos — característica que esta não teve —, alimentam-se, numa fase inicial, da agitação produzida por aqueles que necessitam da desordem para se sentirem capazes e pelos que procuraram obter posições que uma sociedade organizada lhes não concederia. Esta gente, que se encontra por todo o lado e também na universidade, não serve revoluções sociais, mas provoca danos, por vezes irreparáveis.

O acervo museológico da Química não escapou à onda da destruição da fase revolucionária que se seguiu ao golpe militar. A parte considerada pelo vulgo como "antiguidade" que servisse para embelezar o domicílio — louças, candeeiros, medidas para sólidos e líquidos, almofarizes de metal e várias outras peças — desapareceu rapidamente. O Laboratório possuía um serviço completo de louça de mesa e de talheres que deve ter sido adquirido ainda no século XVIII. Este serviço foi retirado do armário onde era guardado para ser usado na comemoração natalícia de 1974 e dele não ficou uma única peça. Teria sido levado por alguns dos convivas como recordação.

O infortúnio não ficou por aqui. O equipamento científico antigo foi, posteriormente, entregue ao Museu da Ciência e da Técnica por decisão da comissão diretiva, como consta da ata da reunião de 23 de setembro de 1976. Esta reunião, à qual assistiram cinco dos onze membros que compunham este órgão, foi presidida por uma assistente, o primeiro nome que consta da ata, e nela tomaram parte dois funcionários cujos nomes se seguem ao da presidente no registo das presenças e por dois alunos, os últimos registados. A ata não foi assinada pela presidente, mas apenas pelos vogais. A lista do material entregue, rubricada por dois funcionários, consta do Apêndice 5.

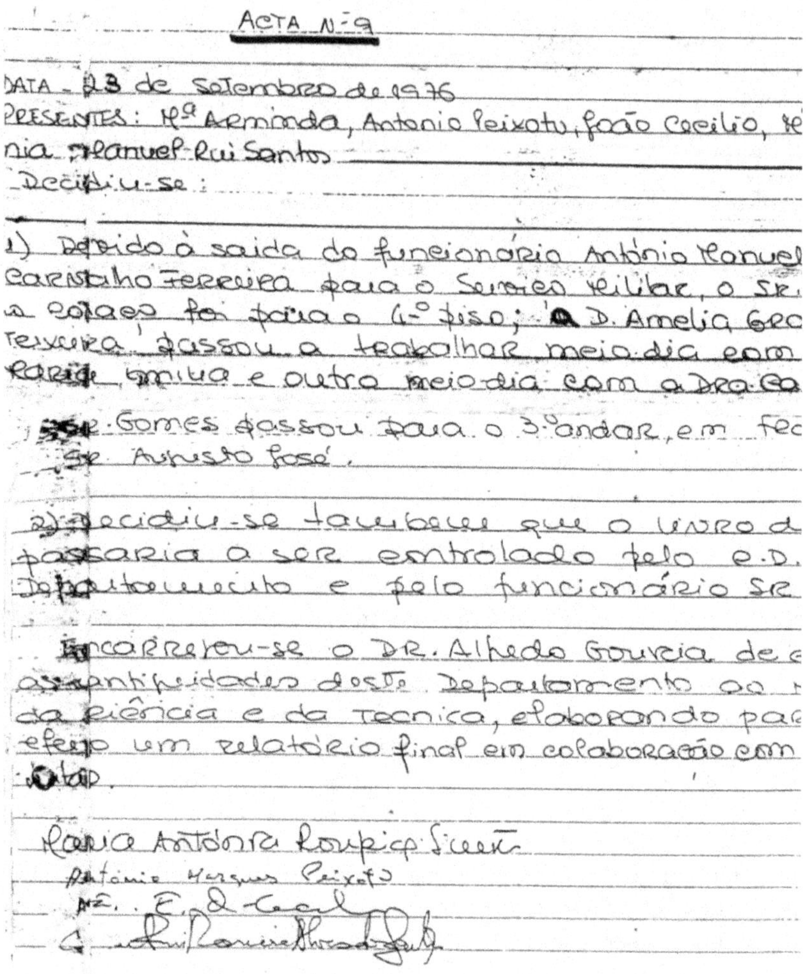

ACTA Nº 9

DATA - 23 de Setembro de 1976
PRESENTES: Mª Arminda, Antonio Peixoto, João Cecilio, té
nia, Manuel Rui Santos
Decidiu-se:

1) Devido à saida do funcionário António Manuel
Carvalho Ferreira para o Serviço militar, o se.
a espaço foi para o 4º piso; a D. Amelia Geo
Teixeira passou a trabalhar meio-dia com
Raríe emília e outro meio-dia com a Dra Co
Ste Gomes passou para o 3º andar, em fec
Sr Augusto José.

2) Decidiu-se também que o livro d
passaria a ser emtrolado pelo e.D.
Departamento e pelo funcionário se

Encarregou-se o DR. Alfredo Gouvcia de a
as antiguidades deste Departamento ao r
da Ciência e da Tecnica, elaborando pa
efeito um relatório final em colaboração com
o tap.

Maria Antónia Roupça Scer
António Marques Peixoto
Mª E. d Carl
C Rui Ramiro Alves Jul

Figura 26 – Ata do conselho diretivo do Laboratório Químico em que foi decidido fazer
a entrega das "antiguidades" do Laboratório ao Museu da Ciência e da Técnica.

ACTA Nº 9

Data – 23 de Setembro de 1976
Presentes: Mª Arminda, António Peixoto, João Cecílio, Mª Antónia, Manuel Rui Santos
Decidiu-se:

1) Devido à saída do funcionário António Manuel de Carvalho Ferreira para o Serviço militar, o Sr. André Colaço foi para o 4º piso; a D. Amélia Grama Teixeira passou a trabalhar meio dia com a Maria Emília e outro meio dia com a Dra. Catarina. O Sr. Gomes passou para o 3º andar em troca com o Sr. Augusto José.

2) Decidiu-se também que o livro de ponto passaria a ser controlado pelo C. D. do Departamento e pelo funcionário Sr. Leitão.

3) Encarregou-se o Dr. Alfredo Gouveia de entregar as antiguidades deste Departamento ao Museu da Ciência e da Técnica, elaborando para o efeito um relatório final em colaboração com o Sr. Leitão.

Maria Antónia Roupiço Simões
António Marques Peixoto
João E. Cecílio
Rui António Moreira Alves dos Santos

A ata e a discriminação dos equipamentos entregues ao Museu da Ciência e da Técnica revelam a ausência de responsabilidade da decisão, nas condições em que foi tomada. As vicissitudes pelas quais passou o referido museu danificaram o material mais frágil e tresmalharam muito, de modo que pouco resta da documentação histórica da Química portuguesa do século XVIII e de parte do seguinte. Uma parte diminuta da instrumentação retirada do Laboratório encontra-se no Museu da Ciência devidamente conservada, mas desconhecemos o paradeiro da restante.

As várias tentativas para reaver os instrumentos de Química, logo que a ordem foi reposta na Universidade, não tiveram êxito. Nem para fazer exposições temporárias foi fácil ou mesmo possível utilizá-los[45]. Conjuntamente com material científico, foram levadas valiosas peças do mobiliário antigo, algumas do tempo de D. José e de D. Maria I.

---

[45] No Apêndice 6 é apresentada uma das muitas exposições dirigidas ao Reitor para reaver o equipamento retirado do Laboratório.

Para podermos escrever este capítulo, recorremos: ao registo das aquisições que constam do *Livro de Receita e Despeza do Laboratório Químico*, a que nos temos vindo a referir; à bibliografia da época, quando se tornava necessário relacionar as aquisições com os métodos químicos respeitantes; e, no que diz respeito a imagens, ao Museu da Ciência, que nos prestou toda a colaboração.

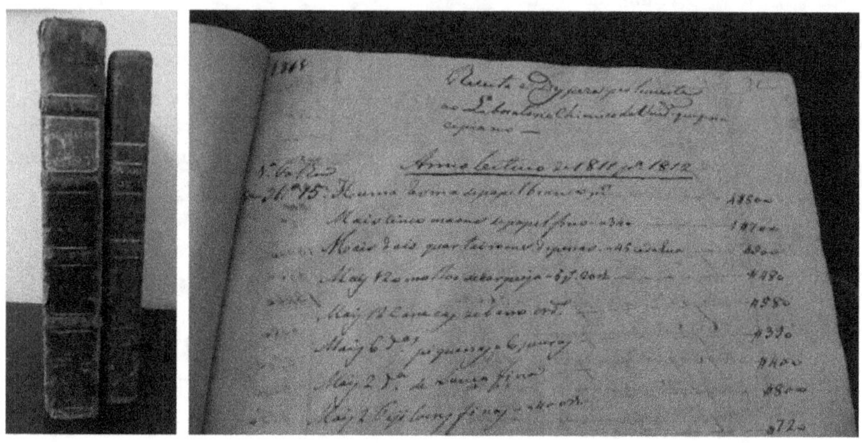

Figura 27 – Livros de registo da receira e despesa do Laboratório Químico. Vol. I – 1811-1840; vol. II – 1840-1875. Primeira página do vol I.

O ensino prático não teria seguido o preceituado nos estatutos pombalinos, particularmente, o de auxiliar a compreensão das matérias versadas nas aulas e de habilitar os alunos na prática de Química. Os únicos alunos que realizavam regularmente trabalho laboratorial eram os destinados ao Dispensatório Farmacêutico, que tinham os dois primeiros anos preenchidos com a prática de Química sob orientação direta de um técnico. Os restantes podiam fazer trabalhos em regime de voluntariado desde que tivessem local disponível. Os alunos da faculdade limitavam-se geralmente a assistir às demonstrações realizadas na sala de aula pelo professor no decurso das lições.

Além do ensino, pouco trabalho de preparação de substâncias químicas era feito por professores e pelo pessoal técnico, não tendo havido concretização da ideia inicial de o Laboratório se dedicar à preparação de produtos de valor comercial. Na congregação de 12 de maio de 1780, Vandelli informou a faculdade que estes tipos de preparações "não tinham interesse, porque não tinha conseguido contracto para o fabrico de água-forte e de sublimado, e d'ora avante, o Laboratório só servia para o ensino público e que a isso só bastava hum Demonstrador com obrigação de instruir os Practicantes" — atitude estranha do próprio professor da cadeira, ao manifestar a opinião de que bastaria apenas um demonstrador para o serviço de aulas práticas, o que indicia o pouco valor que lhes atribuía. Na congregação de 15 de fevereiro de 1783, foi aprovado o "regulamento do operário chimico e demonstrador do Laboratório", "devendo o empregado preparar tudo o que fosse necessário para o serviço da aula e instruir os pharmaceuticos e partidaristas". O nível de exigência era seguramente modesto.

Desde o início até meados do século XIX, muito do material utilizado nas operações de laboratório era de uso doméstico: tigelas de vários tamanhos, alguidares grandes e pequenos, panelas de barro, de ferro ou de cobre, facas, canivetes, martelos, grosas, etc. eram comprados regularmente. Recorria-se aos artesãos para a feitura de alambiques de destilação, estufas de aquecimento, banhos de aquecimento com uso de água ou de areia. Chamava-se o carpinteiro para fazer os caixilhos de suporte dos filtros de pano que eram dados a talhar à costureira e mandados lavar para serem reutilizados, ou para construir a prensa para a extração de suco de matérias vegetais.

Ainda no tempo de Vandelli, foi instalada uma oficina de olaria, constituída por uma roda de oleiro e um forno de cozedura de louça, onde eram fabricadas as peças de barro que tinham que suportar temperaturas elevadas, como fornos de aquecimento, retortas e cadinhos. De quando em quando, contratava-se um oleiro que procedia ao fabrico das peças no próprio Laboratório.

Eram utilizados três tipos de barro no fabrico destas peças, designados por barro amarelo, barro branco e saibro. O barro amarelo era transportado em carros de bois de uma quinta do Calhabé — bairro que, na época, se situava nos arredores da cidade e que atualmente faz parte dela. O barro branco era trazido também em carros de bois do Barcouço, localidade situada nas imediações da Mealhada. O saibro vinha de Soure, por barca, que descia o rio Arunca até à sua confluência com o Mondego e subia por este rio até Coimbra. Aqui, era descarregado no cais das Ameias e depois transportado para o Laboratório em carros de bois e armazenado num telheiro destinado a esse fim. Os lotes do barro, cuja composição se adequava à utilização das peças a fabricar, eram amassados por um trabalhador, procedendo depois o oleiro à manufatura e cozedura das peças. Apresentamos a seguir o custo em réis das várias fases de uma das frequentes fornadas desta louça e que se encontra registado nas folhas de julho e setembro de 1838 do *Livro de Receita e Despeza do Laboratório Químico*:

"Huma carrada de barro amarello vinda da quinta do Calhabé, preço do carrecto $240. Duas carradas de barro branco, vindas de Barcouço, preço do carreto 1$920. Três carradas de saibro, vindo de Soure, seu custo e condução em barco e em carros, 3$600. Duas mulheres para conduzirem o barro e saibro preparado para a oficina do oleiro, dois dias e meio, $300. Huma onça de esponja para o oleiro, $120. O Mestre Oleiro, João Ferreira Cardoso, vençêo doze dias a 600 réis, 7$200. Um trabalhador que amassou o barro, $ 150".

A cerâmica estava muito desenvolvida em Coimbra, que já no século XII era um dos centros afamados desta arte. Várias designações toponímicas da cidade têm raiz na cerâmica — Rua dos Oleiros, Azinhaga dos Oleiros, Largo das Olarias, Rua da Louça, cais dos Oleiros, todos eles situados numa zona da baixa coimbrã, evocação dos tempos em que as profissões artesanais se concentravam em certas zonas das cidades. Não haveria, portanto, dificuldade em arranjar um oleiro habilidoso cujo vencimento era consideravelmente mais elevado do que o dum trabalhador não-qualificado ou mesmo do que o dum carpinteiro ou pedreiro.

A utilização da cerâmica nos laboratórios de Química não era somente devida à nossa falta de meios, pois era comum em todo o mundo e até na atualidade, se bem que hoje esteja reduzida a algumas peças especiais, como cadinhos para calcinação, funis de filtração entre outras. Em 1769, Josiah Wedgwood instalou em Inglaterra uma fábrica de porcelana ornamental, e por finais do século, começou a produzir algum equipamento para laboratórios de Química. Não foi movido pelo interesse económico que este material lhe podia dar, mas pelo seu interesse em colaborar com a ciência. Mantinha estreitas relações com Priestley, que lhe ia dando informação sobre a qualidade dos instrumentos que graciosamente lhe fornecia e que era preciosa para o industrial. Para o fabrico de almofarizes, desenvolveu um material de porcelana que não era atacado por ácidos, absorvia quantidades insignificantes de óleos e era bastante compacto e duro. Estendeu a sua produção a retortas, cápsulas para evaporação, cadinhos para calcinação, tubos e outras peças de equipamento que lhe eram pedidos. Estes tipos de materiais de laboratório em cerâmica eram também fabricados e comercializados na Alemanha e naturalmente noutros países.

A diferença entre o equipamento fabricado no estrangeiro e o produzido artesanalmente pelo oleiro residia na qualidade de massa usada e, naturalmente, no método de fabrico. Enquanto o produzido no estrangeiro era muito pouco poroso e bastante inerte, o produzido no Laboratório era muito mais poroso e absorvia quantidades apreciáveis de reagentes.

Os fornos de aquecimento feitos em barro eram fundamentalmente de dois tipos. Um primeiro tipo era destinado a evaporações, aquecimentos em banho de água, ou de areia. Era uma peça constituída por dois compartimentos: um superior, a "câmara de combustão", e outro inferior — o "cinzeiro" — que servia para recolher as cinzas resultantes da combustão e para regularizar a circulação do ar. Entre os dois compartimentos, havia uma grelha em ferro, que servia de suporte aos vasos ou banhos a aquecer. Um segundo tipo era o forno de *reverbero*, destinado às operações de destilação nas quais todo o vaso de aquecimento tinha de ser mantido a uma temperatura elevada. Além das "câmaras de combustão" e do "cinzeiro", este forno tinha uma outra onde era colocado o vaso a aquecer, o "laboratório", que tinha um orifício destinado a dar passagem ao tubo abdutor da destilação. A encimar o forno, havia uma outra câmara que tinha uma saída para os fumos — por isso, chamada "chaminé" — cuja função era refletir o calor e manter o laboratório mais protegido sob o ponto de vista térmico.

Além destes fornos móveis, havia as "forjas" que geralmente eram parcialmente embutidas nas paredes. A combustão era ativada por insuflação de ar com um fole semelhante aos usados pelos ferreiros. Havia algumas forjas instaladas na sala destinada aos trabalhos em grande e na destinada aos trabalhos de metalurgia, que foram sendo demolidas ou emparedadas nas modernizações efetuadas no edifício primitivo, como já foi referido.

O combustível usado nos fornos de laboratório era o carvão vegetal. No alambique de destilação de água para fornecimento geral ou nos fogões de aquecimento do ambiente, era utilizada lenha de pinheiro. Como acendalha era usada a carqueja, *pterospartum tridentatum,* planta silvestre que arde com facilidade quando seca. Estes combustíveis vinham do porto fluvial da Raiva para Coimbra, transportados nas barcas serranas que faziam os transportes entre a região serrana e a Figueira da Foz. No sentido descendente, traziam azeite, lenha e carvão ou outros produtos de consumo doméstico e, no ascendente, sal e peixe proveniente da Figueira da Foz. Nos dois sentidos, transportavam trouxas de roupa que as lavadeiras vinham buscar à cidade e depois voltavam a entregar aos fregueses.

O aquecimento do forno de cozedura da louça era feito com carqueja. As quantidades de lenha, carvão e carqueja consumidas no Laboratório eram elevadas. Para se ter uma ideia da sua utilização, é de referir que no ano letivo de 1811-12 foram consumidas quatro carradas de cavacas, quatrocentos e onze alqueires de carvão e mil e quatrocentos molhos de carqueja, consumo que foi aumentando à medida que a atividade laboratorial foi crescendo e só cessou depois dos meados do século, com o recurso ao gás.

Como os fósforos só pareceram por meados do século, a combustão do carvão ou da lenha era iniciada pela faísca da "pedreneira", sistema que consistia na fricção de uma peça de aço sobre uma pedra de sílex. Com a faísca da pedreneira, acendia-se uma mecha e com ela se iniciava a combustão da carqueja seguida da do carvão.

As técnicas laboratoriais dos fins do século XVIII e dos princípios do seguinte eram conhecidas de há muito: fusão, sublimação, destilação, cristalização, precipitação, filtração, extração com solventes eram operações correntes que já vinham da alquimia e nem os aparelhos eram muito diferentes dos daquela época.

A destilação era efetuada em retortas instaladas nos laboratórios em fornos de reverbero ou em vasos colocados em banhos aquecidos em qualquer tipo de forno. Para impedir a fuga de vapor através da união das peças que constituíam o aparelho de destilação, aplicava-se-lhe um vedante que era designado por "luto": era preparado pelo operador e a sua composição dependia da natureza das substâncias a destilar e da temperatura a que era feita a operação.

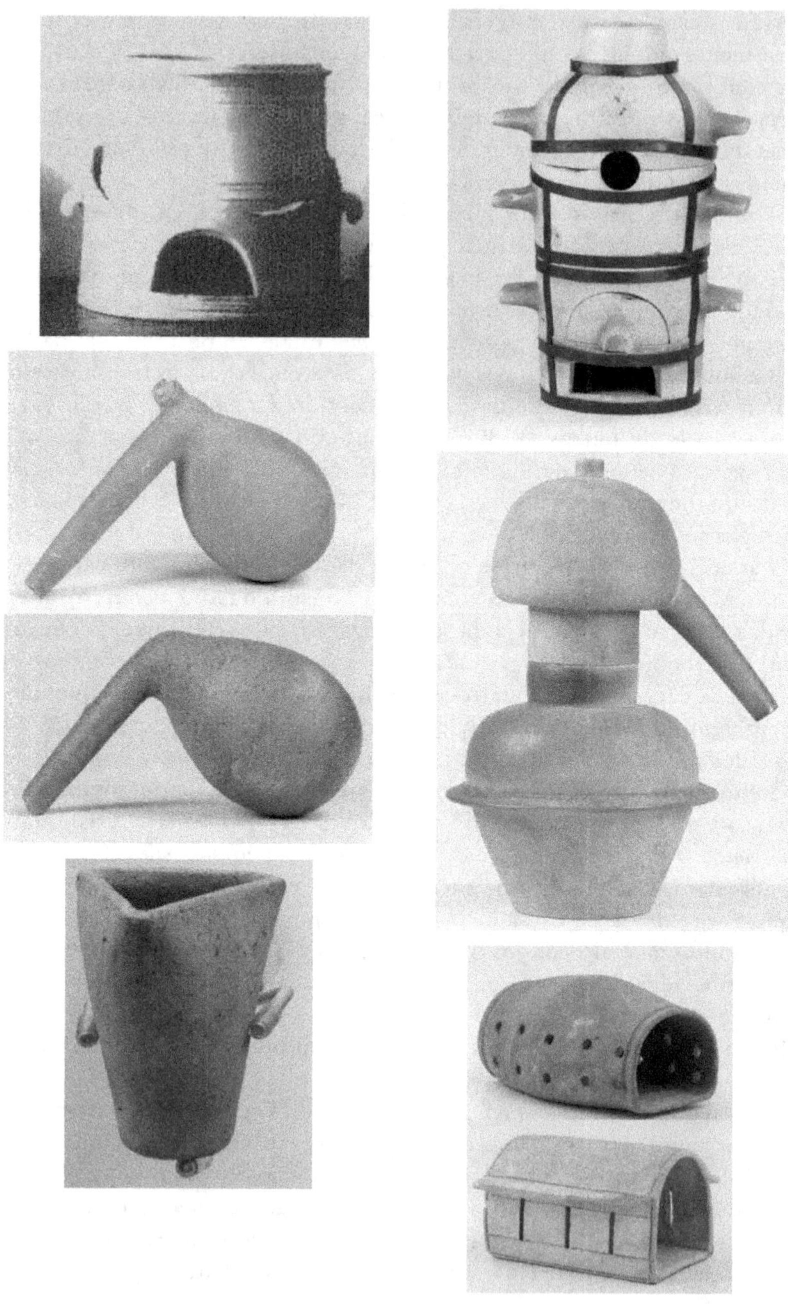

Figura 28 – Material laboratorial fabricado na olaria do Laboratório Químico. Forno simples, forno de reverbero, retorta com e sem tubuladura, alambique, cadinho de fusão e peças de proteção a cadinhos ou cápsulas no decurso do aquecimento. Cortesia do Museu da Ciência.

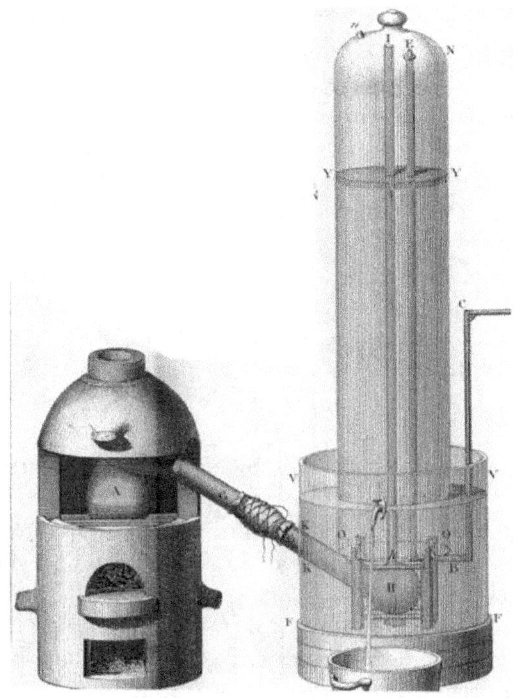

Lavoisier, *Oeuvres*, vol. II, Paris, 1862
Figura 29 – Destilação. A junção da retorta e do sistema de recolha de vapor é vedado com "luto".

Nas destilações a temperaturas não muito elevadas, um dos lutos usados era feito com cal e farinha de trigo aglutinadas com clara de ovo. A massa resultante desta mistura era aplicada às uniões das peças, obturando o espaço livre entre elas. O cimento ia endurecendo com o tempo e o aquecimento. Para líquidos corrosivos ou temperaturas elevadas, empregavam-se os chamados "lutos gordos", por exemplo, o preparado com argila seca em pó misturado com óleo de linhaça cozido. Para reforçar o luto eram, por vezes, usadas arestas de linho e tripa verde de boi.

No *Livro de Receita e Despeza*, encontram-se frequentemente compras dos ingredientes destinados à preparação de lutos.

As operações de filtração de líquidos obtidos por prensagem de substâncias vegetais ou de outras suspensões em que não houvesse necessidade de determinar com rigor o peso do sólido eram feitas com filtros de pano ou, por vezes, de papel sem goma, como o papel pardo. Depois de usados, os filtros de pano eram lavados e reutilizados. Estes filtros eram aplicados a um caixilho de madeira para lhes dar suporte, enquanto os de papel eram adaptados a funis de vidro ou de porcelana.

São, naturalmente, muito frequentes as aquisições de produtos para a feitura dos filtros, como vemos nos exemplos que se seguem.

Folha de despesa de 15 de novembro de 1811: "21 varas de pano de estopa pª seis toalhas e filtros, 6$300"; 9 varas de pano de linho fino, 3$600"; "feitio de dezoito filtros $720". Folha de 6 de março de 1813: "de lavar filtros e toalhas", $080". Folha de 16 de março de 1816: "Dias aos carpinteiros na factura dos filtradores e mesas novas pª os apparelhos, 3$930". Folha de 17 de março de 1820: "1 resma de papel pardo para filtro, $750". Só muito mais tarde, na folha de 31 de outubro de 1861, é que aparece a compra de papel de filtro próprio para a análise gravimétrica: "5 mains papier a filtrer pour analyse, 1$200". Como os conhecimentos de Química e de línguas estrangeiras do criado que fazia a escrita do Laboratório eram escassos, era frequente registar o material vindo de fora copiando os rótulos das embalagens.

Na primeira metade do século XIX, poucos eram os reagentes encomendados a firmas estrangeiras, porque a comercialização de produtos químicos só se foi vulgarizando com a projeção económica e social que a Química foi ganhando e, com ela, o aumento do número de laboratórios e de pessoas que se dedicavam ao seu ensino e profissionalização. Nos livros de texto das primeiras décadas do século encontra-se a descrição de preparação de reagentes a partir de produtos naturais. Por conseguinte, uma das atividades do químico era a preparação dos reagentes de que ia necessitar. Passaremos, seguidamente, a descrever o método de preparação de vários compostos seguido no Laboratório daquela época.

Álcool etílico. Este solvente era preparado no Laboratório a partir do vinho ou da aguardente. Por destilação do vinho em banho de água, era obtida a aguardente que tem um teor em álcool entre 20 e 30%. Destilando a aguardente duas vezes mais, aproveitando de cada vez metade do volume inicial, preparava-se o *espírito de vinho* que era, então, utilizado nos trabalhos práticos. Álcool contendo aproximadamente 4,5% de água poderia ser preparado continuando a destilação do espírito de vinho por mais duas vezes e usando o mesmo procedimento, ou seja, aproveitando apenas metade do volume a destilar. Pelo desperdício que envolvia, pelo combustível consumido e pelo tempo gasto, o custo deste produto final era elevado e não há referência a que tenha sido usado. Também não se encontram referências a qualquer processo químico de secagem que, conjugado com a destilação, desse álcool absoluto. O álcool usado correntemente era, portanto, o espírito de vinho. A primeira compra de álcool foi registada no *Livro de Receita e Despeza* em 19 de fevereiro de 1848: "6 canadas de alcool, 1$680".

Para se ter uma ideia do consumo que se fazia deste solvente nos trabalhos práticos, diremos que entre 1811 e 1815 se compravam anualmente uma média de dois almudes de vinho e três de aguardente. Nem todo o vinho era usado para preparar álcool, porque algum destinava-se à preparação de ácido acético.

Éter. O éter dietílico era um composto muito usado como solvente nas operações de laboratório. O método de preparação é fundamentado na conversão do álcool etílico em éter por ação do ácido sulfúrico. No vaso de aquecimento (retorta ou balão) instalado no forno e ligado ao vaso de recolha, que é mantido arrefecido para a condensação do vapor de éter, é lançada uma mistura obtida por adição cuidadosa de ácido sulfúrico concentrado sobre o álcool. O álcool e o ácido devem estar em partes iguais. Procedia-se à destilação até ao aparecimento de ligeiros vapores esbranquiçados sobre a mistura em ebulição, o que acontece quando se haja destilado cerca de metade do volume inicial da mistura. A continuação da destilação para além deste ponto levaria à formação de produtos secundários.

O método pode ser transformado em operação contínua se o vaso de aquecimento for ligado por um sifão a um reservatório que contenha a mistura. Assim, o volume destilado é compensado pela entrada de igual volume de mistura proveniente do reservatório de alimentação. Pelas referências que encontrámos à compra de partes do "aparelho do éter", ficamos a saber que o método contínuo era o sistema instalado para a preparação deste solvente. Por exemplo, na folha de 31 de janeiro de 1853, foi registada a despesa correspondente a "Um Reservatorio d'alcool com torneira de Latão pª o Apparelho de Ether, 5$000.".

Nitro. Nalguns países, há depósitos de salitre ou nitro, minério constituído por nitratos (principalmente nitrato de sódio e nitrato de potássio) e usado, desde tempos idos, como fertilizante e como ingrediente para o fabrico da pólvora. São famosos os depósitos do deserto de Atacama, no norte do Chile, que se estende até à fronteira com o Peru. Além do seu emprego para os fins indicados, o nitro tem aplicações em Química laboratorial e industrial, tal como a produção de ácido nítrico.

Nos países que não possuíam jazidas deste minério, como é o caso do nosso, o nitro era obtido por ação bacteriana sobre produtos animais, como o sangue, ou vegetais, como as leguminosas. O Laboratório instalou a sua própria nitreira.

Para que a nitrificação ocorresse com bom rendimento, além de matérias primas adequadas, havia que prestar atenção às condições ambientais: evitar a forte exposição à luz e grandes variações de temperatura e utilizar um solo adequado e mantido com um grau de humidade controlado.

As primeiras referências feitas à nitreira no *Livro de Receita e Despeza* do Laboratório datam de 25 de agosto de 1812, com o lançamento de "huma purção de Estrume pª Nitreira, 2$400", e a 22 de maio do ano seguinte com o pagamento de salário a mulheres para remover entulho. Seria por esta altura, ou seja, um ano depois da última invasão napoleónica, que teria começado a formação da nitreira. Em 3 de maio de 1819, acha-se o registo de pagamento de "trez alg.ᵉˢ de sangue de boi, $480". A compra deste aditivo para a obtenção de nitro passou a ser registada com frequência.

Não sabemos qual o peso do já referido episódio ocorrido no tempo das invasões francesas na decisão do fabrico deste produto no próprio Laboratório

Químico. E não o sabemos porque, naquela época, o fabrico de nitro e de pólvora era corrente nos laboratórios de Química e na indústria[46]. Mas, se foi a guerra, é um exemplo de como este flagelo desencadeia iniciativas úteis para a sociedade por se tratar de um caso que ilustra a máxima "o maior fator de progresso é a necessidade".

Em 1793, a França, sob o regime do Terror, criou o Comité de Salvação Pública, que entregou à direção de Guyton de Morveau o desenvolvimento da arte de fazer salitre. Este fez um apelo a Gaspard Monge, um dos fundadores da recém-criada Escola Politécnica de Paris, e aos químicos Berthollet e Chaptal para fazerem um curso revolucionário para fabricar aquele produto.

Em Portugal, na passagem do século XVIII para o seguinte, desencadeou-se um movimento destinado à produção de salitre. Em 1796, D. Rodrigo de Souza Coutinho, logo que tomou posse como Secretário de Estado dos Negócios da Marinha e dos Domínios do Ultramar, procurou terminar com a dependência de Portugal de dois produtos importantes para a indústria — a potassa e o salitre. Emitiu ordens para os responsáveis pela administração pública procederem à indagação de jazidas de salitre, distribuiu instruções para desenvolver nitreiras artificiais e instalou nitreiras de ensaio em bairros de capital. Em 1798, dois empreendedores instalaram a nitreira artificial de Braço de Prata[47].

É natural que, neste clima, Thomé Sobral tenha pretendido formar uma nitreira no Laboratório Químico, mas não foi além de uma pequena instalação num lugar pouco adequado que, mesmo assim, o deixou satisfeito quanto ao rendimento conseguido[48]. Portanto, a ideia de produzir nitro no Laboratório ocorre antes das invasões francesas e estas somente teriam reforçado a necessidade de lhe dar maior dimensão e rendimento.

Posteriormente, a nitreira mereceu grande apoio da parte do Dr. Martins Bandeira. Na congregação da faculdade de 31 de julho de 1835, ficou este professor "encarregado de mandar examinar pelo mestre d'obras da Universidade o estado em que se acha o local, e tilheiros das nitreiras e orçamento e despesa necessária pª o seu conserto". Contratou trabalhadores assalariados para cuidarem da sua manutenção, por períodos longos. Mandou anotar as despesas feitas com a nitreira em registo independente do efetuado pelo Laboratório. Esse registo, que continha as despesas discriminadas feitas com a nitreira entre 1837 e 1840, desapareceu do arquivo do Laboratório, como infelizmente aconteceu com livros e outros documentos. Na congregação da faculdade de 10 de março

---

[46] J. A. CHAPTAL, *Éléments de Chimie*, 4ª ed., Paris, 1803.

[47] M. J. NOGUEIRA DA GAMA, *Memória sobre a absoluta necessidade que há de Nitreiras nacionaes para a independência e defesa dos Estados com a descripção da origem, actual estado e vantagens da real nitreira artificial de Braço de Prata* (lida na Secção Pública da Sociedade Real Marítima e Militar Geográfica de 19 de janeiro de 1802), Lisboa: Impressão Régia,1803.

[48] T. R. SOBRAL, *Jornal de Coimbra*, vol, 9, nº 43.

de 1843, foi lida a seguinte portaria do Ministério do Reino: "Desejando o governo de Sua Magestade, a Rainha, promover o melhoramento dos estudos da Universidade de Coimbra, apresentando às Cortes as propostas de lei que para isso for conveniente. Há a mesma Augusta Senhora por bem que cada uma das diversas Faculdades da dicta Universidade conserte as reformas e providências de que carecer; e que sendo, reduzidos todos esses trabalhos a uma proposta geral, o reitor a remeta o este ministério com a sua particular informação e parecer. Paço das Necessidades, em 8 de Março de 1843". O Doutor Bandeira incluiu uma lista de material corrente e de produtos químicos, principalmente da Química Orgânica, a adquirir e expressou a sua opinião sobre a utilidade de manter a nitreira instalada no local concedido pela faculdade para esse fim, enaltecendo o papel da nitreira na "formação dos alunos que podem observar e estudar a formação do nitro, matéria-prima para muitas artes".

Já tivemos oportunidade de nos referir às benesses concedidas pelo regime liberal aos correligionários logo que conquistaram o poder. O Dr. Bandeira foi um dos beneficiados e, além da promoção profissional, foi-lhe concedido poder administrativo: "Por portaria do Il.ᵐᵒ Senhor Vice Reitor José Alexandre de Campos, em data de 2 de junho de 1834 foi determinado que o Il.ᵐᵒ Snr. Manuel M.ⁱⁿˢ Bandeira tomasse a Direção de todos os Estabelecimentos da Faculdade, igualmente o tomou como expecial Lente de Chimica deste Estabelecimento, sendo addido a esta repartição o Cerco do Collᵒ. das Artes, que por isso está na Direção do Laboratório com o fim de Estabelecimento das Nitreiras.".

A nitreira foi então formada na cerca, num local encostado ao muro de suporte do jardim e estava protegida por um telheiro e pelo arvoredo existente. A cerca ficava a uma cota muito mais baixa do que a do jardim e o acesso era feito por uma escada com degraus em pedra, que vinha ainda do tempo dos jesuítas. Em 1786, o Dr. Vandelli pediu um orçamento para a demolir ao mestre-de-obras Manuel Alves Macomboa que, a 23 de setembro de 1786, deu a seguinte resposta: "em o tapamento da porta q tem tido uzo por dentro do Laboratorio Chimico p.ᵃ a serca q foi dos jesuítas e axei q com 960 r se apeava o portal, e tapava seu vão ficando o desmancho de muitos degraus q por ali fazem desida pᵃ coando ouver por ali alguma obra d.ᵃ localidade". Foi prudente o conselho do mestre-de-obras porque a empreitada não chegou a ser executada e este acesso passou a ser útil quando, mais tarde, a nitreira foi instalada ao fundo da referida escada.

A nitreira parece ter tido uma certa atividade, a avaliar pela compra periódica de grandes quantidades de sangue de boi, pelo contrato de um trabalhador para cuidar do cerco e pelo registo das despesas efetuadas com a sua manutenção. Como o progresso, o nitro comercializado baixou de preço e a nitreira foi abandonada.

Ácido sulfúrico. O ácido sulfúrico existia no mercado desde 1746. Era fabricado em Inglaterra pelo método das câmaras de chumbo. Em 1831, este método foi ultrapassado pelo método de contacto. A utilização deste ácido pela indústria levou Liebig a escrever, em 1843, que o consumo de ácido sulfúrico por um país era a medida do seu desenvolvimento económico. Por consequência, desde o início da atividade laboratorial que o ácido era comprado a fornecedores que o importavam do estrangeiro.

Ácido clorídrico. Este ácido era preparado no Laboratório por reação do ácido sulfúrico com o cloreto de sódio seguida de destilação. Colocava-se sal marinho numa retorta de cerâmica munida de tubuladura. A retorta era posta sobre um banho de areia num forno de reverbero ligado a dois frascos lavadores (aparelho de Wolf), contendo água. Num funil munido de torneira, era colocada a quantidade de ácido sulfúrico concentrado correspondente ao sal tomado na experiência. Feita a montagem do equipamento, adicionavam-se os reagentes e procedia-se à destilação. No primeiro frasco lavador, obtinha-se uma solução saturada de cloreto de hidrogénio e, no segundo, uma solução diluída deste ácido. Esta era utilizada como solução diluída ou utilizada numa segunda destilação para aumentar a sua concentração.

No *Livro de Receita e Despeza* encontramos a compra frequente de sal marinho, a primeira das quais na folha de 9 de março de 1812: "1 alqueire de sal, $200".

A preparação de ácido no próprio Laboratório prosseguiu até 31 de agosto de 1869, data em que passou a ser encomendado a firmas estrangeiras: "11 quilos de ácido clorídrico, 1$100". Em 31 de janeiro, foram pagos 3$360 réis pela compra de 4.800g de ácido, o que quer dizer que se consumia ácido clorídrico com diferentes graus de pureza.

Ácido nítrico. O ácido nítrico era preparado por reação do nitrato de potássio com ácido sulfúrico concentrado e a mistura dos dois compostos era, em seguida, destilada de maneira semelhante à descrita para o ácido clorídrico com a diferença de que o vapor, em vez de ser recolhido em água, era condensado no balão de recolha.

Grande parte do nitro consumido era produzida na nitreira do laboratório, mas, em certos períodos, o nitro aqui produzido não era suficiente para satisfazer as necessidades, recorrendo-se à sua compra no mercado. No período em que o Dr. Bandeira foi diretor do estabelecimento, não foram feitas aquisições deste produto, o que nos dá a indicação de que a nitreira produzia quantidade suficiente.

À semelhança do que aconteceu com outros compostos, deixou de se produzir o ácido no Laboratório e passou-se a comprá-lo às firmas fornecedoras de produtos químicos. As primeiras compras estão registadas nas folhas de 30 de novembro de 1867 — "1 Kilg de acido nitrico, $900" — e de 31 de agosto de 1969 — "20 Kilos – acido azotico puro, 11$600".

Ácido acético. O ácido acético era preparado a partir do vinagre corrente ou a partir do vinho que se deixava fermentar no Laboratório em vasilhas de madeira. No registo de despesas, há referência à compra ou reparação deste tipo de recipientes chamados vinagreiras. Por exemplo, na folha de 31 de janeiro de 1853, encontra-se: "De arquear com arcos de madeira um Barril que serve de Vinagreira, $300"; e, na de 10 de novembro de 1818: "hum quarto pª vin.ᵉ 1$700".

O vinagre era destilado em retorta de barro em forno de reverbero, recolhendo-se cerca de dois terços do volume inicial a que se chamava *vinagre destilado* ou *vinagre rectificado* — a solução de ácido acético de utilização comum. Por destilações do vinagre rectificado poderiam preparar-se soluções mais concentradas do ácido. Entre 1811 e 1815, foram comprados, em média, três almudes de vinagre por ano para a preparação de vinagre rectificadoe. A esta quantidade de vinagre comprado no mercado há a somar a preparada a partir da vinagreira do Laboratório.

A primeira compra de ácido acético comercial foi registada na folha de 31 de outubro de 1831: "500 g de ácido acético 'radical', $800".

Ácido fosfórico. No século XVIII e princípio do seguinte, o fósforo era preparado a partir da urina ou de ossos. Em Espanha recorria-se, geralmente, à primeira destas fontes e, em França, à segunda. Estes eram os dois métodos históricos que levaram à descoberta e ao método de obtenção do fósforo.

Em 1669, Brand descobriu o fósforo por calcinação de urina em circunstâncias já descritas e, durante cerca de um século, a urina foi o material usado para a preparação do fósforo. Em 1770, Gahn e Scheele descobriram a existência de fósforo nos ossos e, a partir de então, o fósforo passou a ser obtido a partir de um destes materiais — urina ou ossos.

No Laboratório, este elemento era preparado a partir de ossos de carneiro, mais ricos em fósforo do que os de boi. Os ossos eram calcinados, a seguir, pulverizados e o pó era posto em digestão com ácido sulfúrico durante dois a três dias; adicionava-se água ao digerido, a suspensão era aquecida e, depois de filtrada, e o líquido evaporado até à secura.

A partir do fósforo, preparava-se ácido fosfórico, dissolvendo o elemento em ácido nítrico, e os seus sais de sódio, potássio e amónio.

Na folha de despesas de 12 de outubro de 1839, encontramos o primeiro registo de aquisição de ossos para a preparação do fósforo: "Um cento d'ossos de carneiro por $400". Daí em diante, uma tal compra era efetuada com frequência.

Amoníaco. O amoníaco era preparado a partir do cloreto de amónio, então designado por 'sal amoníaco', e do óxido de cálcio (cal viva). Uma mistura dos dois reagentes muito bem pulverizados era colocada dentro de uma retorta ligada a um tubo contendo óxido de cálcio que, por sua vez, era ligado a uma tina hidragiropneumática para receber o amoníaco seco. Para a preparação de soluções aquosas (as mais usadas no Laboratório), a retorta era ligada a uma série de três frascos lavadores: o primeiro continha uma pequena quantidade da água, onde ficavam retidas algumas impurezas que acompanhassem o gás, e os outros continham água, entre metade e dois terços da sua capacidade, que ia ficar saturada de gás. Esta solução aquosa era, ao tempo, chamada 'amoníaco líquido'.

A compra de 'sal amoníaco' era frequente, o que indica um elevado consumo da solução nos trabalhos práticos. O registo da primeira compra de 'sal amoníaco', vindo do Porto, remonta a 22 de dezembro de 1814: "sal ammoniaco 64 lb, 40$960".

A preparação de amoníaco continuou a ser feita no Laboratório, até se proceder à sua encomenda a firmas comerciais. A primeira destas encomendas foi registada em 30 de abril de 1872: "2 Kᵒs d'amoníaco liquida, $720".

Tartarato. O ácido tartárico e os seus sais têm muita aplicação na Química e na Medicina. Um composto muito usado na Medicina do tempo que estamos a percorrer era o tartarato de antimónio e potássio, que tinha propriedades eméticas e expectorantes. Pela sua ação como fármaco, o composto era designado por tártaro emético. Para obter os tartaratos, recorria-se aos resíduos depositados pelo vinho no decurso do seu armazenamento: nas paredes interiores das vasilhas de madeira, formam-se cristais de tartarato (sarro) enquanto, no fundo, se deposita uma massa constituída por detritos vegetais, que arrastam consigo substâncias formadas na fermentação, como tanino, fosfatos, tartaratos (borra).

O tártaro emético era preparado por refluxo, durante cerca de quinze minutos, de uma mistura de tartarato de potássio e trióxido de antimónio.

O sarro é, principalmente, constituído por tartarato de potássio e cálcio. Do sarro extraía-se o hidrogénio tartarato de potássio (cremor de tártaro) por cristalização duma solução aquosa do sarro. Segundo a literatura da época[49], o procedimento recomendado era o seguinte: o sarro pulverizado era fervido com água e a suspensão resultante era filtrada e deixada a cristalizar; os cristais resultantes eram dissolvidos em água fervente; à solução era adicionada argila, destinada a absorver substâncias coradas dispersas na solução; o líquido, por filtração seguida de cristalização, dá o cremor de tártaro.

O consumo de sarro era tão elevado que nos parece que os tartaratos eram usados para outros fins, além do estudo das suas propriedades[50]. Muito provavelmente seriam também empregados em preparações farmacêuticas. A primeira compra deste produto foi registada no *Livro de Receita e Despeza* a 2 de outubro de 1812: "setenta e seis arr.ᵗᵉˢ e ¾ de sarro, 17$825". As encomendas continuaram e uma delas desperta a atenção por vir de longe e pelo seu custo ser mais elevado; é a apontada na folha de 12 de abril de 1820: "16 arrobas e 11 lb e ¼ de sarro de vinho, que veio da Torre de Moncorvo conduzido por Carlos Manoel, a 2500 rs cada huma são 40$878". A partir de 1839, além das aquisições de sarro registava-se também a compra de tártaro cru.

---

[49] L. J. THÉNARD, *Traité de Chimie élémentaire théorique et pratique,* Paris: Crochard, 1827.

[50] No inventário do Laboratório de 1850 havia, normalmente, em reserva um vaso de cada um dos produtos utilizados e de tartarato existiam treze.

Galha. A galha é uma substância produzida por várias plantas e que se revela pelo seu valor adstringente. A principal fonte natural é a noz (bugalho) que se forma sobre as folhas do carvalho por ação dos insetos. Quimicamente, o ácido gálico é a 3,4,5-trimetoxifeniletilamina. Este ácido é facilmente obtido da noz de galha pulverizada, tratada com água quente ou com espírito do vinho e a solução resultante evaporada à secura.

O ácido gálico dá um precipitado com o ferro, pelo que, antigamente, foi usado para identificar este metal em solução. A reação da galha com o ferro está descrita como a primeira reação de ultramicroanálise, que teria sido efetuada por Caio Plinius Secundus (23-79) para detetar a presença de sulfato ferroso em verdete[51]. A reação foi incluída nos *spot tests* por Gutzeit, conjuntamente com outras, para identificação do ferro na lista que publicou em 1929[52]. Os sais do ácido gálico têm propriedades antioxidantes e eram aplicados nas indústrias alimentar, cosmética e farmacêutica.

A galha era também usada na preparação de tinta de escrever. Uma receita para o fabrico desta tinta, citada no *J. Pharmacie et Chimique* de outubro de 1859 e provavelmente seguida, por vezes, no Laboratório Químico, era a seguinte: galha – 375g, sulfato d'anil – 250g, caparrosa verde – 250g, goma-arábica – 180g, girofles – 2g, água – q.b. p.ª obter 2000 g de tinta. Havia outras receitas para preparar a tinta porque, na folha de despesas de 5 de maio de 1815, encontramos o pagamento de "pós de sapato p.ª tinta, \$060".

O pagamento da primeira compra de galha foi efectuado a 9 de novembro de 1813: "Noz de galha lb8 a 500 rs, 4\$000". Deste então e até 1839, o consumo deste produto era apreciável, mas, a partir deste ano, a sua aquisição passou a ser esporádica.

Determinação do azoto em carne. A análise elemental de compostos orgânicos era muito difícil antes da descoberta do método de Liebig, na década de 1830-40. A determinação de azote na carne fazia parte dos trabalhos práticos desde 1815: "carne de vaca p.ª extração do Azote, \$0870" (folha de 2 de novembro de 1815). Nesta altura, o método mais desenvolvido era o de Gay-Lussac e Thénard, proposto por estes investigadores em 1810 e que foi sendo aperfeiçoado por colaboração entre Gay-Lussac e Berzelius. Naturalmente, teria sido o método usado nos trabalhos do Laboratório Químico desta época.

Neste método, o material orgânico era misturado com clorato de potássio (mais tarde, óxido de cobre) e queimado num tubo (primeiro vertical e depois horizontal). O gás produzido na combustão, depois de isentado de dióxido de carbono e de vapor de água por substâncias absorventes, era constituído

---

[51] Hermann Kopp, *Geschichte der Chemie*, Braunschweig: Friedrich Vieweg and Son, vol. 2, 1844, p. 51, *apud* Mary O. Hillis, "The History of Microanalysis", *Journal of Chemical Education*, 1945, 22, 7, 348.

[52] G. Gutzeit, "Sur une méthode d'analyse qualitative rapide", *Helvetica Chimica Acta*, 1929, 12, 713, 829.

por azote e oxigénio; este era eliminado por reação com hidrogénio, ficando o azote isolado.

Era uma operação muito delicada e não muito rigorosa, mas dava resultados aproximados, quando era cuidadosamente executada. É natural que, depois do método de Liebig, esta análise passasse a ser efetuada por este método.

Amido. O amido é um composto com muito interesse na alimentação e tem também uma larga aplicação em farmácia, onde é usado na preparação de medicamentos como excipiente com funções de aglutinação, diluição ou outras. As percentagens de amilose e amilopectina variam com a espécie vegetal e com o grau de maturação. Os grânulos de amido têm dimensões e formas diferentes, dependentes da espécie vegetal.

A extração do amido era efetuada por simples dissolução deste da matéria-prima previamente dilacerada ou pulverizada. Era feito o estudo de vários produtos, de que mencionamos a primeira compra registada de cada um: "trigo para extracção da fécula, mº alq.ᵉ, $180", folha de 9 de novembro de 1844; "meio alqueire de batata pª extracção da fécula, $070", folha 31 de outubro de 1850; "uma quarta de cevada, $060,", folha de 31 de janeiro de 1852; "um selamin de feijões, $050", folha de 31 de janeiro de 1852. A batata era o produto comprado com maior frequência, possivelmente porque seria o amido mais usado em preparações ou ensaios químicos e técnicas farmacêuticas.

Açúcar. Um dos temas versados nas aulas práticas era a extração e estudo do açúcar de vários produtos comuns na alimentação humana. O suco dos frutos era obtido por prensagem.

Havia uma prensa de madeira construída no Laboratório, em maio-junho de 1819. Pelas folhas de 22 e 28 de maio e de 6 de junho, sabe-se que foram pagos 8$330 réis a carpinteiros por dezasseis dias e um quarto, "pª a factura da imprensa". No ano seguinte, instalou-se uma outra em ferro, tendo sido adquirido o seguinte material: "uma porca grande com duas chapas que custou 8$080 e hum fuso em que anda a d.ª porca com três roscas torneado", que custou 14$400; as peças restantes, de ferro e latão importaram em 7$600 réis. Encontramos ainda referência a uma prensa móvel que era colocada na mesa de demonstração da aula quando era necessário. Pela compra desta prensa foi paga a importância de 5$000 réis (folha de 30 de setembro de 1862).

No *Livro de Receita e Despeza* consta o pagamento de vários frutos adquiridos para a extração do açúcar. Eles eram comprados com alguma frequência, todos os anos na época da maturação. Indica-se a data da primeira compra dos frutos estudados: "Duas arrobas de Sereijas Pretas, $960" (18 de junho de 1812); "Castanhas piladas p.ª extracção do assucar das m.ᵐᵃˢ, 2 alq.es, $800 (30 de abril de 1849); "Uma quarta de castanhas $045" (31 de outubro de 1850); "2 cestas de figos, $380" (14 de setembro de 1822); "Uvas maduras, 6 lb a 10 rs,$060" (31 de outubro de 1852); "1 quarteirão de maçãs, $070" (31 de dezembro de 1853); "Tangerinas, $100 (28 de fevereiro de 1859); Peros, $040 (30 de novembro de 1864).

Óleos vegetais. Os óleos de origem vegetal tiveram desde sempre uma grande relevância económica. Eram usados na alimentação, na iluminação e em muitas indústrias, designadamente na farmacêutica, ao tempo a que mais influência tinha nos trabalhos práticos da Universidade. Como aplicação laboratorial, o óleo de linhaça era um dos ingredientes com que se faziam os chamados lutos gordos. Por isso, não surpreende que estes compostos tivessem sido alvo de estudo na Química de então e que alguns deles fossem adquiridos em quantidades relativamente elevadas, desde o início da atividade laboratorial. Para se ter uma ideia do seu consumo, registamos a compra do óleo de linhaça nos primeiros anos: 13 de abril de 1812, "30 lb de ollio de linhaça a 270 rs 8$100"; 15 de julho de 1813, 48 lb de ollio de linhaça a 125 rs, 6$000"; 22 de dezembro de 1814, "ollio de linhaça, 2 almudes a 6000 rs, 12$000". A quantidade adquirida nesta data foi suficiente para satisfazer os gastos nos anos seguintes até 1819, ano em que foram comprados 88 lb deste óleo.

Também eram comprados, embora em pequenas quantidades, óleos de outras sementes com grande aplicação em farmácia, assim como as respetivas sementes destinadas à extração e refinamento dos seus óleos. Algumas delas, como a linhaça e a mostarda, poderiam também ser usadas na preparação de emplastros, muito populares na medicina do tempo. Apresentamos seguidamente a compra de algumas das sementes para extração de óleo e a data em que aparecem registadas pela primeira vez no *Livro de Receita e Despeza*: 11 de abril de 1840, "Linhaça, 1 lb, $020"; 28 de fevereiro de 1845, "3 Quartas de Nozes pª extracção do óleo, $230"; 31 de dezembro de 1845, "Amêndoas amargas, 6 lb a 120 rs, $720"; 31 de março de 1857, "Amêndoas doces 1/4, $0,75" e "Mostarda, 2 lb, $600". A extracção dos óleos era efetuada por prensagem, usando as prensas já descritas para os sucos.

Compostos aromáticos usados como essências ou especiarias. Vulgarmente usadas na preparação de loções cosméticas ou como especiarias na cozinha, várias outras substâncias faziam parte dos trabalhos laboratoriais. Compravam-se os óleos que eram fornecidos pelas firmas comerciais ou as substâncias sólidas a partir das quais se obtinha o composto desejado. Encontramos registo da compra destes produtos ao longo de todo o período correspondente a este estudo. Para se ficar a conhecer alguns deles, damos a seguir nota de uma encomenda paga em 31 de maio de 1845 da qual consta: óleo de cravo, canela, alecrim, alfazema, noz-moscada, lima, bergamota e erva-doce. Devido ao seu aroma, algumas destas substâncias usavam-se em perfumaria, mas também eram empregadas em medicina por lhes serem atribuídas propriedades terapêuticas.

Até 31 de julho de 1870, a extração destes compostos era feita por destilação simples. Nessa data, foi adquirido um aparelho de destilação por arraste de vapor, constituído por "um pequeno alambique de estanho e mais utensílios para a destilação de essências", que foi construído por G. Jb. Murrle e que custou 272$300 réis.

Alcaloides. Pelo trabalho de Bernardino António Gomes, um antigo escolar da Universidade, e pela referência feita às quinas por Thomé Rodrigues Sobral, sabe-se que os alcaloides foram sempre objeto de estudo no Laboratório Químico.

Sem pretendermos ser exaustivos, citamos algumas compras de alcaloides: "Quina amarella de Planxa, 1 lb e ¼ a 1$400 rs, 1$750" (22 de junho de 1839); "Quina amarella de Planxa, 1 lb, 1$600" (29 de junho de 1839); "Quina Planxa, 2 lb, 3$200" (13 de maio de 1843); "Noz-vomica, 2 lb, $640" (13 de maio de 1843); Opio do comércio, 1 lb, 4$800" (30 de novembro de 1843); "1 libra de opio, 4$800" (9 de dezembro de 1843); "quina amarella, 8/o., 1$000" (31 de janeiro de 1858); "Sulfato de quinina, 1/o., 3$000" (31 de janeiro de 1853)"; 32 gramas quina vermelha, $140"; dita sem rugas, $170" (31 de março de 1864). Compraram-se também estriquinina e brucina. É possível que a noz-vómica e o ópio se destinassem a extrair os seus componentes mais importantes. Da primeira, extraía-se a estriquinina e, do último, a morfina e a codeína.

Café. Os ensaios feitos sobre o café resumir-se-iam, provavelmente, à determinação do teor de cafeína, como é, aliás, indicado no registo da compra: "café para extracção da cafeína 4 lb, $480" (30 de novembro de 1843); "4 libras de café p.ª a extracção da cafeína, $480 (9 de dezembro de 1843.

Fermentação láctea. A fermentação do leite com a transformação em queijo foi objeto dos trabalhos práticos entre 1813 e 1852. O leite mais utilizado era o de vaca e, algumas vezes, também o de cabra.

Para a coagulação do leite, era usada a isca de cardo. Os estames da flor do cardo, *Cyanara Cardunculus* L, contêm proteínases aspárticas, grupo de enzimas que produzem a coagulação do leite. No registo de despesas, há referências à compra de leite e de isca de cardo. A primeira que encontramos desta última substância tem a data de 2 de julho de 1813: "1/4 de Isca de cardo, $110".

Eletroquímica. A Eletroquímica é um dos domínios importantes da Química, que emergiu na viragem do século XVIII para o seguinte e que, no decorrer deste último, adquiriu grande expressão no desenvolvimento da Química das soluções e de vários métodos analíticos. Não encontrámos registo de equipamento que dê indicação que o Laboratório tivesse dedicado muita atenção a este domínio até meados do século XIX. Não nos foi possível assinalar a data em que se iniciaram os trabalhos de Eletroquímica porque, entre 5 de outubro de 1822 e 6 de outubro de 1838, no registo da despesa foi lançado o correspondente à globalidade de cada semana, sem discriminação de *itens*. Durante parte deste período, Franco da Silva foi professor da cadeira e parece ter dedicado atenção aos métodos físicos no estudo da Química. Da lista de equipamento que pediu em 1827 e que já foi referida, constavam vários instrumentos de Eletroquímica, o que atesta o seu interesse por este ramo da Química. A primeira referência a equipamento de Eletroquímica data de 31 de janeiro de 1843 e diz respeito a "dous vasos Electro-Chimicos pª as exp. as do galvanismo, 4$800". Não fazia sentido terem sido compradas células eletrolíticas sem se possuir a fonte de alimentação, sendo, portanto, de concluir que nesta data já existia equipamento desta especialidade.

Em 30 de abril de 1846, comprou-se "uma pilha de Daniel de oito pares" (10$000) e, a partir desta data, foram registadas reparações nesta pilha e em células eletroquímicas. Em 31 de maio de 1866, procedeu-se ao pagamento do "concerto de 2 ellem.^{tos} da Pilha de Bunsen". Isto significa que havia uma certa atividade em Eletroquímica, aparentemente em operações eletrolíticas.

A avaliar pelas aquisições de "limagem de ferro" e "limagem de cobre", eram realizadas com frequência reações eletroquímicas, como a ação de ácidos sobre os metais.

Respiração animal. A respiração animal foi um fenómeno que mereceu muito a atenção de Lavoisier, dada a semelhança entre a respiração e a calcinação de metais. Antes dele, vários investigadores ocuparam-se do tema, entre eles John Mayow, discípulo de Boyle, que, em *Tractatus quinque medico-physici* (1674), descreveu uma experiência sobre a respiração animal na qual um rato era colocado dentro duma bexiga cheia de ar, adaptada à boca de um frasco contendo água. Passado algum tempo, o animal morria enquanto a bexiga ia ficando mais flácida, acusando a perda de ar. O autor concluiu que o "ar tanto na respiração dos animais como na combustão perdia a sua força elástica". Lavoisier, com a descoberta do oxigénio e através das suas experiências, concluiu que, na respiração, os pulmões dos animais fixavam o oxigénio do ar inspirado e expeliam dióxido de carbono, chamado, na época, ar fixo.

Não temos pormenores da forma como era realizada a experiência no Laboratório Químico, mas sabemos que o objetivo principal era identificar o dióxido de carbono resultante da respiração. O animal utilizado era um frango, por ser um animal de pequeno porte e de fácil aquisição.

No *Livro de Receita e Despeza*, folha de 26 de fevereiro de 1818, encontrámos a compra de "hum frango pª. as experiências do ácido carbónico, $080" e, a partir desta data até à década de sessenta, são registadas compras semelhantes.

Análise e síntese da água. A análise e síntese da água foi matéria que teve um papel importante no estabelecimento da teoria de Lavoisier. A experiência feita no Laboratório havia sido realizada a 21 de abril de 1784 por este cientista e pelo seu colaborador Meunier — militar e membro da *Académie*, não foi guilhotinado como aconteceu a Lavoisier, mas morreu vítima de ferimentos no cerco de Mainz pelos prussianos em 17 de junho de 1793. Na presença de uma delegação da *Académie*, os dois académicos realizaram a decomposição do vapor de água por limalha de ferro ao rubro.

Valendo-nos dos elementos disponíveis, sabemos que a experiência de decomposição da água era realizada como a seguir se descreve. Uma espira de ferro bem limpa era introduzida num cano de espingarda com a parede interior igualmente bem limpa. Ao fim de cada experiência, a espira era substituída ou limpa, assim como o cano metálico. Numa das extremidades do cano metálico, era aplicado um funil munido duma torneira que podia deixar cair água gota a gota. A outra extremidade do cano era ligada a um frasco coletor que, por sua vez, tinha uma tubuladura lateral que o ligava a um dispositivo hidropneumático onde era recolhido o hidrogénio que se libertava na decomposição de água. O cano metálico era instalado num forno de reverbero e mantido um pouco inclinado para que alguma água que não fosse decomposta pudesse cair no frasco coletor.

Quando o cano atingisse o rubro, deixava-se cair, em gotas espaçadas, a água a decompor, que se encontrava no funil de alimentação. O hidrogénio formado era recolhido na tina hidropneumática. A quantidade de gás recolhido dava a quantidade de água que havia sido decomposta. O aumento de peso do cano e da espira somado ao do hidrogénio era igual ao peso da água decomposta que, por seu lado, era igual ao da água tomada para a experiência subtraída da água que fora recolhida no frasco coletor e que não sofrera decomposição.

A experiência era efetuada com regularidade e frequência elevadas, o que pode ser avaliado pelas despesas com a compra ou limpeza do cano e da espira. O primeiro registo é de 10 de fevereiro de 1812: "hum cano de espingarda, $960, huma espira de ferro, $800". As peças utilizadas numa experiência eram aproveitadas para novas experiências, caso fosse possível limpá-las, como se conclui deste registo na folha de 16 de outubro de 1818: "hum cano de Espingarda limpo por dentro, huma espira nova e outra limpa, $800; Uma espira aberta e limpa, $120; hum cano novo, $800".

Análise química. A análise química foi uma prática que teve alguma expressão, desde Vandelli. Ele próprio tinha feito algum trabalho de análise de água, antes de vir para Portugal e, no seu tempo, foram feitas algumas análises de águas em Coimbra. O ensino da análise fazia parte da 2ª cadeira conjuntamente com Química Orgânica e Filosofia Química e foi iniciado com a reforma de 1844. O tempo que lhe era destinado era limitado a trabalhos práticos realizados no último trimestre do ano letivo.

As técnicas da Química Analítica foram sendo divulgadas e vários químicos da época de Lavoisier deram o exemplo de trabalho de rigor na pesagem e manipulação de gases. No período áureo de Berzelius (década de 20 e 30 do século XIX), a análise gravimétrica teve um grande desenvolvimento, pois foi um dos principais métodos que ele usou para a determinação de pesos atómicos.

Por meados do século, desenvolveram-se os dois métodos analíticos: a análise sistemática qualitativa de iões e a titulometria. Rose e, em particular, Fresenius contribuíram para o primeiro. O livro de Fresenius, *Anleitung zur Qualitativen Chemischen Analyse,* publicado em 1841, teve um sucesso extraordinário: em 1844, já ia na 3ª edição e, em 1897, atingiu a 17ª edição e tinha sido traduzido para muitas línguas. Fresenius fundou a revista *Zeitschrift für analytische Chemie,* destinada à publicação de trabalhos de Química Analítica. A titulometria teve uma grande expansão logo com os pioneiros Descroizilles, Gay-Lussac e Mohr e afirmou-se um importante método.

A partir de 1850, o Laboratório procedeu à compra de muito material laboratorial de vidro e porcelana destinado à análise volumétrica. Parte deste material era destinada à análise qualitativa sistemática, como geradores de gás sulfídrico, o primeiro dos quais foi pago pela folha de 31 de janeiro de 1862: "Um aparelho sulphydrogénico de Rose, 7$200".

Um tópico que mereceu atenção especial foi a análise química de águas, particularmente de águas usadas para fins medicinais. Portugal é um dos países do mundo com mais fontes deste tipo de águas por quilómetro quadrado, o que fez da análise de águas uma atividade importante da Química laboratorial desde estes tempos até meados do século XX.

4. A Química: de Lavoisier à Química-Física

A abordagem do tema que nos propusemos tratar — o primeiro século da Química na Universidade de Coimbra — torna-se mais clara se for acompanhada de um relato do progresso desta ciência no resto do mundo. Só esta comparação permite aquilatar o mérito daquilo que se passou em Portugal. O bosquejo histórico apresentado nos dois capítulos anteriores foi precedido pela história da Química até ao momento em que o seu estudo se iniciou em Portugal e pela tradição do país no que respeita à ciência. Ficamos, assim, a saber as condições em que a Química apareceu entre nós e que tiveram uma natural importância no seu desenvolvimento. Falta-nos a comparação entre aquilo que se passou no decorrer do primeiro século de vida da Química em Portugal e no resto do mundo. É deste assunto que nos vamos ocupar neste capítulo.

A Química foi fundada em Portugal pela Reforma universitária de 1772 levada a cabo pelo Marquês de Pombal, que lhe prestou a maior atenção quando o número de cátedras desta ciência na Europa era ainda bastante reduzido. O seu estudo estava entregue a cientistas que, por iniciativa própria, se dedicavam à pesquisa científica e a ligação da ciência à indústria era residual. A maior visibilidade como ciência útil estava limitada à sua aplicação à Medicina, à Metalúrgia e à Farmácia.

Dos quatro anos de duração do curso filosófico, o reformador apostou num ano destinado ao estudo da Química. A cadeira era lecionada no último ano do curso, o que lhe dava a vantagem de os alunos já possuírem mais maturidade, maior cultura científica, ou seja, qualidades que lhes permitiam aprofundar as matérias lecionadas. O programa da cadeira foi delineado com cuidado, as matérias a ensinar eram atualizadas e a metodologia do ensino era eficaz. Além disso, fora construído um laboratório para assegurar o ensino teórico e experimental, colocando o país numa situação pioneira. Foi o próprio Marquês que mandou vir de Viena de Áustria as plantas que serviram de base ao novo Laboratório Químico.

A Química apareceu em Portugal em pleno Iluminismo, uma época da história da humanidade em que se acreditava que a verdade só podia ser atingida pela razão e esta fundamentada na experiência. Era a fase triunfal da revolução científica, em que todas as manifestações da atividade humana estavam já sob a sua influência. A ciência fez parte integrante do Iluminismo.

O Marquês pretendeu aproximar Portugal da Europa do Norte e transformá-lo num país liberto de influências estrangeiras, nomeadamente da inglesa como se verificava naquela altura. Não tinha sentimentos anti-britânicos, pelo contrário, admirava o êxito económico dos ingleses, mas pretendia manter com eles relações comerciais isentas de subordinação económica. O ouro proveniente do Brasil passara a não ser suficiente para custear o desequilíbrio da balança comercial com o estrangeiro e, para manter a independência económica, só lhe restava aumentar os bens produzidos e reduzir os importados. A ciência era o meio de o conseguir. A política mercantilista seguida por Pombal consistiu na adoção de medidas de estímulo à produção de manufacturas, proteção à exportação e melhoria da qualidade dos produtos agrícolas. Para assegurar a eficácia das medidas tomadas e evitar desvios dos objetivos a alcançar, centralizou no Estado todas as diretrizes de alcance político, económico e social. A sua ação política era exercida com mão de ferro e inflexibilidade de déspota. Iluminista esclarecido, apostou na educação e na ciência como os instrumentos de modernização do país. Esta atmosfera não podia ter sido mais favorável ao desenvolvimento da Química.

Aconteceu, ainda, que precisamente quando o Marquês se encontrava em Coimbra para fazer a entrega dos novos estatutos à Universidade, decorriam em Paris as experiências que iniciaram a revolução do conhecimento na Química, tornando-a uma importante disciplina científica. Tudo se conjugou para lhe proporcionar um nascimento e um desenvolvimento auspiciosos em Portugal.

Pouco tempo depois, as condições sociais e políticas do país modificaram-se e tornaram-se desfavoráveis à cultura científica. A morte do rei levou à imediata queda política do Marquês e a rainha cercou-se de colaboradores perseguidos ou hostis à política do secretário de estado do seu pai. A reforma universitária, ainda incompleta e não consolidada, foi imediatamente interrompida. A cadeira de Química estava em funcionamento há pouco mais de dois anos e continuou a dar formação aos alunos destinados à Faculdade de Medicina e ao Dispensatório Pharmaceutico, sem registo de factos que lhe alargassem os objetivos ou que denunciassem a intenção de avanços científicos ou pedagógicos.

Acabada de instalar, a Química entrou num caminho rotineiro como se se tratasse de uma ciência feita sem evolução. De facto, em Portugal, a Química dos meados do século XIX não era muito diferente da dos finais do século XVIII: sem horizontes de ciência independente, mantinha-se serva de outras ciências e usava os mesmos métodos de ensino, alheada do avanço verificado neste ínterim. Vejamos alguns dos passos do percurso desta ciência no período pós-Lavoisier.

A teoria mais seguida no tempo de Lavoisier era a do flogisto. Proposta por químicos alemães face ao insucesso da teoria mecânica, ela explicava os processos de calcinação dos metais, redução dos óxidos resultantes e da combustão dos materiais. Era a primeira construção científica unificada que explicava vários fenómenos em foco na época e, como tal, teve grande aceitação pela generalidade dos químicos, embora houvesse, desde sempre, alguém que lhe manifestou a sua hostilidade ou, pelo menos, descrença. Lavoisier provou que a teoria do flogisto era falsa e propôs outra. Esta substituição não foi fácil, porque destronar uma teoria de aceitação geral e com seguidores eminentes não era empresa pacífica.

Até em França, a pátria da nova teoria, houve resistência à sua propagação. O próprio Lavoisier, que se empenhou o mais possível na divulgação das suas ideias, foi anunciando na *Académie* as suas conquistas sem denunciar que tinha o propósito de derrubar a teoria do flogisto. Só anunciou esta intenção em 5 de setembro de 1777 na comunicação *Memoire sur la Chaleur en Général*, na qual afirma que a combustão era devida ao oxigénio, e só posteriormente lhe moveu um ataque cerrado em *Réflexions sur le phologistique* (1783). Berthollet ainda usava o conceito de flogisto em 1785 e os dois colegas que participaram na elaboração de *Méthode de Nomenclature Chimique*, Fourcroy e de Morveau, só por essa altura é que aceitaram a nova teoria. Pierre Macquer, um nome conhecido da Química francesa e autor de um famoso dicionário de Química, nunca aderiu à teoria de Lavoisier e o mesmo aconteceu com Baumé, um acérrimo defensor do flogisto.

A conquista da Química inglesa foi, naturalmente, mais difícil do que a francesa. Muitos químicos ilustres eram defensores do flogisto: Cavendish, Pristley, Kirwan e Nicholson entre outros. Para penetrar mais facilmente em Inglaterra, Lavoisier promoveu a tradução para francês da obra de Richard Kirwan, *An essay on phlogiston and the constitution of acids*, livro célebre onde se defendia a ideia de que o hidrogénio era um hidrato do flogisto. A tradução, feita em 1785, era acompanhada por comentários de Lavoisier e de outros químicos, que levantaram uma polémica que se estendeu até 1791 com Kirwan a reconhecer, finalmente, os méritos da teoria do químico francês. A adesão do respeitável professor escocês Joseph Black era um passo importante para a divulgação da nova teoria. Lavoisier assim o entendeu e trocou com ele bastante documentação científica. Por 1784, a teoria começou a ser usada por alguns dos seus alunos com a concordância hesitante do mestre que, só por 1790, optara definitivamente por ela[53]. Cavendish e Priestley, falecidos nos princípios do século XX, foram toda a vida seguidores e defensores do flogisto, crença que tanto limitou a interpretação que deram às importantes descobertas da sua autoria.

Por 1790, a teoria de Lavoisier veio estabelecer na Alemanha um estado de confusão. O flogisto tinha grande aceitação entre os químicos e para eles as bases em que assentava a nova teoria não eram convincentes.

---

[53] C.E. Perrin, "A Reluctant Catalyst: Joseph Black and the Edinburgh Reception of Lavoisier's Chemistry", *Ambix*, 29 (part 3), 1982, p. 141.

O romantismo metafísico era a doutrina filosófica dominante nessa época e conquistara muitos aderentes. Schelling, o filósofo desta corrente que mais se ocupou da interpretação da natureza, publicou em 1797-1799 a obra *Naturphilosophie*, na qual considerava que esta era uma realidade única, que ia da matéria morta — origem de toda a vida — à viva, primeiro as plantas, depois os animais e, por fim, os seres humanos. Existiria na natureza uma organização geral que só poderia ser pensável por intermédio duma força que a produzisse e dum princípio organizativo não real, mas sim espiritual, localizado fora do nosso espírito.

As descobertas seriam revelações do Absoluto que nos forneceriam apenas uma visão única e simples da natureza. Tomemos como exemplo o fenómeno da combustão como sendo uma combinação com o oxigénio. A sua interpretação não se pode limitar a um fenómeno químico isolado, mas sim conduzir à investigação natural, ou seja, à interpretação integral da vida das plantas e dos animais que dependem daquele gás. O calor e a luz produzidos pela combustão são manifestações dum fluido elástico, possivelmente o meio de atuação da natureza sobre a matéria morta e que lhe dá vida. A força magnética e elétrica é manifestação dum princípio da natureza que se caracteriza pela atração e repulsão dos corpos, evidência de que as forças atuantes da natureza se dividem em duas opostas: ação e reação. A operação destas forças pode ser condicionada pela quantidade (massa), como na gravitação (processo mecânico), ou pela qualidade dos corpos, como na atração química (afinidade).

Três casos podem acontecer quanto à grandeza das forças opostas: a) estas estão em equilíbrio e têm-se corpos não-vivos; b) o equilíbrio é perturbado, mas encontra-se um novo equilíbrio, é um fenómeno químico; c) não há equilíbrio entre as forças opostas as quais mantém entre si uma luta permanente e produz-se vida.

Schelling considerava que, sendo as manifestações singulares meros aspetos de uma ideia da natureza em geral, a investigação experimental nunca podia conduzir a uma ciência. A experimentação é uma pergunta feita à natureza, mas a resposta não deixará de ser duvidosa por ter um caráter parcelar e não ser confrontada com uma conceção geral da natureza. Por isso afirmava "que só a física especulativa, que é a alma das verdadeiras experimentações, foi e continua a ser, a mãe de todas as grandes descobertas sobre a Natureza".

É curioso notar que alguns aspetos da filosofia da natureza de Schelling são semelhantes ao flogisto. Anos depois, Liebig afirmaria que se a doutrina de Schelling se tivesse implantado teria matado a Química alemã, por algum tempo, como "peste negra" da vida intelectual[54]. Tal não aconteceu e não passou duma perturbação temporária na Química e o país não estava longe de vir a tornar-se num dos mais fortes esteios da Química moderna.

---

[54] D. Knight, *Ideas in Chemistry*, London: The Atalone Press, 1992, p. 65.

O progresso científico não se deteve pela indecisão dos químicos em optar por uma ou outra teoria e o experimentalismo continuou triunfante. Num curto intervalo de tempo, foram estabelecidas as bases em que assentam as combinações dos elementos na formação de compostos.

A lei da conservação da massa é uma das leis fundamentais da Química cuja descoberta é, correntemente, atribuída a Lavoisier. Ele fez grande uso da pesagem nas suas experiências e sempre observou e usou esta lei para determinar ou confirmar os resultados experimentais obtidos. Segundo alguns autores, esta lei já tinha sido considerada por investigadores anteriores, mas não a explicitaram de forma a torná-la conhecida. J. Rey, *Essays on an enquiry into the cause wherefore tin and lead increase in weight on calcination* (1630) e J. Black, *Experiments upon magnesia alba, quicklime and some other alcaline substances* (1755) fizeram uso da lei da conservação da massa[55]. Há quem cite Lomonossov, químico russo, como tendo sido o primeiro a enunciar esta lei em 1760, tese contrariada por P. Pomper[56].

Jeremias B. Richter foi aluno de Kant e colheu do filósofo a impressão que este tinha de que a Química não podia ser uma verdadeira ciência por não ser possível aplicar-lhe a matemática. Nos tempos livres de analista numa fábrica de porcelana de Berlim, procurou estabelecer relações matemáticas na Química. A que ficou na história foi a lei das proporções recíprocas que pode ser enunciada do modo seguinte: a relação entre diversas quantidades de elementos diferentes que se combinam com uma quantidade fixa de outro elemento é igual à relação de combinação dos primeiros elementos entre si. A sua principal obra, sobre estequiometria, foi publicada entre 1792 e 1793 e, com base na sua lei, estabeleceu-se uma tabela de pesos equivalentes dos elementos químicos.

Na tradução dum livro de Berthollet sobre as afinidades químicas — *Untersuchungen über die Gesetze der Verwandtschaft* —, o químico alemão E. G. Fischer incluiu uma tabela de equivalentes de bases e ácidos, considerando para o ácido sulfúrico o peso equivalente de 1000. A tradução foi publicada em Berlim em 1802 e, no ano seguinte, Fischer aumentou a tabela de equivalentes para trinta bases e dezoito ácidos.

Por 1799, Joseph Louis Proust, um químico francês na altura a trabalhar em Madrid como analista, enunciou a lei das proporções definidas, que levantou uma longa polémica entre Proust e Berthollet. O primeiro, como era expresso pela sua lei, entendia que numa reação a proporção de combinação para formar um dado composto era constante ou bem definida, enquanto o segundo afirmava que a composição do composto formado dependia das quantidades dos reagentes

---

[55] R. D. Whitaker, "An historical note on the conservation of mass", *Journal of Chemical Education*, vol. 52, 1975, p.658.

[56] R. Pomper, "Lomonossov and the law of the conversation of matter in chemical transformations", *Ambix* 10 (3), 1962, p. 119.

utilizados. Separava os dois a diferença dos conceitos de composto e de estado de equilíbrio das reações químicas e a controvérsia punha em evidência a crise do paradigma de afinidade química.

Em 1803, John Dalton enunciou a lei das proporções múltiplas: na combinação de dois elementos para formar vários compostos, os pesos dos elementos que se combinam com o peso fixo do outro estão entre si em relações numéricas simples, ou seja, relações entre números inteiros e pequenos.

As proporções ponderais de combinação dos elementos na formação de compostos foram completadas pelo enunciado da lei de combinações volumétricas de Gay-Lussac, em 1808. Os volumes de gases que se combinam para formar um composto gasoso estão em proporção direta e os volumes do composto formado estão também em proporção direta com os dos gases intervenientes.

As leis de combinação levaram Dalton a formular a teoria atómica, que vinha emergindo de tempos a tempos desde a Antiguidade. Desta vez, a teoria tinha uma fundamentação experimental: os átomos mantinham a sua natureza nas transformações químicas; cada átomo caracterizava-se pelo seu peso e as combinações químicas eram combinações de átomos em relações numéricas simples.

Em 12 de novembro de 1802, Dalton expôs a sua teoria atómica na *Manchester Literary and Philosophical Society* e, a 21 de outubro do ano seguinte, apresentou a esta sociedade, perante uma assistência de sete pessoas, a lei de combinação que tinha verificado e um resumo da teoria atómica. Publicou esta teoria em 1805 e, nesse trabalho, apresentou o valor dos pesos relativos dos *ultimata particles* dos corpos.

Dalton expôs as suas ideias sobre a teoria atómica em *A New System of Chemical Philosophy,* publicado em 1808, no qual apresentava o peso atómico de vinte e uma substâncias (algumas delas eram, na realidade, compostos), sendo a referência o hidrogénio, ao qual foi atribuído o valor 1. Os valores apresentados difeririam muito dos valores reais, pois para o oxigénio o valor era 5,5; para, o azoto 4,2; e para o carbono, 4,3.

Além do interesse das leis de combinação na expressão das relações de combinação dos elementos, estes valores tiveram bastante impacto estrutural, como aconteceu com a teoria atómica, e iriam ocasionar grande controvérsia na Química geral durante mais de meio século.

Berzelius, de quem falaremos a seguir, foi o primeiro autor a propor a primeira ou as duas primeiras letras do nome latino dum elemento, como forma de o representar. Nas fórmulas químicas, a composição era indicada pelos elementos que figuravam nos compostos e ao símbolo do elemento era atribuído um peso que, para ele, era o peso atómico; para outros, devia ser usado o peso equivalente. O número de átomos dum dado elemento existente no composto era indicado, na fórmula deste, por indíces, convenções que vieram a ser usadas até à atualidade.

As leis de combinação química aplicadas às reações ajudaram a compreender a constituição de elementos e compostos. Por exemplo, o cloro reage com o hidrogénio para dar cloreto de hidrogénio. Verifica-se que, em peso, trinta e cinco partes do primeiro reagiam com uma do segundo e originavam trinta e seis partes do cloreto. Em termos de equivalentes a reação pode ser escrita sob a forma $Cl + H \rightarrow HCl$

Todavia, a reação, escrita sob esta forma, não obedecia à lei de combinação volumétrica nem à lei de Avogadro, porque um volume de cloro e um volume de hidrogénio, ao reagirem, originam dois volumes de cloreto de hidrogénio e não um, como indica a reação na forma como está apresentada. Então, em dois volumes de cloreto de hidrogénio existiria o mesmo número de partículas como as existentes num volume de qualquer dos reagentes. A reação em termos moleculares é, como sabemos, $Cl_2 + H_2 \rightarrow 2HCl$. Por 1835, o uso de equações para traduzir as transformações químicas estava bem estabelecido; o que se mantinha acesa era a polémica sobre se deviam ser usados pesos equivalentes ou pesos atómicos.

Por essa altura, a teoria atómica tinha poucos aderentes. Além dos argumentos contra o atomismo por ter raiz metafísica, iam sendo publicados trabalhos de relevo em que as fórmulas eram expressas em equivalentes. O químico alemão L. Gmellin usou os equivalentes e, em 1817-1819, publicou o grande dicionário *Handbuch der theoretischen Chemie*, que começou por ser uma obra em dois volumes e acabou por ficar com treze. Foi uma publicação com muita influência e, por 1870, foi traduzida para inglês. Em 1844, os *Annales de Chimie* deixaram de usar a notação atómica, e vários químicos, como Liebig, Whöler e Dumas, passaram a adotar os equivalentes. Contudo, houve sempre uma minoria, que também incluía figuras importantes, que defendia o uso de pesos atómicos. É o caso de Berzelius que, em carta dirigida a Liebig em 1845, se manifestava contra o uso de equivalentes por ser uma prática meramente convencional[57]. Depois de meados do século, a teoria atómica foi revelando a sua utilidade e foi-se impondo.

Enquanto se procurava interpretar os resultados duma descoberta, logo outras de grande alcance científico se lhe sucediam. Em 20 de março de 1800, Volta apresentou à Royal Society de Londres a primeira pilha elétrica, um instrumento que muito contribuiu para o desenvolvimento da Química. Até então, além das manifestações elétricas das trovoadas, só se conhecia a eletricidade produzida por fricção, que era possível armazenar em contentores como a jarra de Leyden. Estes dispositivos podiam produzir descargas elétricas instantâneas, mas não serviam como fontes de alimentação de circuitos elétricos. A pilha de Volta foi a primeira das células eletroquímicas que foram sendo descobertas ao longo do século e que tornaram a Eletroquímica num

---

[57] MARY JO NYE, *From Chemical Philosophy to Theoretical Chemistry*, Berkeley: University of California Press, 1993, p. 64.

novo método químico que contribuiria para o avanço da Química analítica e da Química-Física.

Os últimos anos do século XVII e o primeiro decénio do seguinte, foram férteis em resultados porque, em poucos anos, foram enunciadas as leis de combinação dos elementos, descoberto o conceito de molécula e proposta a teoria atómica. Foi tempo de afirmação da teoria de Lavoisier nos diferentes países europeus e o prenúncio da rápida evolução da ciência.

No princípio do século XIX, Iöns Jakob Berzelius, assistente da Universidade de Estocolmo, iniciou os seus trabalhos de investigação em Química e ascendeu à categoria de professor de Medicina, Farmácia e Botânica em 1807. Em 1815, passou a professor de Química do recém-fundado Instituto Médico-Cirúrgico de Estocolmo, posição que manteve até à sua jubilação em 1832. Berzelius dava as suas aulas na universidade e fazia os trabalhos de investigação num pequeno laboratório em sua casa. Era um trabalhador infatigável, pertinaz e escrupuloso quanto ao rigor dos resultados. Vangloriava-se de nunca ter publicado um resultado sem ter sido obtido ou confirmado por si, caso tivesse sido publicado por outrem. Focou a atenção nas diversas áreas da Química, interessando-se pela investigação experimental, pela interpretação dos resultados e pela sua sintetização em formulações teóricas estabelecidas por si. Já fizemos referência às suas propostas para a representação dos elementos e das fórmulas químicas. Foi autor duma tabela de pesos atómicos publicada em 1818 e que foi sendo revista por ele próprio, apresentado novas versões em 1826 e 1838. Determinou o peso atómico de quarenta e dois elementos, o que implicou a análise de alguns milhares de compostos — tarefa pesada e que revela uma capacidade de trabalho fora do comum, mesmo tendo em conta que foi facilitada pela lei do isomorfismo, descoberta pelo seu aluno Mitscherlich, e pela de calor específico dos elementos de Dulong e Petit, que o ajudaram em alguns casos.

Berzelius usou a corrente elétrica no estudo de sais em solução, tendo verificado que estes se decompunham por ação da corrente em bases, que se deslocavam no sentido do elétrodo negativo, e em ácidos, que se moviam para o elétrodo positivo. Estudou o comportamento eletrolítico dos ácidos e das bases e concluiu que os primeiros eram constituídos por oxigénio (-) e um radical (+) e os segundos por um metal (-). Estas observações levaram-no a propor uma teoria para a constituição dos sais, que esquematizamos:

$$M^{(+)} + O^{(-)} \rightarrow (MO)^{(+)} \qquad X^{(+)} + O^{(-)} \rightarrow (XO)^{(-)}$$
$$(MO)^{(+)} + (XO)^{(-)} \rightarrow [(MO)\,(XO)]^{(+)}$$

Esta teoria ficou conhecida como teoria dualista e foi a primeira tentativa para explicar as interações entre elementos e partes moleculares nos compostos químicos. Além do imenso trabalho experimental (especialmente de análise gravimétrica) necessário para organizar a tabela de pesos atómicos e de eletrólise, para formular a teoria dualista, Berzelius desenvolveu a análise de minerais por chama ativada pelo maçarico de sopro. Participou em toda a atividade química do seu tempo, tendo mantido com Berthollet, Davy, Dulong e Liebig vasta troca de correspondência. Descobriu vários elementos e foi pioneiro no estudo de propriedades e do comportamento químico de elementos e compostos, como alotropria, isomerismo e catálise. Criou uma revista de Química, onde publicava muitos dos seus trabalhos e as críticas ao dos outros. Berzelius foi a figura dominante da segunda e terceira década de novecentos, fazendo de Estocolmo a sede da Química mundial, e com ele estudaram os alemães Mitscherlich e Whöler, que viriam a ser dois ilustres professores de Química no seu país.

A França manteve a sua tradição na Química através de cientistas de reconhecido mérito internacional que se foram sucedendo a Lavoisier. Joseph Louis Gay-Lussac foi aluno de Berthollet e teve o apoio de Laplace. Foi professor na Sorbonne, na École Polythecnique e no Jardin des Plantes e foi um investigador brilhante, repartindo a sua atividade por vários domínios de Química. Foi um dos pioneiros da análise volumétrica e dos seus trabalhos sobre gasometria resultou o estabelecimento da lei de combinação volumétrica dos elementos para formação de compostos. Descobriu vários elementos e interessou-se pela aplicação da Química aos processos industriais, tendo inventado a torre de Guy-Lussac no processo de fabrico do ácido sulfúrico pelo método das câmaras de chumbo. Trabalhou isoladamente e com o seu discípulo Jacques Thénard, que também ficou com nome na história da Química, tendo escrito *Traité de Chimie élémentaire théorique et pratique* (1815) — livro que, em 1827, ia na 5ª edição e compreendia cinco volumes. Dois dos seus discípulos foram químicos célebres: Dumas (francês) e Liebig (alemão).

Jean-Baptiste Dumas foi o fundador da Química Orgânica em França e da chamada escola francesa, tendo conquistado grande prestígio no desenvolvimento deste ramo da Química. Praticante de boticário na sua terra natal, foi para Genebra, em 1816, trabalhar num laboratório de um farmacêutico que se dedicava à extração de sucos de plantas e estudou com um físico e com um botânico. Em 1822, foi convidado por Alexander von Humboldt para ir para Paris, tendo ficado assistente de Thénard na Escola Politécnica. Os seus trabalhos de medida de densidade de gases foram realizados na segunda década do século. Realizou experiências sobre a estrutura de compostos orgânicos, iniciando uma linha de investigação que se estendeu por todo o século XIX.

Estudou as reações de compostos orgânicos com cloro, tendo verificado a libertação de cloreto de hidrogénio, fenómeno interpretado como a ocorrência da troca de um átomo de hidrogénio por um átomo de cloro. Estas experiências foram continuadas por um seu aluno, Auguste Laurent, que desenvolveu um método de determinação do azoto em compostos orgânicos, aquecendo o composto na presença de óxido de cobre e medindo o azoto libertado. Foi um árduo defensor do uso de equivalentes, opositor à teoria atómica e um dos primeiros químicos a criar um curso de práticas laboratoriais, na Escola Politécnica por 1832.

Em 1834, Auguste Laurent apresentou a sua tese de doutoramento preparada sob a orientação do seu mestre. Dumas tinha descoberto que os compostos orgânicos podiam reagir com halogéneos, dando origem a compostos com propriedades idênticas às dos compostos originais. Interpretou estas reações como a substituição de átomos de hidrogénio do composto orgânico por átomos do halogéneo e designou estas reações por "reações de substituição", interpretando-as como uma troca entre átomos. Por exemplo, a reação entre o ácido acético e o cloro traduz-se pela equação $C_4H_4O_2 + Cl_6 \rightarrow C_4HCl_3O_2 + 3\ HCl$ (C=6). Três átomos de hidrogénio do ácido acético foram substituídos por três átomos de cloro, dando ácido tricloroacético.

Na sua tese de doutoramento, Laurent estudou muitas reações nas quais verificou a substituição do hidrogénio de compostos orgânicos por átomos de halogéneos ou por oxigénio. Estes resultados pareciam não acrescentar nada de novo aos anteriormente obtidos pelo seu orientador, não fora a interpretação dada pelo jovem investigador: a molécula seria constituída por um "núcleo" ao qual estavam ligados os átomos de hidrogénio, que eram substituídos por átomos do reagente sem alterar a composição do "núcleo". Como era esta a parte da molécula que determinava as propriedades do composto, estas não eram influenciadas pela reação. Laurent fora aluno da Escola de Minas, onde se tinha familiarizado com a cristalografia, que na altura disfrutava de grande popularidade devido aos trabalhos de Haüy. Este defendia a ideia de que as propriedades macro e microscópicas da matéria estavam correlacionadas — princípio usado pelos cristalógrafos na interpretação do isomorfismo, porque os cristais isomorfos possuíam uma estrutura idêntica, diferindo apenas nos elementos constituintes. Sob o ponto de vista químico, admitia-se a existência de uma "molécula integrante" formada por "moléculas elementares".

Era o núcleo do composto que determinava as suas propriedades fundamentais. A estrutura do núcleo era espacial: por exemplo, C_8H_{12} (C=6) podia ser considerado com um prisma quadrangular com os átomos de carbono a definir os vértices e os átomos de hidrogénio localizados nas arestas. Estes podiam ser substituídos por átomos de halogéneo, permanecendo o composto resultante com a mesma geometria. O hidrocarboneto podia ainda receber por adição átomos (por exemplo de oxigénio) nas faces do prisma, dando $C_8H_{12}O$.

Em 1836, Laurent publicou um extrato da sua tese em *Annales*, o que originou uma violenta crítica de Berzelius aos resultados, porque eles opunham-se frontalmente à sua teoria dualista. Segundo esta teoria, um átomo eletronegativo, como o cloro, não podia ocupar o lugar de um átomo eletropositivo, como o hidrogénio. A violência com que Berzelius atacou Laurent levou Dumas a tomar a defesa do seu antigo aluno, mas discordando da imagem do núcleo dada por ele, considerando a geometria como uma especulação do jovem cientista e não ideia sua.

Laurent saiu de Paris para Bordéus, o que significou um afastamento da cena internacional porque, nesse tempo, todo o prestígio da Química francesa se concentrava em Paris. Dumas ficou como o autor da descoberta da teoria das substituições e só foi prestada justiça a Laurent depois da sua morte (1853). Pelouse lamentou que Dumas se tivesse servido da teoria das substituições para afirmar a sua posição de líder da 'escola francesa'. Nem sempre a capacidade intelectual está ligada às qualidades morais ou a ligação não é suficientemente forte para resisitir à ambição de grandeza, como aconteceu com Dumas.

Em 1844, o químico inglês Alexandre William Williamson — antigo aluno de Liebig, em Giessen, e de Comte, em Paris — considerou que os compostos orgânicos derivavam dum tipo fundamental por substituição de átomos. Considerou que a água era uma referência e, a partir do seu tipo estrutural, se podia obter o álcool, por substituição de um dos átomos de hidrogénio pelo radical etílico, ou o éter, por substituição dos dois átomos de hidrogénio por dois radicais etílicos.

A teoria dos tipos foi desenvolvida por Gerhardt, um contributo significativo para o progresso da Química pelo seu significado estrutural. Gerhardt considerou quatro tipos que determinavam a estrutura dos compostos orgânicos:

$\left.\begin{array}{c}H\\H\end{array}\right\}O$	$\left.\begin{array}{c}H\\Cl\end{array}\right\}$	$\left.\begin{array}{c}H\\H\\H\end{array}\right\}N$	$\left.\begin{array}{c}H\\H\end{array}\right\}$
água	cloreto de hidrogénio	amina	hidrogénio

Em 1850, escreveu *Traité de Chimie Organique* com grande aceitação dos químicos da época e onde expunha a Química Orgânica em moldes modernos.

Charles Gerhardt nasceu em Estraburgo em 1816 e aos vinte anos foi para Giessen. Nos dois anos que lá permeneceu, fazia a tradução dos trabalhos de Liebig para francês, a fim de conseguir dinheiro para estudar. Regressou à sua cidade natal e de lá partiu para Paris, onde estudou com Dumas. Em 1841, foi ocupar um lugar de professor em Montpelier e depois, em Estrasburgo. Em 1844, estabeleceu uma relação muito forte com Laurent e ambos realizaram investigação em estreita colaboração. Unia-os as mesmas ideias sobre a estrutura dos compostos e o facto de ambos se considerarem vítimas de discriminação injusta de Dumas, que os afastou de Paris. Para um químico, a província era um lugar de exílio.

O químico que continuou a escola francesa foi Charles Adolphe Wurtz, que estudou com Dumas e com Liebig e foi professor da Escola de Medicina da Sorbonne. Dotado de uma viva inteligência, foi uma das figuras da história da Química dos meados do século. Os seus trabalhos sobre compostos orgânicos nitrogenados, hidrocarbonetos e glicóis figuram entre os sistemas químicos que estudou. Foi um implacável defensor da teoria atómica, tendo sustentado acesas polémicas com partidários dos equivalentes. Excelente pedagogo, foi também um teórico de reconhecido mérito.

Um outro vulto da Química francesa de grande projeção mundial foi Marcellin Berthelot. Estudou com Theofille Julius Pelouse, que ocupou o lugar de Dumas na Escola Politécnica quando este se jubilou, e foi professor do Colégio de França. É apontado como um dos químicos mais eminentes do século XIX. Em 1860, publicou *Chimie Organique fondée sur la synthèse,* publicação premiada pela *Académie.* Para Partington[58], a obra de Berthelot divide-se em quatro períodos: de 1850 a 1860, é de salientar o estudo e síntese de álcoois poliatómicos e de ácidos orgânicos; de 1861 a 1870, a síntese de hidrocarbonetos alifáticos e o estudo da velocidade de reação; de 1869 a 1885, a investigação em Termoquímica; e de 1885 a 1907 (ano da sua morte), a investigação na história da Química e Química agrícola. Os seus trabalhos têm profundidade, novidade e rigor, espelhando a sua viva inteligência, e repartem-se por variadas áreas, como reflexo do enciclopedismo que o caracterizava. Foi um lutador pelo emprego do equivalentismo, numa época em que a teoria atómica e o uso de pesos atómicos já estava vulgarizado. Ocupou posições políticas e quando foi ministro da Instrução Pública (1886-87) decretou que fosse retirada dos manuais escolares qualquer referência ao atomismo como indigno de ser ensinado. Em 1877, Wurtz e Berthelot, os dois rivais da Química francesa, sustentaram um acalorado debate: o primeiro como corifeu do atomismo em França e o último como acérrimo defensor do equivalentismo.

O seu pensamento quanto ao perigo do atomismo revela-se em 1866, numa conversa que teve com o seu colega senador e também químico Alfred Naquet. Este ter-lhe-ia perguntado qual a razão pela qual se mantinha tão ligado ao equivalente e Berthelot respondeu-lhe que não queria ver a Química degenerar em religião e que alguém acreditasse na existência real dos átomos como os cristãos acreditam na presença real de Cristo na hóstia consagrada. Naquet retorquiu que a teoria atómica era simplesmente um modelo mental, uma teoria útil e nada mais. Berthelot respondeu-lhe bruscamente: "Wurtz já os viu"[59].

Com o desaparecimento da teoria do flogisto, a Química alemã quase desapareceu da cena internacional. Na viragem dos oitocentos para a centúria seguinte, reinou a confusão alimentada pelo romantismo metafísico a que já fizemos referência. Contudo, no final da primeira década do século XIX, a Alemanha iniciou um programa de recuperação notável, que em poucos anos a conduziria ao lugar cimeiro da Química.

Entretanto, a Química francesa entrava em declínio, devido à falta de financiamento do Estado e ao facto de estar praticamente toda concentrada em Paris, onde se localizavam as escolas superiores e mais de metade dos institutos

---

[58] J. R. PARTINGTON, *A Short History of Chemistry*, London: MacMillan and Co., 1937, p. 295.

[59] A. NAQUET, *Monitor Scientific, 14* (1900), p. 792.

de ensino desta ciência. Em 1846, Dumas pedira verbas para fazer um instituto novo e não foi atendido; igual destino teve o pedido feito por Gerhardt anos depois. Em 1869, quando Wurtz, conhecido pelo entusiasmo com que defendia a Química francesa, escreveu[60] que "la chimie est une science française", já não estava a ser correto. A Química passara, entretanto, a ser uma ciência alemã.

Um marco na história da universidade alemã foi a criação da Universidade de Berlim. Este acontecimento teve lugar numa atmosfera cultural determinada pela ocupação da Prússia pelas tropas de Napoleão. Um forte sentimento de nacionalismo era traduzido nos *Discursos à Nação Alemã* publicados em 1808 por Fichte, nos quais o filósofo apelava à coesão do povo na reedificação da pátria, atribuindo à falta de unidade a incapacidade de resistir à invasão e expondo as medidas a tomar para recuperar a glória nacional. Foi um dos pioneiros do despertar do nacionalismo alemão e, a pedido do governo, Fichte apresentou o relatório "Plano Dedutivo de uma Instituição do Ensino a ser edificada em Berlim" (1807). Defendia a ideia de que a universidade não era para ensinar conhecimento já existente, mas sim a maneira de chegar ao conhecimento novo. A responsabilidade de instalar a nova universidade foi entregue ao linguista, pedagogo e diplomata Wilhelm von Humboldt e a universidade abriu em 1810. A novidade que envolveu a criação desta universidade foi o facto de o ensino e a investigação constituírem uma unidade única e indissociável. Originalmente, a universidade estava focada nas humanidades, mas, por influência do irmão, Alexander von Humboldt, iniciaram-se cursos de ciências, tendo sido chamadas personalidades eminentes em diferentes áreas: Klaport foi o primeiro professor de Química, a quem se seguiram Mitscherlich, Hofmann, van't Hoff e outros grandes nomes da Química, vários deles laureados com o prémio Nobel.

Os primeiros professores alemães foram preparados nos melhores centros estrangeiros e, no regresso ao país de origem, instalaram institutos que, devido ao apoio governamental e à capacidade intelectual dos jovens cientistas que os integravam, ultrapassaram o nível científico dos centros onde se haviam formado. Mitscherlich foi estudar com Berzelius, em cujos laboratórios descobriu o isomorfismo utilizado pelo seu mestre como método auxiliar para determinar pesos atómicos. Foi professor da Universidade de Berlim, onde continuou a sua investigação com relevo para assuntos relacionados com os minerais. Descobriu o polarímetro, que deu um avanço à Química de açúcares. Em 1829, escreveu *Lehrbuch der Chemie,* que teve quatro edições em vinte anos e foi traduzido para inglês e francês.

Justus Liebig (1803-1873) foi um cientista que desempenhou um papel extraordinário na Química alemã com grande projeção mundial. Depois de ter feito os seus estudos em Bona e Erlangen — universidades que não tinham cursos práticos —, foi trabalhar com Gay-Lussac para Paris, onde, além dos

---

[60] A. Wurtz, *Histoire des doctrines chimiques depuis Lavoisier jusqu'à nos jours*, Paris: Hachette, 1869.

estudos teóricos, teve ocasião de se familiarizar com a prática laboratorial e com a mentalidade de que a experimentação era o método que imprimia os grandes avanços à Química. Regressou à Alemanha e, recomendado por Alexander Humboldt, foi ocupar um lugar de professor extraordinário da Universidade de Giessen que, naquela época, tinha um projeto de desenvolvimento através do aumento da frequência escolar. À chegada, Liebig não dispunha de laboratórios nem o ambiente era propício para os instalar. Ao contrário da França, onde a Química fazia parte das Faculdades de Ciências e de Medicina, na Alemanha o romantismo metafisico e a filosofia do Absoluto colocaram a Física nas Faculdades de Filosofia e a Química nas Faculdades de Medicina. A Química não era uma ciência de causas e, não sendo uma ciência teórica, não tinha lugar nas faculdades de Filosofia. Para ultrapassar este ponto de vista, na criação da Universidade de Berlim fez-se a distinção entre "Química pura" e "Química aplicada" como forma de distinguir a Química geral da Química aplicada à farmácia, agricultura e indústria. Quando Liebig chegou a Giessen, Zimmermann era o professor de Química Geral da Faculdade de Filosofia e Philipp Friedrich Wilhem Vogt, professor de Química da Faculdade de Medicina. O primeiro não permitiu que Liebig instalasse qualquer instrumento na sua faculdade, mas o último apoiou-o na organização do ensino de Farmácia na Faculdade de Artes.

Em 1825, Liebig ascendeu à cátedra de Química, auferindo um bom salário e foi-lhe concedida uma verba para o laboratório. Com alguns associados, tentou instalar um instituto de farmácia e manufaturas, mas o senado negou-lhe a autorização, justificando que a universidade não era o local para treinar boticários, fabricantes de sabão ou de cerveja, tintureiros ou destiladores de vinho. Era a mentalidade da época quanto à distinção entre a ciência e técnica. Então, Liebig decidiu fundar um instituto particular para receber alunos internos ou externos que trabalhavam todos os dias da semana do alvorecer até à noite em descobertas de Química fundamental e em cursos laboratoriais.

A fama correu mundo e, além de alemães, acorriam ao laboratório de Liebig estudantes da maioria dos países europeus e muitos norte-americanos. De 1827 a 1852 passaram por Giessen setecentos e dezoito assistentes e doutorados, entre eles duzentos e vinte e oito estrangeiros, muitos dos quais se viriam a tornar químicos famosos.

Em 1833, Liebig conseguiu que o instituto de Química fosse integrado na universidade e seis anos depois conseguiu financiamento para construir um anfiteatro e duas salas de trabalhos práticos equipadas com mesas de trabalho e com boa ventilação. Em 1852, foi-lhe oferecida a direção do novo e moderno instituto de Química de Munich e deixou Giessen.

Foi um cientista brilhante que muito contribuiu para dar à Alemanha a liderança da Química a partir de 1840, apesar do brilhantismo de Dumas, Wurtz e Berthelot. Foi considerado o pai da Química orgânica: fez muitas descobertas e desenvolveu o método de análise elementar, que contribuiu para grandes avanços; destacou-se nos domínios da Agroquímica; e foi pioneiro na preparação de alimentos desidratados. Criou a revista periódica *Annalen der Pharmazie,* mais tarde *Annalen der Chemie und Pharmazie.*

Um compatriota seu que partilhou com ele o pioneirismo na Química Orgânica alemã foi Friedrich Wöhler que, depois de ter terminado o seu curso de Medicina no laboratório do professor Leopold Gmelin em Heidelberg, foi para Estocolmo trabalhar com Berzelius. Regressado ao país natal em 1823, ocupou o lugar de professor na Escola Politécnica de Berlim, depois na Escola Politécnica de Kassel e finalmente na Universidade de Göttingen. Foi autor de um elevado número de trabalhos realizados pessoalmente ou em colaboração com outros químicos e com estudantes. Manteve uma colaboração estreita com Liebig e orientou a investigação de muitos alunos, alguns dos quais viriam a ser químicos notáveis, como L. Fittig e A. W. H. Kolbe. Isolou vários elementos inorgânicos e compostos orgânicos e inorgânicos. Em 1828, sintetizou a ureia a partir do cianato de amónio, descoberta que causou grande surpresa por se tratar da obtenção de um composto produzido pelos organismos vivos, a partir de um composto inorgânico. Segundo as ideias da época, os compostos produzidos por organismos vivos não podiam ser sintetizados em laboratório porque apenas podiam ser produzidos por uma força vital. O vitalismo era uma conceção metafísica que vinha da Grécia Antiga e atravessara os tempos até à síntese de Wöhler. A força vital era inerente aos seres vivos, encontrava-se dentro deles e controlava o desenvolvimento, a forma do organismo e a sua atividade.

A questão mais importante que a síntese da ureia levantou entre os químicos não foi o golpe desferido no vitalismo, mas sim a interrogação sobre o arranjo estrutural dos compostos que possibilitava transformações como a do cianato de amónio em ureia. O próprio autor não valorizou muito a destruição da noção de força vital, embora não deixasse de escrever a Berzelius, seu antigo mestre: "Devo dizer-lhe que posso fazer ureia sem o uso de rins ou de humanos". Considerou a transformação um caso de isomerismo, fenómeno que vinha sendo observado, ou melhor, aventado pelos resultados obtidos no estudo de alguns sistemas. De facto, em 1832, Berzelius afirmava ser questionável que substâncias formadas pelos mesmos constituintes e nas mesmas proporções tivessem sempre as mesmas propriedades. Vários exemplos vieram demonstrar que o químico sueco tinha razão. Verificou-se que o ácido fulmínico, descoberto por Liebig em 1824, e o ácido ciânico, descoberto por Wöhler em 1827, sendo constituídos pelos mesmos elementos e na mesma proporção, tinham propriedades diferentes. Designou o fenómeno por isomerismo. A ureia era um isómero do cianato de amónio. Por paralelismo, as substâncias com diferentes composições elementares, mas que cristalizavam sob a mesma forma foram designadas por isomorfas, fenómeno descoberto por Mitscherlich, como sabemos.

Estes resultados vieram mostrar a importância da localização dos átomos na molécula para a caracterização desta e dos compostos que origina e cuja simples indicação da composição não era suficiente. Retomaremos este assunto um pouco mais adiante para não interrompermos demasiado a sequência da exposição que estamos seguindo.

Na revisitação da história da Química, passemos então da Alemanha para o Reino Unido que, na era de Lavoisier, disfrutava de grande prestígio. Como figuras desse tempo, recordemos Cavendish e Priestley, em Londres, e Black e Thompson, na Escócia.

Em 1826, foi criado o University College, embrião da Universidade de Londres cujos promotores foram o poeta Thomas Campbell e o político e cientista Henry Brongham. Mais tarde, a universidade viria a agregar vários outros colégios.

As ideias do filósofo Jeremy Bentham — fundador do utilitarismo, doutrina com projeção na moral e na política — presidiram à criação desta universidade. Os seguidores do filósofo lideravam o movimento liberal de esquerda e a nova universidade era inteiramente secular: recebia estudantes sem discriminação de credo, raça ou sexo, enquanto as Universidades de Oxford e Cambridge, de cariz religioso, só concediam graus universitários a membros da igreja anglicana. Assim, a abertura da Universidade de Londres teve influência em Inglaterra e em todo o mundo, dada a sua natureza liberal.

Um outro aspeto relevante foi a criação de uma cadeira de Química numa altura em que nem Cambridge nem Oxford ofereciam o ensino desta disciplina. O primeiro professor foi Edward Turner, autor do livro *Elements of Chemistry* que teve grande popularidade, tendo chegado à oitava edição. O seu sucessor, Thomas Graham, deixou obra valiosa nos domínios da difusão nos estados gasoso, líquido e sólido e em Química coloidal.

Pela década de 1830-1840, a Grã-Bretanha atravessava um período de perda de competitividade industrial e declínio científico. A ideia de que a aprendizagem da ciência ou da técnica devia ser custeada por aqueles que usufruíam dos seus benefícios tinha muita recetividade pública e esta mentalidade generalizada mantinha o país indiferente ao progresso da ciência. As pessoas de mentalidade mais evoluída criticavam a prestigiada *Royal Society* pelo conformismo que manifestava perante esta situação. Entre os industriais havia alguns que temiam que a promoção científica pudesse transformar os empregados em empresários, aumentando a concorrência e o risco de divulgação dos segredos de fabrico.

Em Inglaterra a universidade era considerada uma instituição dedicada ao ensino, competindo-lhe a difusão da ciência e não o seu avanço. Em 1852, o cardeal John Henry Newman, professor em Oxford e Dublin, expressou o seu pensamento sobre a universidade nos seus discursos, publicados em *The Idea of a University* — em tudo contrário ao modelo alemão ao afirmar: *a University... is a place of teaching universal knowledge, its object being the diffussion and extention of knowledge rather than the advancement*[61]. Em consonância com

---

[61] J. H. NEWMAN, *The Idea of a University*. Edited by I. T. Ker, Oxford: Clarendon Press, 1976 (print), p. 13.

este modelo de universidade, não advogava a especialização por entender que *narrow specialisations produce narrow minds.*

Em 1831, acabou por ser a *Royal Society* a tomar a iniciativa de quebrar a apatia em que o país se encontrava ao criar a *British Association for the Advancement of Science* cujo objetivo era reforçar a relação entre a ciência e o interesse público. A partir do seu segundo ano de existência, esta associação passou a organizar um encontro anual dedicado a um dado domínio científico. O governo passou a interessar-se cada vez mais pela ciência e, em 1851, organizou a *Great Exhibition of the Works of Industry of all Nations,* que ficou conhecida como *Exposição Universal.*

Havia que elevar o nível do ensino superior, programa iniciado com a fundação do *Royal College of Chemistry,* em Londres. Em 1844, Gardner e Bullock tiveram a iniciativa de fundar o *College of Chemistry for Promoting the Science and its Applications to Agriculture, Arts, Manufactures and Medicine.* Esta proposta foi assinada por trinta e cinco figuras proeminentes do governo, da medicina e detentores de grandes propriedades agrícolas. A ideia dos dois promotores era ligar o novo colégio à *Royal Institution,* criada em 1799 por cientistas de renome para promover a divulgação da ciência, mas esta negou a adesão, alegando falta de espaço. Então, os fundadores optaram pela instalação em edifício próprio e pela independência relativamente às universidades.

Os associados podiam utilizar as instalações laboratoriais para realizar investigação útil à Grã-Bretanha, colónias e dependências e tinham acesso à biblioteca e aos museus. Esta disposição revestia-se de grande interesse, porque os membros das comunidades médica e farmacêutica tinham necessidade de receber treino laboratorial e havia muito que lamentavam o facto de não disporem de instalações adequadas.

Assim nasceu, em 1845, o *Royal College of Chemistry* — independente do Estado e das universidades. O conselho formado para acompanhar o colégio era presidido pelo príncipe alemão Alberto de Saxe Coburgo Gota, marido da rainha Vitória. Por influência do príncipe, o conselho procurou entregar a direção do colégio a Liebig que, apesar de ter recusado, deu toda a colaboração, deslocando-se algumas vezes a Londres e indicando para o cargo um dos seus melhores antigos alunos, August Wilhelm von Hofmann.

Hofmann permaneceu em Inglaterra até 1865, onde desempenhou um papel importantíssimo na Química inglesa, tendo então regressado à Alemanha onde foi ocupar o lugar de professor da Universidade de Berlim. Morreu em 1892 e quatro anos depois, a Sociedade de Química Inglesa encarregou vários químicos de organizar uma sessão de homenagem em sua memória[62].

O colégio nunca disfrutou de desafogo financeiro e as dificuldades que atravessava fez com que se associasse, em 1852, à *Royal School of Mines* suportada pelo Estado, ato que tornou o *Royal College of Chemistry* numa instituição

---

[62] *Journal of the Chemical Society,* 1896, p. 575.

estatal. Como já se disse, a primeira grande exposição mundial da indústria realizou-se em Londres, em 1851, certame em que o Reino Unido mostrou o seu poder como potência mundial. Mas, na segunda exposição realizada em Paris, em 1867, o país não mereceu mais de dez medalhas das noventa atribuídas. A razão desta queda foi atribuída ao melhor sistema de educação tecnológica da França, Prússia, Áustria, Bélgica e Suíça. Afinal, a Inglaterra tinha de acelerar o ritmo de crescimento científico.

Quando Gladstone foi primeiro-ministro, deu prioridade a este tipo de ensino, tendo sido criado em Londres o *City and Guilds Central Technical College* em 1885. Vinte e dois anos depois, os três colégios londrinos associaram-se, formando o atual Imperial College of Science and Technology, que mantém até ao presente algumas das suas características[63].

Hofmann orientou a atividade do colégio segundo a escola do seu mestre, Liebig: o ensino teórico era complementado por práticas de laboratório e a investigação, para descobertas de Química fundamental e aplicada. Ele era um expositor brilhante e fez de vários dos seus alunos — Crookes, Williamson, Perkin e Odling e outros — químicos de primeiro plano e excelentes polemistas, escutados nos debates científicos. A sua investigação estendeu-se por uma vasta área de compostos orgânicos, melhorando os métodos de análise orgânica e das técnicas de investigação neste ramo da Química. Na execução do projeto de síntese da quinina, o seu jovem assistente, William Henry Perkin, descobriu, em 1856, a púrpura de anilina que foi o primeiro corante sintético conhecido com "malveína". Consciente do valor económico da descoberta, Perkin, contrariando a opinião de Hofmann, deixou o colégio e instalou uma indústria de corantes. Esta descoberta é apontada como exemplo de uma investigação em ciência que pode dar origem direta a uma indústria de grande relevo.

Apesar da criação do *Royal College of Chemistry*, que se pode considerar como o início da renovação da universidade inglesa, outras instituições ensinavam a Química com cursos práticos regulares. No regresso dos seus estudos com Bunsen, Frankland foi nomeado professor do *Owens College de Manchester*, em 1851, onde introduziu também o ensino prático. O escocês Thomas Graham, quando se transferiu para o *University College* de Londres em 1837, instalou aqui cursos práticos regulares e, em 1849, escolheu para professor de Química analítica A. W. Williamson, que estudou em Heildelberg e em Giessen e trouxe o método alemão de ensino.

Terminamos aqui o resumo da história do desenvolvimento da Química nas três grandes potências científicas europeias do século XIX e vamos retomar o percurso da Química geral que vínhamos seguindo.

A acumulação de dados fornecidos pelas descobertas do primeiro meio século de oitocentos originou uma tremenda confusão quanto à escrita das

---

[63] H. GAY, *The History of Imperial College London,* London: Imperial College Press, 2007, cap. 2, p. 12-45.

fórmulas dos compostos e ao arranjo de átomos ou radicais na molécula como já foi referido anteriormente[64,65]. Alguns escreviam as fórmulas dos compostos em função do peso atómico dos constituintes; a maioria, em função dos pesos equivalentes. Os primeiros aceitavam a teoria atómica de Dalton, os últimos consideravam-na dispensável e rejeitavam-na por se tratar duma hipótese que não podia ser confirmada empiricamente. Para estes, toda a Química devia ter uma fundamentação empírica e expurgada de crenças que pudessem inventar princípios de explicação ou de interpretação mais avançados do que os diretamente obtidos por observação e generalização.

Quando estava na Universidade de Giessen, o jovem Kekulé teve a ideia de organizar um congresso para que todos os químicos tentassem chegar a um consenso em relação aos pontos controversos. No final de 1859, contactou Weltzien, professor da Escola Politécnica de Karlsruhe, e depois com Wurtz e os três concordaram na organização do encontro, que teve lugar em Karlsruhe, ficando Weltzein como hospedeiro, e contou com o apoio do Grã-Duque Friederich I de Baden. A primeira circular, enviada em fins de março de 1860 aos principais químicos, teve grande acolhimento. Nela pedia-se aos convidados que indicassem os tópicos a debater e, numa segunda (de 10 de julho) enunciavam-se os conceitos a tratar: termos de átomo, molécula, equivalente, atómico, básico; discussão da questão de equivalentes e das fórmulas químicas; instituição duma notação e de uma nomenclatura uniformes.

O congresso decorreu entre 3 e 5 de setembro e contou com a participação de 140 químicos europeus e um mexicano. Durante o congresso, não houve grande concordância de pontos de vista. No último dia, Cannizzaro fez uma exposição em que estabeleceu de forma clara os conceitos de átomo e molécula, baseando-se na teoria que o seu conterrâneo Amadeo Avogadro tinha enunciado cinquenta anos antes. Stanislau Cannizzaro tinha exposto as suas ideias numa revista pouco conhecida, o que levou o seu amigo Angelo Paresi a fazer cópias do artigo e a distribuí-las aos congressistas no último dia da reunião. Este ato teve importantes consequências pela aceitação dos pontos de vista de Cannizarro, que não conseguiram impor-se no calor das discussões, mas conquistaram muitos na reflexão tranquila e desapaixonada da sua leitura.

Este foi o primeiro congresso internacional de Química e também o primeiro dedicado a um domínio específico da ciência. Quando terminou, o seu êxito era visto de duas formas opostas. A revista inglesa *British Chemical News* e a francesa *Le Moniteur Scientifique* consideraram-no um fracasso completo, por não ter sido conclusivo no que respeita aos objetivos que se propunha alcançar, mas os químicos que nele participaram manifestaram opinião diferente:

---

[64] F. A. KEKULÉ, *op. cit.,* ref. 35.

[65] B. BENSAUDE-VINCENT E I. STENGERS, *A history of Chemistry*, Massachusetts: Harvard University Press, 1996, cap. 3.

Mendeleeve considerou que o congresso teve um efeito notável na história da ciência e opinou que se deviam publicar as discussões das sessões e as suas conclusões; Lothar Meyer — que, antes da organização do encontro, tinha sido crítico, referindo numa carta a um amigo que o congresso era um "néscio concílio de igreja onde se esperava que os participantes propusessem a eleição duma infalível fórmula-papa [molecular]"[66] —, depois da sua realização considerou que "não tendo tido formalmente qualquer resultado, foi de facto muito útil, as muitas trocas de pontos de vista prepararam a posterior concordância geral dos conceitos abordados". Estes dois químicos ficaram a dever ao congresso o ambiente em que germinou a ideia da organização da tabela periódica dos elementos. Em 1929, R. Anschütz publicou as notas escritas por Wurtz sobre a discussão dos temas tratados nas sessões do congresso de Karlsruhe[67].

Desde a representação simbólica dos elementos por letras do alfabeto e a dos compostos por fórmulas que exprimissem a composição qualitativa e quantitava dos elementos que os constituem, os seguidores da teoria atómica sentiram necessidade de conhecer o arranjo dos átomos na molécula. Na teoria dualista ou eletroquímica, as moléculas eram constituídas por agrupamentos de átomos que possuíam carga elétrica e os conjuntos de átomos eram unidos na molécula, devido à dualidade das suas cargas. A descoberta do isomerismo e do isomorfismo levavam a pensar nos diferentes arranjos atómicos que pudessem originar estes fenómenos. O isomerismo fora interpretado por Berzelius como sendo devido aos diferentes arranjos de grupos atómicos. Por exemplo, o álcool etílico cuja fórmula empírica era C_2H_2O, podia originar grupos duais: $C_2H_4 \cdot H_2O$ e $C_2H_6O.H$ ou $C_2H_5O.H$ e $C_2H_5.OH$. A diferença nos dois radicais explicaria a razão de uma mesma composição empírica poder dar origem a diferentes radicais e a compostos com propriedades diferentes. O isomorfismo estava, aparentemente, fora do escopo desta teoria.

A teoria foi desenvolvida para compostos inorgânicos e, embora se tivesse admitido que ela seria válida para compostos de origem animal ou vegetal, foi a Química orgânica que veio mostrar que se tratava duma teoria muito incompleta e mal fundamentada.

A teoria unitária dos núcleos ou das substituições, desenvolvida por Laurent, desferiu um golpe de morte à teoria dualista, confirmado pela teoria dos tipos de Gerhardt. Na primeira, os compostos orgânicos eram formados por núcleos, aos quais estavam ligados átomos que podiam ser substituídos por outros, sem que a organização experimentasse alteração significativa.

---

[66] Allan Rocke, professor da Case Western Reserve University Cleveland (U.S.A.) na sua lição pronunciada no 150th Anniversary Welt Kongresss, 3-4 setembro, 2010, organizado pelo Professor do Karlsruhe Institute of Technology, Joachim Podleck, e publicado pela Wiley-VCH Verlag, 2010.

[67] R. Anschütz, *August Kekulé*, 2 vols., Berlin: Verlag Chemie, 1929 (Appendix VIII, p. 671-88 do vol. I).

É um passo no sentido da distribuição dos átomos numa organização geométrica espacial, que está na linha de desenvolvimento futuro.

Dumas, num paralelismo com a classificação taxonómica usada nas ciências biológicas, expôs a teoria dos tipos, em 1840, na *Académie des Sciences*, designando como tipo um conjunto de átomos que se mantinha inalterado no decurso das transformações químicas. Este conceito foi desenvolvido por Gerhardt, no sentido de sistematizar a diversidade dos compostos orgânicos em grupos de eletronegativos com semelhança estrutural, tomando como referência os átomos de oxigénio, cloro e azoto e o átomo eletropositivo de hidrogénio. A principal utilidade desta teoria residia na sua utilidade para a interpretação das reações químicas: embora não passasse de esquemas meramente formais, tornava-se mais fácil prever os produtos duma reação a partir do conhecimento do tipo de reagente. Com o seu espírito prático, Kolbe chamou às fórmulas de Gerhardt e de Laurent "química de lápis e papel"[68].

Kolbe e Frankland procuravam isolar radicais como forma de esclarecer a composição dos compostos químicos. A teoria dualista tinha sido ultrapassada e a prevalente na época era a teoria dos tipos. Em 1852, Frankland procurava isolar radicais de álcoois, fazendo reagir o iodeto de metilo com zinco. Entre os produtos de reação, encontrou zinco ligado ao iodeto de etilo e zinco ligado a dois grupos etílicos. Descobriu um grupo de compostos, nos quais o metal estava ligado a um grupo orgânico — compostos organo-metálicos — e descobriu também a porta que dava acesso a um novo rumo da interpretação da constituição das moléculas. Das várias experiências que fez, concluiu que os átomos dos metais tinham uma certa capacidade para se ligarem a outros átomos e chamou *valência* a esta propriedade do átomo. Assim, o átomo passou a ser caracterizado não somente pelo seu peso, mas também pela sua valência, o que veio dar uma nova visão da constituição da molécula.

Em 1854, Kekulé afirmava como um facto real que os átomos do oxigénio e do enxofre eram "dibásicos", equivalentes a dois átomos de halogéneo e, nesse mesmo ano, Odding, um colaborador de Williamson, estudou as valências dos átomos de uma variedade de elementos metálicos e não-metálicos que designou por *"replaceable, representative or substitution value"*. Eram designações ligadas às teorias unitárias, mas aplicadas a uma nova visão das fórmulas constitucionais.

Em duas publicações (no outono de 1857 e na primavera seguinte), Kekulé enunciava os princípios fundamentais da valência, após o estudo dos compostos de carbono e, um ano depois, expunha-os no seu famoso livro *Lehrbuch der Organischen Chemie* (1861-1866).

Em 1844, Mitscherlich observou que o tartarato e o paratartarato de potássio davam formas cristalinas idênticas, mas tinham um comportamento diferente relativamente à luz polarizada. O primeiro destes compostos era oticamente ativo, enquanto o segundo não manifestava atividade ótica.

---

[68] A. W. H. KOLBE, *Journal für praktische Chemie, 122,* 1876, p. 268-278.

Louis Pasteur, médico e bacteriologista francês e doutor pela Sorbonne com uma tese sobre cristalografia (1847), deu uma contribuição extraordinária para o avanço da medicina e desempenhou um papel importante no progresso da Estereoquímica. No estudo sobre a fermentação ácida do vinho, observou que o ácido tartárico era oticamente ativo, mas o ácido paratartárico formado nos depósitos do vinho durante a fermentação não desviava a luz polarizada. Estudou os cristais deste ácido e observou que havia alguns em que a face hemiédrica se localizava do lado esquerdo e outros em que ela estava situada à direita, estando as duas formas, uma para a outra, como o objeto e a sua imagem num espelho plano. O comportamento ótico de cada um dos cristais era diferente, pois enquanto uma forma era levogira a outra era dextrogira. A mistura equimolecular das duas era oticamente inativa porque os efeitos se anulavam. Pasteur mostrou que as propriedades óticas dos cristais dependiam da sua estrutura.

Ao tempo, não havia informação disponível para poder relacionar a assimetria cristalina observada com a estrutura molecular. Este avanço foi realizado por Joseph Louis Le Bel e Jacob Henricus van't Hoff.

No artigo "Sobre as relações que existem entre as fórmulas atómicas dos compostos orgânicos e o poder rotatório das suas dissoluções" publicado em novembro de 1874 no *Bulletin de la Société Chimique de Paris*, Le Bel atribuía a existência de estereoisómeros aos casos em que os quatro átomos ou grupos moleculares ligados a um átomo de carbono fossem diferentes — é a continuação das pesquisas de Pasteur transportadas para o nível molecular. Em setembro desse ano, em Utrecht, van't Hoff publicou um folheto de doze páginas sobre estereoisomeria e, no ano seguinte, um texto mais extenso em francês, *La Chimie dans l'Espace*. Kekulé partiu da hipótese de que o carbono era tetravalente e admitiu que a orientação das ligações aos átomos vizinhos era tetraédrica. O átomo de carbono estaria no centro do poliedro e os átomos a ele ligados, nos vértices. Afirmou que: "No caso em que as quatro afinidades de um átomo de carbono estão saturadas por quatros grupos univalentes dois, e somente dois, tetraedros diferentes podem ser obtidos, dos quais um é a imagem do outro no espelho." As duas fórmulas estruturais correspondentes são isómeros óticos com desvio da luz polarizada de sinal contrário.

Após o estabelecimento das bases da Química geral que temos vindo a expor, as vias principais para o avanço da Química foram a descoberta de métodos de síntese de compostos orgânicos de grande relevância económica e o desenvolvimento de métodos de investigação que permitiram uma visão profunda da natureza da matéria. Na segunda metade do século, assistiu-se ao desencadear de uma série impressionante de métodos de síntese orgânica cujo corolário foi o arranque da poderosa indústria da Química orgânica, que contribuiu para conferir à Europa a hegemonia de que disfrutou até à 2ª Guerra Mundial. R. Fittig (1864), A. Wurtz (1869), T. Friedel e J. Crafts (1877), C. Schotten e E. Baumann (1884), T. Sandmeyer (1884), P. Sabatier e J.

B. Senderens (1897) e V. Grinhard (1900) são nomes e datas que preencheram a grande época da síntese orgânica apontada — um dos acontecimentos mais notáveis da ciência do século XIX, pelas suas consequências práticas.

Os progressos registados na teoria foram também enormes e de não menor alcance. Apesar de na base do êxito de Lavoisier ter estado o recurso a métodos físicos, como pesagem, medidas volumétricas e de pressão de gases, calorimetria, e de estes métodos continuarem a ser usados posteriormente, é facto que até aos anos quarenta a Química e a Física eram ciências separadas e seguiam metodologias diferentes. Helmholtz fez reparo à forma irracional como a Química se estava a desenvolver[69,70]. Maxwell caracterizava a Química como uma ciência física, mas faltava-lhe clareza, rigor e abstração[71]. Apesar do enorme progresso, a Química parecia não conseguir libertar-se da condenação kantiana de ser uma arte útil e não uma verdadeira ciência, nem do lugar secundário em que Comte a colocou na sua classificação das ciências. O panorama ia mudar a partir do início da década 1840-1850. As duas ciências, Física e Química, aproximaram-se e, servindo-se da Matemática, desenvolveram em comum métodos de estudo, que hoje são os esteios das modernas ciências de natureza. A Química deixara a fase de ciência indutiva para passar ao de ciência dedutiva.

Estávamos em plena revolução industrial e a energia era assunto de maior interesse prático e, consequentemente, também teórico. Na década de 1840--1850, vários cientistas entregaram-se ao estudo de conversão de energia, com especial relevo para a interconversão de energia térmica em energia mecânica. Energia era uma designação que, em Física, estava associada à capacidade dum sistema de realizar trabalho. Um corpo de massa m e velocidade v estava dotado de uma 'força', traduzida por Galileo por ímpeto, definido como o produto $(m.v)$; Leibnitz designou o produto $(m.v^2)$ por *vis viva*; Descartes chamou ao produto $(m.v)$ quantidade de movimento; Newton chamou 'impulso' ao produto da massa pela aceleração do movimento. Esta 'força' podia ter origens diferentes: gravitacional, mecânica, cinética, potencial, calórica, elétrica, magnética, química etc., e tinha a particularidade de uma forma se poder transformar nas outras.

O calor fora considerado por Lavoisier como elemento, ou seja, como tendo natureza material. Carnot considerou-o como um fluido material capaz de acionar um motor pela sua passagem através dele. No final do século XVIII, há duas teorias sobre a natureza do calor: uma considerava-o um fluido material e a outra, uma forma de movimento das partículas constituintes dos corpos.

---

[69] K. A. Nier, Dissertação de doutoramento, Universidade de Harvard, 1975, p. 102.

[70] H. von Helmholtz, cit. por H. E. Armstrong, Presidential Address of the Chemical Section, BAAS Rep., Winnipeg, 1909, p. 423.

[71] J. C. Maxwell, "Physical Science", *Enciclopedia Britannica*, 9ª edição, 1875-1889, vol. 19, p. 1-3.

As observações de Benjamin Thompson, conde Rumford, do calor libertado por ação das brocas para abrir o cano de canhões numa fábrica de armamento em Munique revestiram-se de grande importância. Posteriormente, realizou algumas experiências de produção de calor por fricção, condução e pesagem de calor, que o levaram a escrever a Pictet de Genebra (1797) que o calor não tinha origem material, conclusão que publicou em *Memoires sur la Chaleur* (Paris, 1804). É surpreendente que, depois dos trabalhos de Rumford, a teoria do calórico ainda continuasse a ter seguidores e somente em 1854 tivesse sido completamente abandonada.

Em 1842, Julius Robert von Mayer, cirurgião, cientista amador e médico de bordo de uma expedição naval, verificou que, na região tropical, o sangue venoso dos marinheiros era mais avermelhado do que nos climas mais frios. Este fenómeno foi atribuído ao facto de nos climas quentes ser necessário uma menor quantidade de oxigénio para manter a temperatura do corpo. Maeyer procedeu, então, ao estudo da relação entre trabalho, calor e metabolismo e determinou a relação entre quantidade de calor e de trabalho numa transformação entre as duas formas de energia.

No decorrer da década, um outro cientista amador, James Prescott Joule, realizou um grande número de experiências de conversões de energia. Começou por efetuar a transformação de energia elétrica em térmica e, a seguir, de energia mecânica em térmica. Determinou o trabalho equivalente a 1 caloria (1 caloria = 4,185 Joules, valor com um desvio de 1% do atual).

Em 1847, Hermann von Helmholtz procurou provar a não existência da 'força vital', estudando o metabolismo muscular e observou que nos movimentos musculares não havia perdas de energia, mas sim conservação e que a energia mecânica podia ser convertida e em energia térmica. Helmholtz era físico, tinha um sentido eclético da ciência e vinha-se ocupando do estudo da fisiologia da respiração. Deu ao princípio da conservação da energia um significado mais profundo do que os seus antecessores no enunciado seguinte: "todos os estados de equilíbrio de um sistema termodinâmico são conectáveis entre si mediante a subministração adiabática do trabalho; o trabalho consumido nesta conexão só depende dos estados inicial e final". Definiu uma função de estado do sistema, U, energia interna, cuja variação é dada pelo trabalho adiabático envolvido na transformação, $\Delta U = W_{ad} \cdot W_{ad}$ representa o trabalho adiabático.

Quando uma transformação não for realizada em condições adiabáticas e haja uma troca de calor, q, entre o sistema e o exterior, então $\Delta U = w + q$. As quantidades w e q não são funções de estado, mas a sua soma possui esta propriedade.

Motivado pelo papel que a máquina a vapor desempenhara na energia da sociedade industrial, Sadi Carnot estudou a conversão de calor em trabalho, com o objetivo de melhorar o rendimento deste tipo de máquina. Em 1824, publicou este estudo que se manteve ignorado durante muito tempo. A máquina térmica que Carnot idealizou funcionava segundo um ciclo bem conhecido de todos e que ficou consagrado com o seu nome. O ciclo consiste num fluxo de calor com origem na fonte quente que passa pelo motor e é depois cedido à fonte fria. Se o fluxo de calor e o trabalho produzido se compensassem, o sentido do funcionamento da máquina podia ser revertido e esta usada na operação inversa, ou seja, na conversão de trabalho em calor. Nesta situação, o ciclo de Carnot seria reversível, mas na prática o ciclo não é reversível porque na conversão do fluxo de calor em trabalho há sempre perdas ocasionadas por condução, choques moleculares, variações de velocidade molecular e outras causas. Todos os contactos de corpos com velocidades diferentes originam perdas irrecuperáveis de energia. No princípio do século, Fourier provou que na propagação do calor havia dissipação.

Portanto, a máquina de Carnot tem um funcionamento irreversível e o seu rendimento é menor do que aquele que seria se o seu funcionamento fosse reversível. Mas, sendo as perdas de energia tanto mais elevadas quanto maior for a diferença de temperatura, serão tanto menores quanto mais próximos forem os valores da temperatura das duas fontes. O ciclo reversível de Carnot é um estado-limite que corresponde a um fluxo de calor entre duas fontes à mesma temperatura, o que é um paradoxo. Na conversão ideal, admite-se que o fluxo de calor é contínuo, condição para a transformação ser reversível. Em resumo, as conversões de calor em trabalho são irreversíveis por serem sempre acompanhadas de dissipação de energia.

Com base na irreversibilidade do ciclo de Carnot, Rudolph Clausius enunciou o princípio geral da conversão de energia térmica em mecânica do seguinte modo: "não é possível transferir calor de uma fonte a uma dada temperatura para uma outra a temperatura superior sem alteração do sistema ou do meio exterior"[72]. Este princípio dá uma orientação às transformações que ocorrem na natureza.

---

[72] R. J. E. CLAUSIUS, "Über die bewegende Kraft der Wärme und die Gesetze welche sich daraus für die Wärmelehre selbst ableiten lassen", *Annalen der Physik*, 79, 368-397, 500-524, 1850.

O princípio da conservação da energia (conhecido como o 1º princípio) enunciado por Mayer, Joule e Helmholtz e o 2º princípio expresso por Clausius[73] constituíram os postulados de uma axiomática que, utilizando a lógica, tornou possível deduzir um corpo doutrinário para interpretar as variações de energia que acompanham os processos que ocorrem na natureza — a termodinâmica.

Para dar conta da irreversibilidade das transformações naturais, Clausius introduziu, em 1865, a função entropia, S, tal que dS é igual a dqrev/T. Admitamos uma transformação cíclica que ocorra segundo um ciclo de Carnot e seja q_1 o fluxo de calor saído da fonte a temperatura mais elevada T_1 (fonte quente) e q_2 o fluxo cedido à fonte a temperatura mais baixa T_2 (fonte fria). Se a transformação for reversível, ou seja, se se realizar através de estados de equilíbrio ou se for irreversível, temos:

$$\frac{q_1}{T_1} + \frac{q_2}{T_2} = 0 \quad \text{reversível} \qquad \frac{q_1}{T_1} + \frac{q_2}{T_2} < 0 \quad \text{irreversível}$$

Generalizando estas expressões para um número n de fontes, podemos escrever, para uma transformação qualquer:

$$\sum_{1}^{n} \frac{q_i}{T_i} \leq 0$$

A igualdade corresponde às transformações reversíveis e a desigualdade, às irreversíveis.

Se a transformação for realizada através dum número infinito de transformações e, portanto, os fluxos de calor forem infinitesimais, teremos:

$$\int \frac{\mathrm{d}q_i}{T} \leq 0$$

Imaginemos um ciclo termodinâmico entre os estados 1 e 2, o qual se processa da seguinte forma: o sistema evolui de um estado inicial 1 para um estado final 2, por um processo irreversível, e regressa ao estado 1, através dum processo reversível. A transformação global pode ser traduzida da forma seguinte:

$$\oint \frac{\mathrm{d}q}{T} = \int_{1}^{2} \frac{\mathrm{d}q_{\text{irr}}}{T} + \int_{2}^{1} \frac{\mathrm{d}q_{\text{rev}}}{T} < 0$$

---

[73] Pouco tempo depois, o princípio enunciado por Clausius foi também enunciado por Kelvin de forma diferente, mas equivalente.

Como a transformação de 2 para 1 é reversível, a segunda parcela da desigualdade anterior corresponde à variação de entropia, ou seja, $\Delta S_{2-1} = S_1 - S_2$ e a expressão anterior toma, então, a forma:

$$\int_1^2 \frac{\mathrm{d}q_{irr}}{T} + (S_1 - S_2) < 0$$

Esta última expressão indica que, numa transformação irreversível, ocorre um decréscimo de energia relativamente à situação da transformação se efetuar em condições de reversibilidade. Diremos que numa transformação irreversível, há uma degradação de energia que se perde e não é recuperável pelo sistema para produzir trabalho, o que se traduz num aumento de entropia.

Nos casos em que o sistema não troque energia com o exterior, das últimas desigualdades escritas acima, temos:

$$S_2 - S_1 > 0$$

Quer esta expressão dizer que, num sistema isolado, as transformações ocorrem com aumento de entropia.

Enquanto o 1º princípio da termodinâmica é comum a toda e qualquer transformação e não lhe impõe qualquer orientação, o 2º é exclusivo da termodinâmica e estabelece que todos os fenómenos que ocorrem na natureza, livres de qualquer intervenção externa, ocorrem no sentido do aumento de entropia.

A termodinâmica foi adaptada à Química por Josiah Willard Gibbs, desenvolvendo um formalismo aplicado ao equilíbrio químico em *Equilibrium of Heterogeneous Substances* (1876-1878). Esta monumental obra tornou a termodinâmica num dos métodos de investigação da Química-Física, aplicável a todos fenómenos macroscópicos.

Desde que, em 1738 no seu livro *Hydrodynamics*, Bernoulli propôs para modelo de um gás um fluido constituído por partículas microscópicas em movimento rápido, seria de prever o estabelecimento de relações entre as propriedades observáveis da matéria e a mecânica das partículas microscópias que a constituem. A energia interna do gás seria produzida pelo movimento das partículas, a temperatura estaria dependente da velocidade do movimento e a pressão, do choque das partículas contra as paredes do recipiente em que estava contido. Nos anos de 1757 e 1758, Clausius admitiu que o movimento das partículas dum gás ocorria em qualquer direção do espaço e que a energia era uma consequência do movimento de rotação, vibração e translação das suas moléculas. Verificou que a velocidade do movimento esperado para as moléculas era tão elevada que elas percorriam as distâncias dentro do recipiente quase instantaneamente. Observou ainda que a difusão de um gás através de outro era mais lenta do que seria de esperar; admitiu, então, que o decréscimo da velocidade seria devido ao choque entre as moléculas dos dois gases e calculou o percurso livre médio das moléculas.

Em 1860, J. Maxwell deu uma contribuição importante para o estudo da cinética molecular dos gases, ao introduzir a noção de probabilidade na Física. Admitiu que os choques moleculares produziam variações da direção do movimento e da velocidade. Ao fim de algum tempo, as moléculas distribuíam-se por uma larga gama de velocidades, invariante com o tempo — é o estado de equilibro.

Não faz sentido perguntar quantas moléculas há com uma certa velocidade, porque a resposta não tem interesse, na medida em que para uma velocidade determinada, poderão ser muitas ou poderá não haver nenhuma. O que interessa para a caracterização do sistema é a resposta à pergunta: qual é a fração de moléculas do sistema que, à temperatura em que este se encontra, têm uma velocidade compreendida entre v e $v + \mathrm{d}v$.

Esta fração, que pode ser designada por densidade de moléculas num espaço infinitesimal compreendido por aqueles limites de velocidade, é o produto da função de distribuição molecular $f(v)$ pelo volume elementar $\mathrm{d}v$:

$$\frac{\mathrm{d}N}{N} = f(v)\mathrm{d}v$$

Maxwell calculou $f(v)$ para uma dada temperatura, que é uma curva do tipo gaussiana assimétrica, o que traduz a natureza casual da distribuição. Como o integral entre zero e infinito de $f(v)\mathrm{d}v = 1$, a distribuição é normalizada e a fração $\mathrm{d}N/N$ representa a probabilidade de uma molécula se encontrar no intervalo $[v, v + \mathrm{d}v]$. Mawell foi o autor que, pela primeira vez, introduziu a noção de probabilidade em Física.

Em 1868, L. Boltzmann iniciou os seus estudos da teoria cinética dos gases e deduziu a lei de equilíbrio de velocidades para um gás sujeito a um potencial externo, como o do campo gravítico. Apresentou uma alternativa da derivação da lei de distribuição sem recorrer a colisões e cinética, como Maxwell, e admitiu que a probabilidade de uma molécula se encontrar numa região do espaço e o seu momento eram proporcionais à dimensão do espaço considerado. Em 1872, Boltzmann publicou um trabalho com enorme impacto científico, no qual estudou a evolução de um sistema do estado de não equilíbrio para o de equilíbrio, o que veio explicar a irreversibilidade estabelecida pelo 2º princípio termodinâmico em bases moleculares. Esta relação já havia sido prevista por Maxwell na figura do conhecido demónio de Maxwell ao qual faremos referência mais à frente.

Boltzmann considerou uma função de distribuição da energia e do tempo $f(x,t)$ e procurou obter uma equação diferencial para a variação da distribuição com o tempo. Para a sua dedução, é necessário conhecer quantas moléculas de uma certa velocidade chocam com quantas de outras velocidades especificadas e os ângulos formados pelas moléculas que colidem na unidade de tempo.

Admitindo como postulados que não há correlação entre moléculas de uma dada velocidade e que cada colisão pressupõe outra inversa que regenera o efeito da anterior, deduziu uma equação que dá a variação da função distribuição com o tempo (equação cinética). Combinando esta equação com a lei de distribuição, estabeleceu uma função, designada por função H, que tem a particularidade de decrescer com o tempo.

Num trabalho publicado em 1877, Boltzmann admitiu que a entropia tinha um comportamento idêntico a H e propôs a famosa relação entre aquela função e a probabilidade estatística de estado, $S = k \ln w$, onde w é o número de microestados correspondente ao estado considerado e k, uma constante.

A probabilidade estatística é uma medida da "desordem" de um sistema. Quantas mais restrições forem impostas a um sistema, menor é a probabilidade da sua ocorrência. Como o universo é um sistema isolado, as transformações naturais correspondem a um aumento de entropia, ou seja, a estas transformações corresponde um aumento da desordem.

Os trabalhos de Mawell e Boltzmann foram os primeiros passos do desenvolvimento de um método físico-químico que relaciona as funções termodinâmicas com as propriedades moleculares, através da mecânica e da estatística — mecânica estatística. Este é um outro método de investigação da Química-Física.

Como já se referiu, a natureza estatística da entropia e do 2º princípio já havia sido prevista, anteriormente, por Maxwell. Em carta de 6 de dezembro de 1867, P. G. Tait, professor na Universidade de Glasgow, solicitara a Maxwell comentários ao livro *Sketch of Thermodynamics*, que ia imprimir. Este respondeu-lhe em 11 de dezembro, sugerindo-lhe para focar alguns aspetos de forma a contribuir para lhe assegurar vigor. Deu-lhe o exemplo seguinte: *in the second of $\theta\Delta^{cs}$[74], if two things are in contact the hotter cannot take heat from the colder without external agency*. Descreve um dispositivo imaginário para poder mostrar a falibilidade do princípio: uma caixa dividida a meio por uma parede, na qual é feito um orifício que pode ser aberto ou fechado por uma janela manobrada por um ser finito, capaz de "ver" moléculas e distingui-las pela velocidade. Enche-se a caixa com um gás e o controlador permite a acumulação das moléculas mais velozes num dos compartimentos (por exemplo B), ficando o outro (A) com as moléculas mais lentas. Terminada a operação, ficamos com um sistema a uma dada temperatura, que é constituído por duas fontes térmicas a temperaturas diferentes, capazes de originar trabalho. Teríamos, assim, a produção de trabalho por um sistema a uma dada temperatura, contrariando

---

[74] $\theta\Delta^{cs}$ era o símbolo usado por Maxwell na correspondência com o significado de 'ther-modynamics'.

o 2º princípio da termodinâmica: para haver trabalho são necessárias duas fontes térmicas. Com este astucioso dispositivo, procurava mostrar que o 2º princípio da termodinâmica, infalível nas transformações macroscópicas, pode não ser válido em sistemas microscópicos.

Em *Theory of Heat* (1871), na secção *Limitations of the second law of thermodynamics*, Maxwell descreveu o agente selecionador das moléculas como *a being whose faculties are so sharpened that he can follow every molecule in its course*. Deu-lhe uma figura antropomórfica dotada de atributos necessários para executar as suas funções, como agilidade e inteligência. Em *Kinetic theory of the dissipation of energy* (1874)[75], com base nos atributos que Maxwell confere ao selecionador de moléculas, William Thomson apelidou-o de *Intelligent Demon* e ficou para a história como o Demónio de Maxwell.

Com a sugestão que deu a Tait, Maxwell teve, naturalmente, a ideia de mostrar que o 2º princípio da termodinâmica não era um princípio inerente à natureza e, como tal, infalível (como era considerado), mas sim um princípio da nossa visão da natureza como seres incapazes de ver os constituintes microscópicos. Ao homem só eram acessíveis as propriedades macroscópicas e para este mundo o 2º princípio era infalível. Mas, no mundo microscópico, este princípio é uma lei provável e, portanto, estatística e não universal.

Além da termodinâmica e da mecânica estatística, outros métodos físico-químicos se desenvolveram posteriormente, alargando o âmbito da Química e enriquecendo o seu estudo com novos métodos.

Há muito tempo que a ciência tinha deixado de ser criação do investigador isolado para passar a ser obra de investigadores integrados em grupos. O trabalho de colaboração é mais profícuo para o aparecimento de ideias novas geradoras de progresso científico.

Numa ciência, como a Química, em cuja fundamentação a experimentação desempenhe um papel importante, a constituição de grupos de trabalho com certa dimensão pode ser condição necessária para o êxito. A ciência é obra de todos e para todos, o que significa que para dar cumprimento a este ditame, os grupos de investigadores devem comunicar entre si, reforçando o estabelecimento de ligações com a sociedade para dar à sua ação uma orientação mais eficaz e mais conhecida.

Passámos a considerar o associativismo e a comunicação científica dois dos instrumentos essenciais ao desenvolvimento da ciência.

A *Accademia Nazionale dei Lincei* foi fundada em 1603 e cota-se como a academia mais antiga do mundo. Foi instalada em Roma pelo aristocrata Frederico Cesi e três amigos, contava com quinze membros, entre eles o físico Galileo Galilei e tinha por objetivo a defesa da liberdade de experimentação. Foi extinta com a morte do seu patrono e fundador, reabriu em 1847 como

---

[75] W. Thomson, *Nature*, 9, 442, 1874.

Accademia Pontifícia dei Nuovi Lincei, assumindo-se como sucessora da primitiva e, por 1870, tornou-se na Academia Nacional de Itália.

Em 1657, foi criada em Itália uma outra academia: a *Accademia del Cimento*. Sob a proteção dos príncipes Leopoldo da Toscana e Ferdinando II de Medici, grão-duque de Toscana, foi instalada em Florença por dois estudantes de Galileo — Giovanni Borelli e Vincenzo Viviani — e tinha como objetivo o fomento da experimentação, designadamente a criação de instrumentos de laboratório e o estabelecimento de padrões de medidas físicas. Tinha doze associados e manteve-se em atividade durante uma década.

No dia 28 de novembro de 1660, depois de uma lição de astronomia de Christopher Wren, este e outras doze pessoas interessadas em ciência — nomeadamente Robert Boyle e Robert Hooke — reuniram-se, acordaram constituir uma sociedade científica e assim foi fundado, em Londres, um colégio dedicado à promoção do conhecimento científico através da experimentação. A carta da fundação foi assinada por Charles II em 15 de julho de 1662 e revista no ano seguinte, passando a sociedade a denominar-se *Royal Society of London for Improving Natural Knowledge*. O seu lema — *Nullius in verba* (em inglês *take nobody's word for it*) — é a clara rejeição da escolástica, afirmando o desejo de estabelecer a verdade em factos baseados somente na experiência científica e nunca na palavra de nenhuma autoridade. É a sociedade científica mais antiga patrocinada por um Estado e, apesar do apoio real, era independente da coroa britânica. Desde a sua fundação, é instituto de investigação, órgão de divulgação, esclarecimento do conhecimento e forma de arbitragem e, em 1865, iniciou a publicação da revista periódica *Philosophical Transactions*, a mais antiga revista científica do mundo. Esta sociedade teve um papel brilhante no desenvolvimento dos vários ramos da ciência e por lá passaram gerações de químicos famosos.

Em Paris (1666), foi fundada a *Académie Royale des Sciences* — palco da apresentação de resultados de investigação que desencadearam a revolução da Química do século XVIII. Continuou a ser uma instituição prestigiada que reunia os cientistas franceses mais eminentes, numa época em que a França era um dos países de vanguarda na Química. A Academia era estatal e composta por dezoito *pensionnaires*, pagos como funcionários públicos (até 1793, pela coroa e depois pelo governo) que, depois de reformados, continuavam a fazer parte da Academia, doze membros honorários, representantes da nobreza e do clero, doze *associés* e doze *élèves* ou *adjoints*, havendo ainda lugar para associados honorários estrangeiros. A Academia era constituída por seis secções correspondentes às especialidades de Geometria, Astronomia, Mecânica, Química, Botânica e Anatomia. As secções de Biologia e Física foram criadas em 1785 por proposta de Lavoisier.

O número limitado de lugares e a remuneração que os *pensionnaires* recebiam tornavam os convites para admissão restritos apenas a entidades de grande prestígio científico.

Ao contrário do que sucedia em França, os membros da *Royal Society* de Londres não eram remunerados e, nessa época, a admissão de novos membros era mais facilitada, o que resultava na entrada de pessoas que, embora interessadas na ciência, não eram cientistas. Todavia, o prestígio que a sociedade rapidamente alcançou fez dela uma instituição de referência mundial ao longo dos séculos.

Em 1779, foi criada a *Royal Institution of Great Britain* dedicada à educação, investigação científica, difusão da ciência e sua aplicação aos aspetos correntes da vida. Esta unidade foi criada por proposta de Cavendish, Finche e Benjamin Thompson, e com apoio financeiro do filantropista Sir Thomas Bernard.

A *Royal Institution* possuía laboratórios para a realização de trabalho experimental e ensino público. No início de 1800, foi contratado como professor Humphry Davy, que se notabilizou nas aplicações da corrente elétrica para obter metais alcalinos e alcalino-terrosos. O seu assistente Michael Faraday foi outro professor e investigador de grande vulto, cujas descobertas nos domínios da Eletroquímica e do Eletromagnetismo foram grandes avanços da ciência. Ficaram célebres as suas "lições de Natal", um curso de seis lições proferidas entre 27 de dezembro de 1855 e 8 de janeiro de 1856. A primeira lição, *The distinctive properties of the common metals,* foi proferida perante o príncipe Alberto e o príncipe de Gales (posteriormente o rei Edward VII).

Sucederam-se fundações de academias noutros países, datando de 1779 a da *Academia Real das Ciências de Lisboa*, como já foi referido.

A efervescência científica verificada já na segunda metade do século XVIII, inclusive na Química, gerou na Escócia e em Inglaterra clubes científicos, onde personalidades de elevado nível cultural se reuniam regularmente para discutir aspetos relacionados com a nova filosofia natural. Um destes clubes pioneiros foi o *Oyster Club*, fundado em Edimburgo na década de 1770 pelo filósofo e economista Adam Smith, pelo químico Joseph Black e pelo geólogo James Hutton. Os seus membros reuniam-se semanalmente para abordar questões científicas e jantar, ficando o nome do clube a dever-se ao prato que fazia parte do serviço do restaurante. Além dos fundadores, eram membros do clube e participavam nas reuniões figuras brilhantes das luzes escocesas como John Playfair, Adam Ferguson, David Hume e Sir James Hall. Por vezes, eram também convidadas figuras ligadas à ciência como, por exemplo, James Watt e Benjamin Franklin. O clube desapareceu com a morte dos fundadores, ocorrida na última década do século XVIII.

A *Lunar Society* foi um clube de Birmingham que surgiu das reuniões ocasionais de dois amigos interessados por ciência: Mathew Bolton e Erasmus Darwin. O primeiro era fabricante de artigos metálicos e tinha abandonado os estudos aos catorze anos e o segundo era médico e poeta. Em 1765, decidiram criar uma sociedade da qual faziam parte o químico Joseph Priestley, o inventor Benjamin Franklin, o industrial Josiah Wedgwood, o inventor James Watt, o famoso geólogo e químico Richard Kirwan e outros cientistas. Primeiro, a sociedade chamou-se *Lunar Circle* e, dez anos depois, *Lunar Society*, porque as reuniões tinham lugar durante a lua cheia para que os participantes tivessem luz para regressar a casa.

Nos séculos XVII e XVIII, havia muitas *coffee-houses* em Londres, onde se reuniam escritores, artistas, políticos, cientistas, homens de negócios, etc. para discutirem assuntos que lhes interessavam e assim se formavam sociedades, que se reuniam regularmente nestes locais. Uma delas foi a *Chapter Coffee-House Society*, fundada em 1710 por um grupo de cientistas do qual fazia parte João Jacinto de Magalhães. Esta *coffee-house* distinguia-se pela sua clientela: escritores, livreiros, homens de ciências e de letras. A *Chapter Coffee-House Society* ficou famosa pelos cientistas que a frequentavam: John Whitehurst, Edward Nairne, Richard Kirwan, Boulton, Watt, Wedgwood, Kein, Hutton. As *coffee-houses* entraram em declínio em fins do século XVIII e as reuniões de grupos ligados à cultura passaram a constituir clubes mais especializados.

Um destes foi o *Chemical Club* de Londres (1806-1828), um pequeno clube onde os seus membros se reuniam ao jantar para tratar de temas científicos. Eram membros deste clube, Humphry Davy, William Wollaston e Alexander Marcet. De quando em vez, participavam nos trabalhos hóspedes ilustres, como Dalton e Berzelius.

Havia também reuniões científicas em casa de personalidades ilustres: Kirwan e Joseph Banks recebiam frequentemente nas suas residências ingleses e estrangeiros apaixonados pela ciência.

A fase seguinte ao associativismo em pequenos clubes e academias de índole científica geral foi caracterizada pela criação de sociedades de âmbito internacional dedicadas a ramos específicos da ciência.

Na Grã-Bretanha, país pioneiro na criação de instituições científicas, foram criadas algumas associações devotadas ao desenvolvimento de domínios específicos, no fim do século XVIII e primeira metade do século XIX: a *Linnean Society of London* (1788), *Gelogical Society of London* (1807), a *Royal Astronomical Society* (1820) e a *Zoological Society of London* (1826). W. H. Brock[76] explica a formação de algumas destas sociedades como resposta a acontecimentos ocorridos nos respetivos setores: a *Linnean Society* foi fundada quando Lineu propôs o método de catalogação das espécies; a *Astronomical Society* destinava-se a catalogar as estrelas e as nebulosas; e a *Geological Society* tinha por objetivo catalogar os minerais e as rochas das Ilhas Britânicas.

Em finais dos anos 30 do século XIX, a Química tinha expressão suficiente para justificar a constituição de uma sociedade que lhe fosse inteiramente dedicada e, em 1839, o químico Robert Warington desencadeou o movimento de criação da Sociedade de Química. A associação pretendia reunir todos os químicos de mérito científico e terminar com invejas mesquinhas entre

---

[76] W. H. BROCK, *op. cit.,* p. 441.

grupos e com clubes elitistas de confraternização. Convidou uma comissão alargada de académicos, químicos ligados à indústria e pessoas empenhadas no desenvolvimento deste ramo de ciência. A comissão reuniu-se em Londres e, em 1841, anunciou a fundação da *Chemical Society of London* cujo objetivo era organizar sessões nas quais seriam apresentadas comunicações e discutidas descobertas e observações que seriam publicadas pela sociedade. Os estatutos davam relevo ao papel da sociedade no avanço da ciência e na sua aplicação à indústria. No primeiro ano, a sociedade tinha setenta e sete membros; em 1844, o número duplicou e triplicou em 1848. No jubileu, em 1891, o número de associados era de mil setecentos e cinquenta e quatro. Embora os estatutos acautelassem a promoção dos aspetos básicos e aplicados da Química, numa fase inicial os primeiros receberam mais atenção devido à influência dos académicos londrinos. A tensão entre os aspetos teóricos e práticos foi aliviada com a criação do *Royal Institute of Chemistry* (1877) e da *Society of Chemical Industry* (1881), que privilegiavam a Química aplicada.

O exemplo inglês foi seguido pelos demais países. Num café de Paris, reuniam-se semanalmente três jovens químicos para discutirem os seus trabalhos e outros (franceses ou estrangeiros) de que tivessem conhecimento; com outros químicos que aderiram ao projeto, criaram a *Société Chimique de France*, em 1857. Para lhe conferir maior prestígio, convidaram químicos ilustres, como Pasteur, Cahours e Dumas, que passaram a fazer parte da Sociedade por aclamação e não por eleição por voto secreto, como ordenavam os estatutos. Em 28 de dezembro de 1858, Dumas foi eleito presidente e Pasteur e Cahours, vice-presidentes. Esta tomada do poder por estes ilustres químicos ficou conhecida como o 18 brumário químico.

Logo nesse ano, apareceram os *Repertoires de Chimie Pure*, redigidos por Wurtz e os *Repertoires de Chimie Appliquée*, redigidos por Barreswil; em 1907, fundiram-se com o *Bulletin mensuel de la societé*, passando o órgão de comunicação da Sociedade a chamar-se *Bulletin de la Societé Chimique de France*.

Die Deutsche Chemische Gesellschaft zu Berlin foi fundada em 1868 com a assinatura de cento e três químicos: noventa e cinco residentes em Berlim e oito noutras cidades, a que se juntaram três membros honorários, Bunsen, Liebig e Wöhler.

A *American Chemical Society* teve a sua génese na reunião Priestley Centennial Meeting em Northumberland, na Pensilvânia, e os estatutos foram elaborados e aprovados em 1876.

A *Sociedade Portuguesa de Química* só foi criada em 1911 por iniciativa do professor de Química da Universidade do Porto, Joaquim Ferreira da Silva.

A comunicação em ciência deve ser multidirecional, de forma a fazê-la chegar aos vários setores de uma sociedade e de um mundo inteiramente dependente dela. É um importante fator de desenvolvimento transmiti-la aos investigadores que trabalham na produção de ciência, aos professores encarregados do seu ensino para os manter atualizados, aos estudantes, ao cidadão comum para o habilitar a participar na sociedade de forma mais qualificada, à indústria, à agricultura e às instituições de saúde nas quais desempenha um papel essencial ao seu funcionamento e progresso.

As ferramentas utilizadas na transmissão científica são muito diversas: publicação de trabalhos científicos em revistas periódicas, divulgação através de reuniões (congressos, simpósios, seminários, conferências), estágios em centros científicos, etc. Fomos dando conhecimento e sublinhando o rápido crescimento de todos estes meios ao longo do tempo, mas no contexto deste trabalho importa considerar os de maior impacto científico e os mais significativos para avaliar o mérito de instituições e de pessoas — os livros e as revistas científicas periódicas.

No século XVII, apareceu o primeiro livro de Química da autoria de Lemery. Nessa época, toda a matéria da Química cabia num livro e, por isso, este documentava o estado da ciência até que novas descobertas o tornassem desatualizado. O livro servia para todos os fins: ensino, diálogo entre os químicos e trabalhos de aplicação da ciência. Escrito em termos da teoria corpuscular e publicado em 1675, O *Cours de Chymie* de Lemery teve grande acolhimento: foi traduzido em várias línguas, tendo novas edições com intervalos de cerca de dois anos e, decorridos oitenta e dois anos depois sobre o seu aparecimento, ainda foi feita a trigésima edição.

Tão longa duração dum livro científico deveu-se ao facto de o número de indivíduos que trabalhavam em ciência ser reduzido, à falta de cultura científica e ao facto de a sociedade não perceber a utilidade das ciências. Os poucos investigadores que havia comunicavam as suas descobertas nas reuniões das academias cujas atas eram publicadas com grande atraso. Tudo era lento naqueles recuados tempos.

A generalização da investigação veio mostrar que a comunicação científica não podia ser assegurada somente através de livros porque o avanço da ciência passou a ser tão rápido que exige que o investigador esteja permanentemente a par das conquistas que se vão sucedendo. Pela sua demorada preparação e pela diversidade das matérias que versa, o livro de texto deixou de ser o veículo mais adequado para a comunicação entre investigadores, passando a ser um auxiliar didático que apresenta a ciência academicamente reconhecida com um nível científico adequado à compreensão do estudante ou da população à qual é dirigido.

Com a investigação científica surgiram, então, as publicações periódicas que divulgam com rapidez as descobertas feitas nos diferentes domínios da ciência.

Antecedendo a fundação da *Académie Royale des Sciences*, o *Journal des Sçavans* (1665) foi a primeira revista científica editada em Paris, onde os membros da *Académie* publicavam os seus artigos, até esta instituição ter criado a sua própria revista: *Histoire et Mémoires de l' Académie Royale des Sciences*.

Poucos meses depois do aparecimento do *Journal des Sçavans* e sob a direção de Henry Oldenburg, surgiu a revista *Philosophical Transactions of the Royal*

Society, órgão de comunicação desta sociedade. As duas revistas não eram exclusivamente dedicadas ao estudo da Química porque, na altura, esta ainda se encontrava na fase de pré-ciência.

De um modo geral, todas as academias instaladas nos vários países fundavam uma revista para divulgar as comunicações que lhes eram apresentadas. A *Academia Real das Ciências de Lisboa* publicava as matérias abordadas nas sessões nas *Memórias de Agricultura* (1788-1791), *Memórias Económicas* (1789--1815), *Memórias da Academia Real das Ciências de Lisboa* (1797-1856) e, a partir de 1936, nas *Memórias da Academia*.

A primeira revista dedicada exclusivamente à Química foi o *Chemisches Journal für die Freund der Naturlehre*, fundado em 1783 por Lorenz Florenz Friedrich von Crell, médico e professor de Química e Mineralogia. Esta revista mudou de título várias vezes e quando, em 1804, cessou a sua publicação chamava-se *Chemische Annalen*. Defensora da teoria do flogisto, a revista foi perdendo atualidade à medida que a teoria de Lavoisier se foi afirmando.

Entretanto, em 1789, Lavoisier e o seu antigo assistente Pierre Adet criaram *Annales de Chimie*, uma revista devotada à divulgação da recém-estabelecida Química pneumática e da qual já falámos. Da comissão redatorial faziam parte os químicos franceses mais ilustres e defensores da nova teoria. Em 1816, a revista adotou o título *Annales de Chimie et de Physique* com dois editores principais: J. L. Gay-Lussac para a Química e D. F. J. Arago para a Física. Em 1914, a revista cindiu-se em *Annales de Chimie* e *Annales de Physique*.

Em 1797, o químico inglês William Nicholson fundou a revista *Journal of Natural Philosophy, Chemistry and the Arts*, a primeira publicação inglesa de Química independente de instituições, também chamada *Nicholson's Journal* porque o seu fundador era também o editor.

A revista facilitava a acessibilidade a autores de artigos que contivessem novidade e procurava publicá-los com rapidez. Durou dezanove anos durante os quais teve uma atividade assinalável. Apareceu na altura em que Volta descobriu a pilha elétrica e Nicholson e A. Carlisle tiveram conhecimento do invento através da comunicação do seu autor ao Presidente da *Royal Society* para ser apresentado em reunião da sociedade. Sem perda de tempo, os dois químicos experimentaram a pilha na eletrólise da água. Além deste trabalho de referência no mundo da ciência, a revista publicou trabalhos importantes de Humphry Davy sobre a obtenção de metais por meio de eletrólise.

Uma outra revista científica muito antiga é a *Philosophical Magazine*, fundada em 1789 por Alexander Tilloc, jornalista e inventor que chegou a frequentar a Universidade de Glasgow, mas não obteve qualquer grau, dedicando-se ao negócio do tabaco. Como o título indica, a revista era dedicada à Filosofia natural da qual a Química fazia parte. Um dos artigos do 1º volume da revista é *Description of the apparatus used by Lavoisier to produce water its component Parts, Oxygen and Hydrogen*. Em 1827, a revista foi coeditada por Richard Taylor.

Taylor, um naturalista inglês que se entregou à exploração comercial de livros e revistas científicas, convidou, em 1852, o químico William Francis para seu associado e fundaram a casa editora Taylor and Francis, que desempenhou um papel importante na divulgação das ciências. Desde que Taylor entrou para *Philosophical Magazine* a revista passou a ser editada por ele e depois pela firma que ele constituiu.

O químico escocês Thomas Thompson fundou, em 1814, *Annals of Philosophy*, revista mensal sobre Filosofia natural, editada pelo fundador até 1821. Os *Annals* tiveram grande aceitação, mercê do elevado nível científico que alcançou muito rapidamente. A revista continuou a ser publicada e editada por Richard Philips até 1827, quando foi comprada por Richard Taylor que a incorporou na *Philosophical Magazine*.

Além da revista editada por Crell, no final do século, foram fundadas outras que contribuíram para o florescimento da comunidade química alemã. Friedrich Albrecht Carl Gren, um farmacêutico formado na Universidade de Halle e professor de Química e de Física na Universidade de Helmsted (1788), fundou o *Journal der Physik* (1790). Gren foi o seu editor de 1790 a 1797, seguindo-se-lhe J. C. Poggendorff (1824-1876), com quem a revista passou a chamar-se *Annalen der Phisik und Chemie*, também conhecida, durante este período, por *Poggendorff's Annalen*. A este seguiram-se editores bem conhecidos no domínio da Física. Em 1900, deixou de figurar o termo *Chemie* e, durante a sua existência, a revista publicou trabalhos famosos como os de Einstein, no *annus mirabilis* de 1905, e de Max Planck, seu editor de 1907 a 1943.

Editada pelo químico e fisiologista Alexander Nicolaus Scherer em 1798, surgiu uma outra publicação alemã de Química: *Allgemeines Journal der Chemie*. Scherer encontrou-se com L. Crell em Leipzig, em 1802, para analisarem a possibilidade de fundir as duas revistas de que eram editores, mas não chegaram a acordo. No ano seguinte, o controle da revista foi entregue ao editor A. F. Gehlen e a um corpo redatorial constituído por Hermbstardt, M. H. Klaproth e J. B. Richter. Em 1834, a revista foi adquirida por Otto Linné Erdmann, que lhe deu continuidade com o título de *Journal für praktische Chemie*. Sob a direção de Adolph Wilhelm Hermann Kolbe, tornou-se o órgão de comunicação da escola de Leipzig, dando grande relevo à Química orgânica e abrindo as portas a trabalhos de investigação dos métodos de Química-Física, na fase de desenvolvimento deste ramo da Química, até à criação da *Zeitschrift für physikalische Chemie*, em 1887. Esta revista foi editada por Ostwald, van't Hoff e Arrhenius, pioneiros do estudo da Química-Física de soluções e, por essa razão, a data do seu lançamento é considerada a do nascimento deste método de estudo da Química.

Em 1834, Justus Liebig editou com o seu amigo Fredrich Wöhler a revista periódica *Annalen der Pharmacie* que se tornaria uma das revistas mais prestigiadas, posição que manteve até à atualidade. Com o desenvolvimento da Química, o seu título passou a ser *Annalen der Chemie und Pharmacie*

(1839), designação que se manteve até à morte de Liebig em 1873. Então, em homenagem ao seu fundador, o título foi mudado para *Justus Liebigs Annalen der Chemie und Pharmacie* e, um ano depois, foi-lhe retirada a palavra *Pharmacie,* designação que manteve de 1874 a 1944 e de 1947 a 1978. Em consequência da 2ª Guerra Mundial, a publicação foi interrompida em 1945 e 1946. Em 1979, o título foi abreviado para *Liebigs Annalen der Chemie,* designação com que foi publicada em 1995 e 1996. No ano seguinte, foi fundida com os *Recueil des Travaux Chimique des Pays-Bas* e o título passou a ser *Annalen/Recueil,* mas apenas de 1997 a 1998, porque neste ano foi absorvida pelo *European Journal of Organic Chemistry,* uma das revistas europeias de grande prestígio na atualidade.

A revista de Liebig fez desencadear muitas publicações alemãs sobre Química, proliferação resultante da pujança desta ciência no país e da rivalidade entre escolas, cada uma delas pretendendo ter a sua própria revista.

A atividade editorial relativa à Química não parava de crescer: em 1858, Kekulé e outros químicos fundam *Zeitschrift für Chemie,* periódico que, inicialmente, se destinava a fazer uma revisão crítica dos progressos da Química e depois, continuada por Erlenmeyer, se transformou no órgão da Química da Universidade de Göttigen.

Carl Remigius Fresenius aliava um espírito comercial ao talento com que desenvolveu a Química analítica e, em 1862, criou o *Zeitschrift für analytischen Chemie,* a primeira revista dedicada a este ramo da Química e que obteve um extraordinário êxito.

As sociedades nacionais de Química, que dinamizaram esta atividade nos vários países onde se estabeleceram, usaram a publicação de revistas científicas como instrumentos para alcançar os seus objetivos. Ao *Journal of the Chemical Society,* fundado em Londres em 1849, seguiram-se o *Bulletin de la Société Chimique de Paris* (1858), a *Berichte der Deutschen Chemischen Gesellschaft* (1868) e o *Journal of the American Chemical Society* (1879) — para mencionar apenas as revistas das sociedades de Química dos países cientificamente mais avançados na Química.

Um século depois da edição do pioneiro *Chemisches Journal für die Freund der Naturlehre,* publicavam-se mais de duas dezenas de periódicos dedicados à Química.

Para o seu desenvolvimento, a Química contou com uma forte propensão para o associativismo de que são testemunhos os clubes de amigos, reunidos nos cafés como conjurados precursores da defesa e da afirmação da ciência na sociedade, as academias suportadas por aristocratas beneméritos da difusão da cultura e da ciência ou pelo Estado e as atuais associações nacionais de extensão internacional.

No que diz respeito à Química, a confrontação entre o que se passou em Portugal e no resto do mundo, ao longo dos cem anos que revisitámos, deixa clara a extensão do nosso atraso científico durante este período, os aspetos de que se revestiu e as múltiplas causas que o originaram. Trouxemos para este capítulo as diferenças mais salientes desta comparação.

A Reforma Pombalina foi a medida de maior alcance no ensino superior em Portugal pela sua oportunidade e pela orientação que imprimiu aos estudos de ciência. Do projeto científico à sua instalação, passando pela organização curricular e programática e disciplina de trabalho, tudo foi revolucionado e atualizado, em alguns aspetos de forma inovadora para a época. O ensino universitário em Portugal estava de tal modo obsoleto e degradado que só uma transformação radical podia alterar o rumo que seguia — tarefa aparentemente impossível de realizar porque, além da dificuldade de implantação dum programa de modernização das estruturas e dos conteúdos, era necessário enfrentar a poderosa Companhia de Jesus, que dominava o ensino em Portugal.

Mas Pombal era um homem da sua geração: bem informado e com visão clara do futuro, era um governante de pulso forte capaz de esmagar toda a oposição às suas ideias. Só uma personalidade com estes predicados podia ter levado a bom termo uma Reforma que marcou a vida da Universidade durante cento e trinta e nove anos, período durante o qual ocorreram transformações sociais e científicas profundas. Poucos eram os Estados europeus que estivessem a apostar na aplicação dos fundos públicos na universidade e na ciência com a determinação com que o fez Pombal.

A Química era uma das cadeiras que fazia parte da então criada Faculdade de Filosofia. Era, na altura, um conjunto de técnicas úteis para outras disciplinas e para o quotidiano da atividade humana, que procurava afanosamente as bases que a acreditassem como ciência. Muitos investigadores estavam empenhados nesse objetivo e as descobertas sucediam-se a bom ritmo. A revolução científica decorria há um século e generalizara-se em todo o mundo, mas os ventos que a propagavam não vinham da Universidade, mas sim de focos gerados no seio da sociedade pela inteligência humana.

O programa da cadeira de Química, os objetivos a atingir e as normas pedagógicas a observar no seu ensino revestiam-se de atualidade. O seu estudo em Portugal iniciou-se precisamente quando Lavoisier obtinha os primeiros resultados que revolucionariam a ciência, coincidência que contribuía para a sua afirmação científica e social. Foi construído de raiz e equipado um laboratório para a sua prática e tudo se conjugou para proporcionar a esta ciência as melhores condições de desenvolvimento.

Passado um século, era abissal o fosso que separava a Química portuguesa da do resto da Europa. Passamos a considerar as possíveis causas de tal atraso.

A vida política e social, particularmente na primeira metade do século XIX, foi agitada por guerras e revoluções que, naturalmente, geraram um ambiente desfavorável ao desenvolvimento científico pela instabilidade social e pela exaustão de recursos a que conduziram.

Contudo, seria uma conclusão simplista atribuir o atraso da ciência somente às guerras. Outros países foram assolados por guerras sangrentas e duradouras e por revoluções violentas e não abandonaram a ciência. Pelo contrário. Essas convulsões permitiram interpretações e geraram iniciativas que foram aproveitadas para acelerar o progresso económico e social da população atingida.

Em 1793, a Revolução Francesa suprimiu as academias do país, entre as quais a centenária *Académie Royale des Sciences,* integrando-as no então criado *Institute de France* — restaurado em 1816 com a individualização de secções, uma delas a *Académie des Sciences,* que continuou a missão que lhe fora atribuída em 1666. A revolução não conseguiu destruir uma instituição que se impunha pelo mérito só porque fora fundada pelo regime político que pretendia aniquilar. Além disso, a revolução criou instituições de grande sucesso, como a *École Central des Travaux Publics,* pouco tempo depois designada por *École Polytechnique* destinada à formação de engenheiros civis e militares, que se tornou num famoso centro científico europeu e serviu de modelo às *grandes écoles* destinadas a oferecer uma especialização de nível elevado. Por lá passaram grandes nomes da Matemática, da Física e da Química do século XIX: Monge, Lagrange, Lacroix, Canaly, Fourier e Bertholet.

Como já foi referido, a Alemanha iniciou a sua marcha para a posição cimeira da Química mundial ao acordar da derrota da Prússia no confronto com os exércitos de Napoleão, tendo atribuído a sua fragilidade à diferença de cultura. Iniciou, então, um plano de investimento na Universidade e na ciência que fez parta da fundação do nacionalismo alemão. Tempos passados, a derrota dos franceses na guerra franco-prussiana fez despertar o seu país para a necessidade de reformar a Universidade e fomentar a investigação científica, obra a que o Estado meteu ombros com sucesso.

A guerra destrói cegamente instituições consagradas, atualizadas ou obsoletas, e promove a criação de outras: muitas por demagogia, que são prejudiciais; e algumas com seriedade e inovação, que são uteis. Os danos causados são, em parte, reparados pela sociedade logo que estabilizada, eliminando as primeiras e conservando e consolidando as últimas. Em Portugal, as lutas político-militares ignoraram a cultura e não criaram instituições que influenciassem a ciência; apenas contribuíram para a desagregação da sociedade e para a ruína da economia.

Sendo a Universidade uma instituição pública, o Estado tinha obrigação de lhe conceder meios e condições para poder cumprir a sua missão. Na procura das culpas que afetaram a atividade da Universidade é de considerar a responsabilidade dos sucessivos governos da coroa.

Se excluirmos o curto intervalo dos cinco anos do governo de Pombal, a Universidade foi sempre afetada por dotações orçamentais muito modestas e quadros de pessoal reduzidos, deficiências que se tornaram enfermidades endémicas. Com estes recursos não seria possível uma atividade com dimensão capaz de acompanhar o progresso científico. Esta situação verificou-se tanto durante o meio século do *ancien régime* como durante a outra metade de domínio liberal. A partir do reinado mariano, o orçamento financeiro dava apenas para manter uma atividade modesta e rotineira à qual se adaptaram Universidade, Estado e população. Seria falta de horizontes da governação? Negligência da Universidade em protestar? Ou a sua projeção científica e social não se ter imposto de forma a justificar maior esforço financeiro? Houve um pouco de tudo isto.

O Liberalismo defendia uma instrução elementar para o povo e considerava a instrução superior um luxo que devia ser custeado pelos estudantes e não pelo Estado. Aliás, no que respeita à instrução pública, o art. 237º da constituição de 1822 explicitava as ideias dos revolucionários quanto à educação: "Em todos os lugares do Reino onde convier, haverá escolas suficientemente dotadas em que se ensine a mocidade portuguesa de ambos os sexos a ler, escrever e contar, e o Catecismo das obrigações religiosas e civis"; e no artigo seguinte: "Os atuais estabelecimentos de instrução pública serão novamente regulados e se criarão outros onde convier, para o ensino das ciências e das artes".

O Liberalismo nunca abandonou os propósitos de acabar com a exclusividade da Universidade de Coimbra enquanto única instituição de ensino superior do país, com a influência que esta tinha nos órgãos da administração da instrução pública e de privilegiar as escolas superiores dedicadas ao ensino técnico, relativamente ao ensino académico da Universidade. A Universidade também nunca apresentou um projeto que alterasse radicalmente o rumo que estava seguindo, de modo a impor-se pelo valor científico, nem mesmo quando atacada pelos extremistas das cortes que lhe não reconheciam qualidades político-ideológicas para preparar a juventude para o futuro.

A confrontação entre a Universidade e o governo desencadeou-se logo que os liberais de feição francesa tomaram o poder. Em 1835, dois acontecimentos levaram a Universidade a protestar: a extinção da Junta de Diretoria Geral dos Estudos instalada em Coimbra e a criação de um organismo com funções idênticas em Lisboa. A forte reação da Universidade às iniciativas que lhe retirassem privilégios valeu-lhe ter conseguido chegar à implantação da República como a única instituição que concedia graus universitários.

Apesar de as intenções reveladas pelo Liberalismo quanto ao ensino não passarem pela Universidade, não devemos esquecer as realizações apoiadas pela coroa, designadamente as reformas de Passos Manuel e de Costa Cabral.

Os professores são os atores principais da vida da Universidade. A autonomia pedagógica e científica que deve ser concedida aos professores universitários é uma responsabilidade acrescida em relação aos destinos da instituição que servem e, durante o período em apreciação, alguns aspetos da sua ação não são, de modo algum, lisonjeiros.

Recordemos, uma vez mais, que o início do estudo da Química concidiu com a revolução que se verificou nesta ciência. Decorre deste facto a necessidade de os professores terem preparação sólida e capacidade intelectual para acompanharem o desenvolvimento da ciência ao longo da profunda mudança que se operou. Isso não aconteceu e os dois primeiros professores que dirigiram o Laboratório até ao Liberalismo, ou seja, durante cinquenta anos, estiveram longe de preencher estes requisitos. No que respeita às matérias professadas e aos métodos praticados, o ensino manteve-se durante este período como se não tivesse havido qualquer evolução científica.

O nível e a orientação do ensino foram melhorando com o tempo sem que nenhum destes aspetos tivesse alcançado atualidade. Houve exemplos edificantes de professores que, pela sua entrega à causa que serviam, não permitiram que o Laboratório perdesse de vista os ideais universitários, tornando possível a recuperação do atraso quando tiveram condições para tal. As obras de atualização das instalações e o apetrechamento laboratorial foram iniciativas notáveis por terem preparado o Laboratório para satisfazer as necessidades do momento e as de um futuro próximo.

O nível científico do ensino professado não exigia dos professores uma formação especializada e, portanto, profunda. Na verdade, a frequente mudança de cadeira de um lente, depois de ter sido seu tiutlar durante vários anos, não é abonatória do nível científico do ensino nem do grau de especialização dos professores nas matérias que lecionavam. Apesar de a lei permitir estas transferências, a faculdade não as devia autorizar nem o professor devia mostrar desapego pelo seu domínio científico, no qual, ao fim de anos, devia ter feito obra que o prendesse.

O progresso vertiginoso da ciência, designadamente da Química, e a influência cada vez maior que esta tinha na vida dos povos dificultavam a atualização da universidade. Vários países, culturalmente bem mais adiantados do que o nosso, recorreram à ajuda estrangeira para instalar as especialidades científicas. Como tivemos oportunidade de referir, a Alemanha foi ajudada pela Suécia e pela França e o Reino Unido, pela Alemanha. Os jovens regressados da sua missão no estrangeiro criaram nos seus países centros de Química que se tornaram famosos. As poucas oportunidades que foram dadas ao Laboratório Químico para missões de estudo no estrangeiro foram inúteis sob o ponto de vista científico. Não havia uma visão clara do papel de ciência na Universidade e, assim, não se entregou ao beneficiário da missão um projeto para se inserir num plano de desenvolvimento futuro. Nem a seleção dos enviados foi cuidadosa nem eles se mostraram capazes alterar o seu programa, de modo a companharem o progresso da ciência.

Geralmente as causas de decadência de uma instituição universitária estão encadeadas umas nas outras de tal forma que se torna difícil hierarquizá-las, de modo a saber quais delas são as primeiras e arrastam as demais. No entanto, há uma faceta descurada pelo Laboratório e que comprometeu e comprometeria o seu nível científico mesmo que outras razões não existissem. Referimo-nos à ausência de investigação científica.

Ora a ciência alimenta-se de ciência e sem criação desta não há progresso. O físico Americano J. R. Platt, professor da Universidade de Chicago, comparou a ciência ao fogo: *science creates more science, like a fire; and the condition for nursing it and keeping it burning are much the same*[77]. Sem novas "achas" e tal como o fogo, a ciência perde rapidamente a intensidade e acaba por se extinguir. Isto quer dizer que sem investigação não pode haver ciência nem ensino que prepare os jovens da geração seguinte, nem mesmo ciência aplicável a casos práticos do quotidiano. Ora, o acento posto pelo Laboratório na sua atividade era a análise de compostos naturais de interesse para a medicina e para a alimentação, utilizando métodos já consagrados nos livros de texto, ou seja, ciência feita. O pouco de Química fundamental abordada nas aulas práticas era a confirmação de experiências muito antigas. O modelo universitário de ensino-investigação difundira-se pela Europa a partir de 1810, com a criação da Universidade de Berlim, e só viria a chegar a Portugal no final do segundo decénio do século XX[78].

Pensar-se-á que, na situação financeira em que o país vivia, seria difícil conseguir meios materiais e um quadro de pessoal com dimensão para levar por diante este tipo de projetos. Sem dúvida que iriam defrontar dificuldades, mas não devemos menosprezar a força duma iniciativa que se imponha pela qualidade, utilidade e determinação, nem esquecer que as dificuldades a ultrapassar não isentam os professores de responsabilidades por não terem enviado todos os esforços para engradecer a instituição que serviam, como aliás procederam relativamente a outros aspetos.

São muitos os testemunhos que denunciam a deficiente preparação de vários professores para o ensino da Química a nível universitário. Um deles era a frequência com que, depois de vários anos a lecionar determinada cadeira, os lentes se transferiam para outra quando surgia oportunidade. Isto mostra

---

[77] J. R. PLATT, *The Step to Man*, New York: John Wiley & Sons, 1966, pp. 53-70 (reprinted in *American Scientist*, 54, 3, 1966).

[78] J. S. REDINHA, "A Química na Universidade de Coimbra. Do nascimento auspicioso à afirmação tardia", *Boletim da Sociedade Portuguesa de Química*, vol. 42, nº 148, 2018, p. 5-12.

um nível científico pouco profundo, um desapego das estruturas de apoio ao ensino a que deviam estar ligados e a falta de desejo de lhes dar continuidade.

Há que enaltecer a entrega da maioria dos lentes da Universidade no primeiro século da sua existência. Graças ao seu trabalho e à sua capacidade intelectual, foi possível manter a Universidade (embora atrasada) numa posição que lhe permitia divisar os princípios do ideário universitário e encurtar a distância que a separava das universidades dos países adiantados logo que as circunstâncias o permitiram.

APÊNDICE 1 – A ação de Jacinto de Magalhães
na divulgação científica

João Jacinto de Magalhães era natural de Aveiro, onde nasceu em 1722 no seio de uma família com história, pois entre os seus antepassados figurava o navegador Fernão de Magalhães. Seguiu a vida religiosa e aos onze anos entrou para o Convento de Santa Cruz de Coimbra, aos trinta e dois anos era frade e um ano depois cónego regrante.

Em 1753, veio a Coimbra o oficial da marinha francesa G. de Bory para observar o eclipse solar que iria ocorrer em 26 de outubro desse ano e que seria total em Aveiro. Antes de seguir para esta cidade, o astrónomo francês esteve hospedado em Santa Cruz, tendo estabelecido relações amistosas com Magalhães. Ao contrário do que se verificava na Universidade, a ideologia da revolução científica tinha entrado no convento, a avaliar pelas obras de pensadores e cientistas existentes na sua magnífica biblioteca.

Magalhães era uma pessoa arrebatada pela ciência, qualidade que veio a ser estimulada pelo contacto com o francês. Em 1756, obteve a secularização, deixou Santa Cruz e partiu em viagem científica pela Europa. Para ganhar a vida, dedicou-se à instrução de filhos de famílias ricas. Regressou a Portugal em 1761, mas por pouco tempo, pois logo a seguir emigrou para França e nunca mais voltou. Viveu três anos em França durante os quais se dedicou à tradução de obras de escritores portugueses, atividade que se revelou insuficiente para cobrir as suas despesas. Passou então para Inglaterra, onde se dedicou à comercialização e fabrico de aparelhos científicos. Servindo-se de técnicos e firmas inglesas, construía alguns instrumentos e introduzia melhoramentos noutros que já se encontravam no mercado de modo a torná-los mais competitivos. No Museu da Física da Universidade de Coimbra, há uma balança analítica adquirida em 1797, um relógio de pêndula e uma máquina de Atwood fabricados por ele.

Embora não possuísse um diploma universitário, fez algumas publicações científicas de nível modesto: *Description des octants et sextants Anglois* (London, 1775); *Description et usages des nouveaux baròmètres pour mesurer la hauteur des montagens et la profounderer des mines* (London, 1779), *Description of a Glass Apparatus, for Making Mineral Waters* (London, 1777), *Essai sur la Nouvelle Théorie du Feu Élementaire, et la chaleuer des Corps* (London, 1780).

O seu modo de vida obrigava-o a manter uma vasta rede de conhecimentos na esfera científica mundial para poder estar ao corrente das novidades que lhe permitissem desenvolver o seu negócio. Mantinha correspondência com figuras cimeiras, como Pristley, Franklin, Watt, Black, Volta, entre muitos outros. Para a maioria dos cientistas seus conhecidos, era uma pessoa útil para divulgar os seus trabalhos e, simultaneamente, alguém a recear por poder divulgar segredos que não desejavam tornar conhecidos.

Em março de 1780, Watt escrevia sobre Magalhães numa carta ao seu colaborador Boulton: "O nosso agente de negócios franceses (...) por profissão um comerciante e um retalhista da filosofia e talvez um espião como quer que seja, atua honesta e honradamente por nossa conta". (Magalhães procurava vender em França a invenção da máquina a vapor Watt). Na verdade, Magalhães aceitou a missão que Trudaine de Montigny lhe solicitou: a de o informar sobre as novidades científicas que chegassem ao seu conhecimento. Não ganhava dinheiro com estas informações, mas somente a simpatia do ministro francês. Ele próprio tinha orgulho em ser requisitado por membros das várias academias científicas.

Em carta para o seu amigo Black, Watt chamava-lhe a atenção para uma outra faceta de Magalhães: não sendo este filósofo e embora não intencionalmente, poderia divulgar notícias que o prejudicassem. Vem esta advertência a propósito de Magalhães ter alinhado entre os que defendiam que o autor dos conceitos de calor específico e calor latente era o sueco Johan Carl Wilcke, o que não era verdade.

O que nos leva a chamar Magalhães à colação no presente trabalho prende-se com a sua intervenção na divulgação do trabalho de Priestley sobre a água com dióxido de carbono dissolvido. Em março de 1772, Priestley comunicou à Royal Society os resultados que obteve ao fazer borbulhar o gás libertado das cubas de fermentação em água contida numa bexiga. A água manifestava qualidades semelhantes à água de Pyrmont do círculo de Westphalia, água mineral famosa pelo seu emprego no tratamento de várias enfermidades. As experiências foram publicadas pelo autor em junho desse ano num folheto de doze páginas: *Directions for Impregnation Water Fixed Air; In order to communicate to it the peculiar spirit and virtues of Pyrmont water and other Mineral Waters of a similar Nature.*

A 14 de julho, Magalhães escreveu a Trudaine, dando-lhe a notícia da descoberta e enviando-lhe uma cópia da publicação. Este enviou a publicação de Pristley a Lavoisier com uma carta em que o exortava a contribuir com o seu talento para realizar trabalho útil para a sociedade.

A preparação sintética da água carbonatada foi aproveitada por Magalhães no aperfeiçoamento dum reservatório adequado à sua preparação. A bexiga usada por Priestley como reservatório da água comunicava-lhe um sabor desagradável e, em 1775, J. M. Nooth inventou um vaso todo em vidro adequado à preparação da água, o qual, pouco tempo depois, foi aperfeiçoado por William Parker, firma londrina manufacturadora de vidro, e por Magalhães.

Apesar da experiência de Priestley, levada ao conhecimento de Trudaine por Magalhães, ter causado alguma surpresa no meio científico francês e do interesse que o intendente-geral de finanças manifestou a Lavoisier na investigação de caráter prático, não é provável que aquela experiência tenha tido influência no desenrolar dos seus trabalhos. O flogisto tinha muitos pontos fracos, um deles o aumento de peso na calcinação de metais, resultado contrário ao previsto pela teoria. Esta transformação parecia conter a chave do caminho para uma teoria nova. De facto, o propósito de Lavoisier era desenvolver uma teoria alternativa ao flogisto.

Jacinto de Magalhães foi membro da *Royal Society* (1774), da *Académie Royale des Sciences* (1771) da Academia Imperial de Ciências de São Petersburgo, da *Real Academia Española de Madrid*, da Academia das Ciências de Lisboa (1780) e de outras associações científicas. Foi um dos fundadores da *Chapter Coffee-House Society* de Londres, cidade onde morreu em fevereiro de 1790.

APÊNDICE 2 – *JORNAL DE COIMBRA* (1812-1820)

O *Jornal de Coimbra* foi fundado em 1812 por um grupo de quatro médicos: José Feliciano de Castilho, Ângelo Ferreira Diniz, Jerónimo Joaquim de Figueiredo e José Maria de Sousa. Os três primeiros eram professores da Faculdade de Medicina. A portaria régia de 24 de outubro de 1812, que criou o jornal, especificava os seus objetivos dos quais se salientam: a compilação e divulgação de informação médica útil à sociedade e à saúde pública e os aspetos relacionados com a vida das gentes locais.

Era um jornal mensal e cada número constava de um caderno com aproximadamente setenta páginas. Vários lentes colaboravam no jornal, o que lhe dava um elevado nível cultural e o tornava defensor da Universidade. Como vários professores seus colaboradores eram membros da Academia Real de Ciências de Lisboa, o jornal mantinha ligações estreitas com esta instituição. Colaborou com o Instituto Vacínico criado na Academia por iniciativa de Bernardino António Gomes e José Feliciano de Castilho. Tomé Sobral, sócio do jornal desde 1813, publicou aqui alguns dos seus trabalhos.

Os três lentes que faziam parte da direção do jornal tiveram dissabores pelas posições críticas que tomaram em relação ao reitor da Universidade e pelas ações políticas contra o Liberalismo, em defesa do regime político de então.

Diretor do Hospital da Universidade, Castilho, em 1805, mandou fazer uma caixa destinada à recolha de donativos para auxiliar os doentes e colocou-a à entrada do hospital. O reitor, D. Francisco de Lemos, que ocupava o cargo pela segunda vez, considerou o ato uma ofensa ao poder, mandou retirar a caixa com o argumento de que só a igreja podia ter caixas de esmolas e suspendeu os três professores das suas funções. Estes acabaram por ser reintegrados, mas o jornal foi extinto em 1820 com a publicação do volume 89.

Em 1817, o reitor foi contestado num manifesto manuscrito com o título "Lanterna Mágica", que apareceu afixado numa das esquinas do Colégio da Trindade. O reitor mandou instaurar um inquérito que deu como provado terem sido os três professores fundadores do *Jornal de Coimbra* os autores do manifesto e propôs, pela segunda vez, o seu afastamento das funções universitárias, mas, mais uma vez, eles acabariam por ser reintegrados.

O maior infortúnio estava reservado para Jerónimo Joaquim de Figueiredo, que foi assassinado quando o jornal já não era publicado. Este lente fazia parte da embaixada constituída por três colegas seus e um conégo da Sé que, em representação do Senado e do Cabido, ia cumprimentar D. Miguel pela sua subida ao trono. A deputação caiu numa emboscada organizada pelos "Divodignos", associação pró-liberal de estudantes pertencente à maçonaria. O crime teve lugar na estrada real no lugar de Cartaxinho, perto de Condeixa, no dia 18 de março de 1828.

127.
Paxx.

Congregação de 1º d Ag.º
de 1827.

10 REIS

Ao 1º de Agosto de 1827 se congregou a Faculdade de Filosofia Presidida o Ill.mo Sr. Thomé Rodrigues Sobral e assistirão os D.res Manoel José Barjona Antonio José das Neves e Mello, Paulino de Nola Oliveira e Souza, Joaquim Franco da Silva, José Homem de Figueiredo Freire, Manoel Martins Bandeira, e José Joaquim Bartera.

Fez-se a visita do laboratório Chimico e se achou tudo em muito boa ordem, e o respectivo Diretor requereo que para elevar aquelle estabelecimento ao ponto de estar a par dos conhecimentos actuais necessitava de varias maquinas e aparelhos alem de algumas outras obras no edifício. E propos a relação seguinte.

Conserto do pavimento d'Aula

Construção de huma caza para conservar as Maquinas em bom reçato

Huma pilha Galvanica de dos pares de laminas de cobre e Zinco, sendo as de Zinco de dois pes de comprido e hum de largo, e as de cobre proporcionais, segundo a construção do grande apparelho de M. Children.

A forte maquina Electrica de M. Teiler, com baterias de garrafas combinadas; descarregador universal, condutos luminozos, izoladores, e todos os mais instrumentos respectivos, para se poderem comparar os effeitos desta maquina, com os da pilha Galvanica.

Collector de Volta.

Condensador de Volta.

Apparelho para inflamar a pólvora pela
Electricidade.

Photoscopio condensador, segundo a construção
de Bohrenberger descripto nos Annaes de Chimica
e Physica T. 16 modificado, segundo a descripção
que vem no T. 25 da mesma obra.

O Galvanometro multiplicado de Schweiger
descripto no T. 22 da obra citada.

Thermometro electrico d'ar, por Kennersley.

Tres espelhos de cobre, de figura parabolica,
para experiencias do calorico.

Calorimetro d'agua, feito de folha de Flandres.

Hum vaso cilindrico da mesma liga com
huma especie de tympano soldado internamente
para as experiencias de conductibilidade dos solidos
para o calorico

Apparelho para congelar Mercurio.

Thermometro de espirito de vinho com regoa
movel, para medir os mais baixos graos de frio.

Apparelho para fazer chover no vacuo, a poder
neira contra o facil.

Grande maquina pneumatica, de nova
construção, para gelar liquidos, e outros fins.

Novo maçarico para fundir pela combustão
do gaz Hydrogenio misturado com o Oxigenio.

Apparelho para inflamar a pólvora no vacuo.

Apparelho para comprimir o ar.

Apparelho de Chumbo para a extracção do acido
Fluorico.

Apparelho para a analyse de substancias
animais e vegetais, descripto no Tratado de Chimica
de M. Thenard edição de 1824

Huma bacia de Prata para evaporações,
que leve 12 libras de liquido, 4 marcos

Huma capsula do mesmo metal, que leve
duas libras. 6 onças

Hum cadilho de metal dito, que tese meia libra, 1½ marco.

Huma colher que tese 4 onças, e que tenha o cabo do comprimento de 12 polegadas: 4 onças,

Huma retorta do mesmo metal, que tese 4 libras: dois marcos.

O que tudo se approva.

2.º

O respectivo Director do Laboratorio de Physica propos a necessidade de bandinelas para as janelas; e para o gabinete as seguintes maquinas e instrumentos

Areometros de Beaumé para ethers, vinhos Alcool e olios.

Martelo d'agoa simples

B.º dobrado

Apparelho para as congelações relativas as experiencias do frio artificial

B.º para Congelar o Mercurio

Apparelho para a congelação d'agoa no vasio.

Apparelho de Mr Oersted para mostrar a compressibilidade dos liquidos, particularmente da agoa.

Maquina para comprimir o ar

Hum espelho de cobre polido de figura parabolica para as experiencias de Leslie sobre o calorico.

Hum cubo de quatro polegadas de lado com quatro faces de differentes metais polidos para as mesmas experiencias.

Thermometro differencial de Leslie

Dois cubos de quatro polegadas de largura

para conter liquidos, que servem tambem para os mesmos experiencias de Leslie.

Thermoscopio de Romford.

Dois cilindros de lata com fundo de latão para o Thermoscopio.

Hum calorimetro de Romford.

Thermometro de ar para verificar o mais pequeno gráo de temperatura.

Termometro de espirito com regoa movel para medir os mais intensos gráos de frio.

Heliostato de Sgravasande aperfeiçoado por Charles.

Prisma ôco para conter differentes liquidos.

Tina prismatica triangular de vidro com base de Cobre

Dº quadrada, separada por hum repimento em sua diagonal.

Prisma de vidro com varios repartimentos para fazer ver a refração a traves de differentes liquidos.

Prisma de angulo variavel por Charles.

Polyprisma, ou prisma composto de muitas laminas de vidro para fazer ver mas differentes forças refringentes.

Prisma achromatico de tres vidros para a Theoria do achromatismo.

Apparelho de sette espelhos planos paralelos para a reunião das sette cores prismaticas, e recomposição da luz por Charles.

Goniometro de Charles.
Goniometro de Malus
Goniometro de Wollaston.

Camera escura para desenhar paisagens e retratos de todas as grandezas.

Camera lucida de Wolaston.

Apparelho de Malus e Arago para as experiências da polarisação da luz.

Micrometro de Rochon.

Colorigrado de Biot.

Differentes romboedros de carbonato de cal limpido, chamado vulgarmente espalho de Islandia talhados e arranjados para se mostrarem os differentes phenomenos da refracção dobrada.

Alguns cristais de sulfato de Baryta, de Thenardiana, e cal. micas, topazios.

Telescopio Gregoriano de 15 a 16 polegadas.

Telescopio de Newton.

Telescopio acromatico de tres pés, objectiva de vinte sinco linhas armado em cobre, com movimento de rotação e de inclinação; com dous oculares, hum terrestre, outro astronómico.

Oculo de ver ao longe de objectiva acromatica de tres pés.

Oculos para ser chamados conservas armados em prata.

Apparelhos de Fantasmagoria.

Photometro de Leslie para medir a intensidade da luz.

Sonometro, e seos pezos com cavalete movel.

Campana de vidro suspendida para fazer ver a mudança, e figura de hum corpo em vibração.

Corneta acustica de cobre fundido.

Bataria Electrica de 16 jarras reunidas em huma caixa.

Excitador universal, que serve para a fusão dos metais e para diversas experiências.

Thermometro Electrico de Kinnersley.

Apparelho para inflamar a polvora com a electricidade.

Collector de Volta

Condensador de Volta

Apparelho de Fremery, para furar o papel no vidrio.

Apparelho, ou tina Voltaica de trinta pares de quasi duas polegadas quadradas, soldados em tina de madeira.

Galvanometro de palha de Volta

Dois discos condensadores de latão, hum dos quais se põe sobre o Galvanometro, e outro sobre hum cabo isolante.

Dois discos da mesma grandeza; hum de Zinco outro de Cobre com cabo de vidro, para carregar o condensador, e para a theoria da pilha

Grande condensador de Volta de hum plano de tafetá invernisado, e de hum disco de metal, que serve para obter faiscas dos differentes apparelhos Galvanicos.

Novo apparelho de pilhas seccas perpetuas do professor Zamboni.

Apparelhos para se demonstrarem os phenomenos electro-dynamicos, descriptos na obra de Ampère = Recueil d'observations electro-dynamiques &c =, e em outros. AA.

Agulha de inclinação ordinaria descripta em Sigaud de la Fond.

B.a de rotação; de circulo dividido.

Foi approvada esta proposta.

APÊNDICE 4 – PROGRAMA DE ESTUDO DADO AO COMISSIONADO
MATHIAS DE CARVALHO

ção disser respeito, e um sel-o-ha ao secretario da faculdade. O bedel porá toda a diligencia na expedição d'este serviço, sollicitando, sob a sua responsabilidade, as ordens necessarias para que na imprensa não haja demora senão a indispensavel.

4.ª Os lentes que abonarem umas faltas, e deixarem de abonar outras do mesmo estudante, não só declararão adiante do numero d'este o total das que reputam justificadas, mas passarão um traço sobre os algarismos que representam os dias das faltas abonadas para que assim se possam extremar as qualificações correspondentes a cada falta.

5.ª O secretario da faculdade logo depois da congregação de faltas cuidará de remetter ao prelado uma nota do numero e qualificação das faltas que deu cada estudante no mez antecedente.

O mesmo secretario participará ao prelado todas as decisões de quaesquer recursos sôbre faltas.

A abonação das faltas occasionadas por fallecimento de pessoa conjuncta, comprehenderá tres dias continuos quando o fallecimento fôr de pae, ou mãe, avô, ou avó, e dois dias tambem continuos por morte de irmão ou irmã.

E para que chegue á noticia de todos, mandei affixar o presente. Coimbra em 30 de novembro de 1857.—Eu *Vicente José de Vasconcellos e Silva*, secretario, o sobscrevi.—*José Ernesto de Carvalho e Rego*, vice-reitor.

Dezembro	*Portaria*. Nomeia o lente substituto da faculdade de philosophia,
4	Mathias de Carvalho e Vasconcellos, para ir estudar em Paris a parte practica da physica e da chimica, como fôra proposto pelo conselho da mesma faculdade; sendo abonada ao dicto lente, além do vencimento que percebe pela universidade, uma gratificação mensal correspondente a quinze francos diarios em quanto permanecer no uso da presente auctorisação, durante a qual se regulará pelas instrucções que o conselho da sua faculdade julgar conveniente dar-lhe, e de que será remettida copia authentica a este ministerio.

Dezembro	*Edital do vice-reitor*. «Ficam sem effeito quaesquer annuncios
5	ou disposições relativas aos alumnos do lyceu nacional de Coimbra

que se tenham publicado em nome dos empregados ou do secretario do mesmo lyceu, sendo-lhes expressamente prohibido fazer taes publicações, que deveram ser annunciadas em nome dos prelados da universidade, e por elles assignadas como reitores do lyceu.»

Portaria. Approva o programma proposto pela faculdade de philosophia, por onde deve regular-se o seu vogal, Mathias de Carvalho e Vasconcellos, no uso da auctorisação, que lhe fôra concedida para ir estudar em Paris a parte práctica da physica e da chimica.

Dezembro
10

PROGRAMMA A QUE SE REFERE ESTA PORTARIA

Programma das materias, que o conselho da faculdade de philosophia entende que devem fazer objecto dos estudos do seu vogal, doutor Mathias de Carvalho de Vasconcellos, nos paizes estrangeiros, se o governo de Sua Magestade se dignar annuir á proposta da mesma faculdade de 11 de outubro de 1857.

PHYSICA

FLUIDOS IMPONDERAVEIS

Calor............ { Vapores / Calorimetria / Machinas a vapor

Luz............. { Polarisação de todas as ordens. / Microscopio. / Photographia.

Electricidade .... { Inducção. / Electro-magnetismo. / Dramagnetismo. / Phenomenos thermo-electricos. / Phenomenos electro-dynamicos. / Telegraphia electrica. / Motores electrico-magneticos.

MAGNETISMO TERRESTRE

CHIMICA ANALYTICA

Analyse dos corpos inorganicos ..... { Qualitativa. Quantitativa.

Analyse dos corpos organicos ...... { Immediata. Elementar.

Analyses especiaes... { De misturas gazosas. De aguas potaveis. De aguas mineraes. Toxicologicas.

ENSAIOS AO MAÇARICO

Chimica mineralogica { Analyses das rochas. Determinação da especie mineral. Ensaios metallurgicos. — Docimasia.

Chimica agricola.... { Analyse das terras. Analyse dos correctivos dos estrumes.

APPLICAÇÃO DA CHIMICA Á INDUSTRIA E ÁS ARTES

Além das materias referidas 'neste programma, deve o vogal commissionado tomar conhecimento dos methodos de ensino, e examinar o arranjo e movimento ordinario dos diversos gabinetes scientificos, e das fabricas, aonde se realisam, em grande, as applicações industriaes d'aquellas duas sciencias; do que irá dando conta circumstancialmente ao governo de Sua Magestade, e ao conselho da faculdade. Coimbra, 5 de dezembro de 1857.—*José Ernesto de Carvalho e Rego*, vice-reitor. *Joaquim Augusto Simões de Carvalho*, servindo de secretario.— Está conforme. — Secretaria d'estado dos negocios do reino, em data de 11 de dezembro de 1857.— *Antonio de Roboredo.*

MATERIAL SAIDO DO VELHO EDIFICIO DA QUIMICA PARA O MUSEU NACIONAL
DA CIÊNCIA E DA TÉCNICA, POR ORDEM DA COMISSÃO DIRECTIVA DA QUIMICA
EM 1 DE OUTUBRO DE 1976

2 - Polorímetros
164 - Peças de barro refratário pertencentes a fornos antigos
4 - Lavatórios de louça
2 - Colecções de frascos para ácido
106 - Peças de vário material de vidro
1 - Epidioscópio
1 - Máquina a vapor
1 - Máquina pneumática
3 - Fogões de sala de lenha
1 - Autoclave
1 - Estufa em latão
1 - Reostato
3 - Puxadores antigos da parte principal do Edificio da Quimica
30 - Peças de vidro
1 - Caldeira em cobre (grande)
2 - Cadinhos grandes em porcelana
49 - Peças de vidro para laboratório
1 - Estufa
2 - Depósitos de água em cobre

213

5 - Fogareiros

1 - Tripé de queima em ferro

1 - Fogão para aquecimento de água

6 - Estufas em latão + 2

1 - Fogão a petróleo para aquecimento

8 - Suportes e respectivas garras

1 - Fogareiro

1 - Jogo de resistências

1 - Centrifuga

1 - Platina para máquina pneumática

1 - Autoclave pequeno

x 1 - Pia utilizada na fabricação da polvora

2 - Muflas pequenas eléctricas ~~pequenas~~ antigas

13 - Balanças antigas existentes na Sala das Balanças

x 1 - Mesa da Biblioteca

x 6 - Cadeiras respeitantes à mesma mesa acima designada

1 - Mesa de anfiteatro (antiga)

2 - gasómetros

2 - muflas (1 em madeira e outra em chapa)

1 - Espectroscópio

1 - Mesa respeitante à bomba pneumática

1 - Cadeira de Mestre em madeira antiga

7 - Potes de louça para produtos quimicos (muito antigos)

1 - Ampulheta

1 - Panela de ferro e respectivo suporte

1 - Mesa com biços de busen

1 - Resistência a pilhas

x 5 - Potes em barro vidrado

1 - Caixa para solidificar

6 - Trempes em ferro

1 - Voltímetro

1 - Banho Maria

3 - Depósitos em cobre

1 - Trempe

1 - Barómetro

1 - Fileira de Bicos de Busen

1 - Becker

1 - Fole

1 - Pilão

14 - Bicos de Busen

14 - Cadeiras   --------------   1 - Máquina de ▓▓▓▓ Sódio

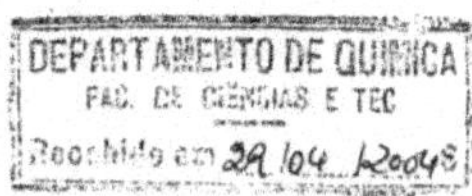

Exm° Senhor
Reitor da Universidade de Coimbra

Começo por pedir desculpa por me dirigir pessoalmente a V. Ex°, mas na situação de aposentado, não disponho de outro meio para levar ao seu conhecimento o assunto desta carta. Não gostaria que esta minha atitude fosse julgada como tentativa de ingerência na vida actual da Universidade. Mesmo contando com a benevolência que o Reitor certamente dispensaria a alguém que a serviu dedicadamente como professor e esteve sempre atento aos seus problemas e à sua projecção no meio exterior, seria incapaz de ultrapassar regras de conduta que sempre impus a mim próprio. A situação que a seguir exponho relaciona-se com um problema em que estive envolvido, e que por se não encontrar resolvido se reacende de tempos a tempos como recentemente aconteceu; considero, pois, esta carta como cumprimento de uma obrigação.

Senhor Reitor

Entendeu a Comissão Organizadora do XIX Encontro da Sociedade Portuguesa de Química que decorreu em Coimbra de 15 a 17 de Abril em curso incluir no programa de actividades uma exposição sobre a história da química na Universidade de Coimbra. Para a concretização desta iniciativa foi solicitada a minha colaboração.

Tendo em conta o tempo disponível para a organização e o fim a que a mesma se destinava foi decidido dedicar a exposição à espectroscopia, domínio que teve e continua a ter bastante expressão na vida científica do Departamento de Química.

Pareceu-nos ter interesse começar por apresentar um apontamento sobre o início dos estudos da química em Coimbra, fazendo falta para esta parte da apresentação algum do material laboratorial que em 1976, num processo sem suporte legal e sem razões de conveniência, foi retirado do antigo Laboratório Químico e entregue ao Museu da Ciência e da Técnica.

Pensou a Comissão Organizadora do Congresso que essa falta não constituiria qualquer entrave, confiante que estava que o Reitor não deixaria de acarinhar a iniciativa e de lhes prestar toda a colaboração. Ao que me foi dado saber, numa reunião presidida por um dos Senhores Vice-Reitores e na qual estiveram presentes membros da Comissão e o Presidente do Museu da Ciência e da Técnica, ficou acordado ceder as peças necessárias mediante responsabilização pela sua entrega terminado o Congresso.

Não podemos deixar de elogiar a lembrança da Comissão Organizadora do Congresso em aproveitar a vinda de químicos de todo o País e do estrangeiro para dar a conhecer o passado da Universidade e em especial, da química. A Universidade de Coimbra foi durante cento e trinta e nove anos o único centro científico universitário de química existente em Portugal. Este período abrange todo o século XIX precisamente aquele em que as ciências tiveram um desenvolvimento extraordinário, particularmente, a química.

Em vez de se remeter à posição cómoda de prescindir das peças laboratoriais em falta, a Comissão optou pela espinhosa missão de ir solicitar equipamento que faz parte do património do seu Departamento para aqui apresentar um testemunho da sua história.

Como por exigência posterior do Presidente do Museu as peças só podiam ser levantadas na véspera de serem exibidas, organizaram-se os painéis com os textos e fotografias contando com as peças que haviam sido requisitadas. Num deles, pretendia-se dar um aspecto dos laboratórios ao tempo em que o Laboratório Químico foi construído e no outro, do nascimento da espectroscopia.

Para o primeiro, conseguiu a Comissão a cedência de seis pequenas peças de barro sem qualquer expressão para o que se pretendia mostrar; relativamente ao segundo, o elemento da Comissão quando se dirigiu ao Museu para levantar o equipamento pretendido, foi informado que o pedido não podia ser satisfeito com a justificação que o pequeno espectroscópio não se encontrava em estado de representar o Museu com dignidade.

Sendo a exposição dedicada à espectroscopia era fundamental apresentar o primeiro espectroscópio inventado por Bunsen e Kirchhoff em 1860 e fazer referência à circunstância do Laboratório Químico ter adquirido um destes instrumentos apenas quatro anos depois do seu invento. Assim de fez, mas sem poder mostrar qualquer espectroscópio daquele tipo. A conduta do Presidente do Museu prejudicou a exposição.

Esta atitude é, em meu entender, censurável e não devia ter lugar numa universidade em que dos seus objectivos primeiros é fazer ciência, divulgá-la e apoiar todas as iniciativas nesse entido. E se a atitude me indignou, a sua comparação com a ajuda prestimosa, aberta e agradável dada à organização da exposição pelo Museu Machado de Castro envergonham-me como universitário.

Estes lamentáveis acontecimentos reavivam inevitavelmente a preocupação que sempre manifestámos quanto ao material laboratorial retirado do Laboratário Químico e levado para o Museu da Ciência e da Técnica. O clima de agitação que a Universidade viveu na altura da Revolução de Abril de 1974 tornou possível este acto com que não nos conformamos. As peças de material laboratorial e de mobiliário constam de uma longa lista rubricada por dois funcionários do Laboratório Químico. Verifica-se pela forma aligeirada e imprecisa como é designado o equipamento que a lista foi organizada por pessoas com conhecimentos rudimentares de química e não teve intervenção de alguém minimamente qualificado.

Logo que a actividade universitária recomeçou o Departamento de Química procurou junto do Director do Museu e mais tarde junto do Reitor da Universidade reaver o equipamento que tinha sido desviado para o Museu. A solução foi sendo adiada, mas sem que nunca tenha sido questionada a sua entrega ao Departamento de Química.

Nas vezes que nos deslocámos aos locais onde o referido material foi sendo colocado verificámos que o mesmo se encontrava abandonado como se tratasse de sucata a aguardar remoção. Não esquecemos que muito dele é bastante frágil.

Não tenho conhecimento de que durante os vinte e oito anos que vão decorridos se tenha usado aquele material para fazer o que quer que fosse no ensino de jovens, na divulgação da ciência ou para dar a conhecer o papel da Universidade de Coimbra na história da química portuguesa.

Chegou mesmo a constar que algumas peças do mobiliário, importantes para recriar os cenários laboratoriais das várias épocas, teriam sido utilizadas na decoração do gabinete do Director.

É imperioso que se proceda a uma inventariação rigorosa do que foi entregue ao Museu para se ficar a conhecer o que ainda existe e o estado em que se encontra. Por exemplo, o espectroscópio adquirido pelo Laboratório Químico em 1864 não o identifiquei nas fotografias que examinei e que serviram de base a uma catalogação preliminar que foi feita com o minha colaboração quando fiz parte dum grupo de trabalho a que mais adiante me referirei. O espectroscópio que figura nas fotografias, e que foi requisitado pela Comissão do Congresso é um modelo de fabrico posterior usado no apoio às aulas de análise a partir da década de 1930 e ainda com algum uso à data da sua entrega. Mas o primitivo espectroscópio que tem elevado valor histórico, desapareceu na altura em que o material foi retirado do Laboratório Químico e é quase certo que ftenha sido levado para o Museu.

Selecionado apenas pelo seu aspecto como antiguidade, sem qualquer finalidade científica definida, o equipamento que se encontra no Museu da Ciência e da Técnica, por si só, não permite historiar qualquer época de desenvolvimento da química, mas é indispensável para completar o que o Departamento de Química possui. A sua falta tem prejudicado a elaboração de textos de comunicações e conferências feitas por professores do Departamento no País e no estrangeiro por não ser possível apresentar imagens dele. O mesmo acontece no âmbito da disciplina de História das Ideias em Química do 4º ano da Licenciatura do Ramo Educacional impedindo o professor de mostrar aos alunos peças de equipamento laboratorial da química portuguesa.

Como é do conhecimento de V.Exª há alguns anos fui indicado pelo Departamento de Química para um grupo de trabalho adstrito a uma comissão criada pelo Reitoria para organizar uma exposição sobre história das ciências. Estou a caracterizar a incumbência da Comissão apenas pelos elementos que colhi nas reuniões a que assisti.

Havia já na altura planos de arquitectura concluídos e obras a decorrer no antigo Laboratório Químico, mas não havia ideias sobre os temas a incluir na exposição nem tão pouco sobre o aproveitamento do edifício e da exposição num plano geral da criação dum Museu da Ciência da Universidade.

Durante quase um ano que estive neste grupo de trabalho houve duas reuniões; para a primeira fui convocado por telefone por um funcionário dois dias antes e para a segunda, pela mesma via, umas horas antes do seu início.

Como no ambiente que observei não me era possível dar qualquer contribuição útil e encontrando-me na situação de aposentado e, portanto, sem assento em Conselhos que pudessem intervir no sentido de traçar rumos, decidi pedir a minha substituição informando V.Exª, à altura Vice-Reitor, e o Departamento de Química das razões que me impediam de prestar a colaboração que me fora solicitada. Ao que julgo saber o professor indicado para me substituri nunca fora chamado para tomar parte em reuniões.

No tocante à química pareceu-me que na altura referida a comissão estaria a envidar esforços no sentido de reaver o material que se encontrava no Museu e que o empenho da Reitoria na organização do Museu da Ciência da Universidade passaria pela dinamização dos museus sectoriais os quais teriam por missão caracterizar os aspectos relevantes das respectivas disciplinas científicas ao longo da história e dar colaboração às iniciativas (exposições ou outras) de carácter interdisciplinar a nível de Faculdade ou da Universidade.

O pedido que a Comissão Organizadora do Congresso de Química dirigiu a V.Exª deu-me a conhecer que uma parte do material se encontrava no Departamento de Física e o restante, assim como o mobiliário, continuava no Museu. Fiquei perplexo com a notícia porque certamente a Física não estaria a fazer o museu da Química nem estaria em curso a organização de dois museus de química, um pela Física e outro pelo Museu da Ciência e da Técnica – com equipamento que tem que ser integrado na documentação existente no Departamento de Química e que,, isoladamente só poderá servir como peças de artesanato laboratorial para decorar salões de exposição. Não é este certamente o modelo de museu que se pretende implantar.

Permita-me que a terminar dirija a V.Exª um apelo para que, valendo ao património histórico do Departamento de Química, intervenha no sentido de tornar possível a organização de um museu que mostre aos estudantes e aos investigadores mais novos os passos importantes de desenvolvimento da química e a evolução dos métodos científicos desde as suas raízes até à actualidade. Esta será ainda a forma mais condigna de perpetuar a memória dos professores que com o seu esforço e dedicação contribuiram para o prestígio da Universidade.

Queira V.Exª, Senhor Reitor, aceitar os cumprimentos que lhe são devidos pelo cargo que ocupa.*ao quais junto os meus cumprimentos pessoais*

Coimbra, 28 de Abril de 2004

(J. Simões Redinha)

Apêndice 7 – Relatório sobre o Laboratório Químico (1878-1879)

Relatorio acerca do Laboratorio Chimico da Universidade relativo ao anno lectivo de 1878-1879.

As condições em que se achava o Laboratorio Chimico em 1876 eram inteiramente desfavoraveis ás exigencias de ensino theorico e pratico da chimica, bem como á realisação de quaesquer trabalhos scientificos que os Professores por si ou sob a sua direcção pretendessem executar. A antiga construcção da casa, embora ampla e magestosa, não se prestava áquellas exigencias, estando uma grande parte d'ella sem applicação possivel. As salas uteis eram apenas a da aula, um gabinete proximo onde se faziam os trabalhos de analyse qualitativa e quantitativa, e onde se achavam tambem as balanças, varios apparelhos, collecções, livraria etc., e finalmente uma grande sala para os trabalhos praticos dos alumnos em más condições de ventilação e illuminação para os mesmos trabalhos.

O Laboratorio só possuia então um fornecimento regular de productos chimicos e de vidros, além d'alguns apparelhos que adiante menciono: n'isto consistia a sua riqueza. O mobiliario reduzia-se aos armarios que se achavam na sala dos trabalhos (que então servia simultaneamente de sala das collecções e arrecadação dos productos chimicos) e em um grande casarão officina, coberto de alhetaria e situado do lado

do sul, onde tambem se guardavam uma parte de
provisão dos productos e os vidros. Aquelles armarios, q.ᵉ
foram removidos, acharam-se na maioria incapa-
res de qualquer applicação futura pelo seu mau estado de conservação. Alem d'isto algumas mezas, que ainda actualmente servem, mas que se vão rapidamente
inutilisando em virtude da sua antiguidade. Nem as
salas a que acabo de referir-me, nem a propria aula
satisfaziam aos indispensaveis requisitos de um Laboratorio moderno.

Mandado construir pelo Marquez de Pom-
bal o Laboratorio Chimico ficou incompleto já no interior, já no exterior. Desde então até 1858 fizeram-
se-lhe provavelmente modificações; mas o plano primitivo do edificio, disposto sem duvida para as exigencias da Chimica d'aquelle tempo, satisfazia antes
ás condições de uma fabrica de productos do que ás
de um Laboratorio actual. As modificações que se
lhe fizeram até áquelle anno conservaram-lhe este
caracter.

Desde 1864 até 1870 muitos melhoramentos
foram feitos sob a direcção do Snr. dr. Miguel Leite
Ferreira Leão, actualmente jubilado, consistindo
esses melhoramentos na canalisação do gaz para as

trabalhos chimicos; na compra de uma bomba para
a cisterna e collocação de um deposito elevado para
o fim de levar a agua ao gabinete das analyses; na
compra de alguns apparelhos (saccharimetro, espectro-
metro &c.) e de sulphydrometros, hydrotimetros, areometros &c.; na compra de um apparelho para a dis-
tillação da agua; na construcção do gabinete das
analyses proximo da aula; em uma estante para
livros e parte das vitrines que se completaram ul-
teriormente (dando-se-lhes uma disposição diversa)
para a collecção dos productos preparados; na abertura
de duas janellas na sala das collecções; emfim em
duas mezas para os trabalhos de analyse n'aquelle gabinete e mais quatro para esta ultima sala; destinadas
aos trabalhos dos alumnos.

Finalmente em 1870 o mesmo Director
apresentou ao Conselho da Faculdade de Philosophia
um projecto de reforma do Laboratorio acompanhado
do seu orçamento na importancia de 1:872$000 reis, que
o Conselho approvou. Este projecto, comtudo, não foi
levado a effeito até 1876, em que se jubilou aquelle
Professor e começou de exercer o mesmo cargo o actual Director effectivo o Snr. Dr. Manoel Paulino
de Oliveira. D'entao para cá é que se têm realisado

os melhoramentos de que vou fallar. E como eu
tinha occupado interinamente este logar (o que actualmente succede) cumpre-me, e é do meu dever
como Professor de Chimica Mineral, testemunhar
os serviços que, sob a iniciativa do actual Director
ou com a sua intelligente cooperação, têm sido pres-
tados ao Laboratorio; muitos dos quaes dizem respeito
ao ensino e exigencias da minha Cadeira.

É facil de deprehender do que fica dito
que em 1876, seis annos volvidos depois da apresentação do projecto de reforma não effectuada, estava o Laboratorio Chimico carecendo mais do que
nunca de urgentes melhoramentos, ou para melhor dizer de uma reforma radical. A obra de
mais vulto que havia sido feita na casa foi a
apropriação para os trabalhos analyticos do gabinete proximo da aula, que antigamente fôra
destinado á metallurgia e onde se achavam
algumas fornalhas, o que mais abundava então
no Laboratorio. E nada mais se havia podido
fazer neste sentido. Ora sem a reforma da
casa inutil era o augmento do material scientifico por não haver onde o recolher commoda e
convenientemente, nem haver dependencias para o en-

empregar. Exceptuo, como já disse, d'estes materiaes os productos chimicos que, por se consumirem, precisam de ser annualmente renovados.

São quatro ordens de objectos, portanto, que é actualmente necessario ter em vista no melhoramento do laboratorio

a casa,

o mobiliario adequado,

o material scientifico,

o pessoal,

era a casa o que primeiramente convinha modificar, incluindo n'esta designação já as construcções novas, já as modificações precisas para os trabalhos que presentemente se executam no laboratorio e mesmo na aula, como são os nichos de evaporação, a canalização da agua e gaz, a ventilação &c. Por esta maneira de mandar abrir um nicho de evaporações na aula e construir uma grande mesa propria para as demonstrações experimentaes dos cursos de Chimica com torneiras de agua e mercurio para recolher os gazes, e agua, gaz e electricidade trazida por conductores de cobre de uma pilha montada fora do recinto da aula. Foi isto feito no bimestre de agosto e setembro de 1877.

Depois de satisfeitas estas necessidades instantes requeridas pelo ensino quotidiano, apresentou-se naturalmente a de melhorar o laboratorio commum dos alumnos. Para este effeito dividiu-se em duas partes desiguaes a grande sala que servia então para este fim bem como para casa das collecções e reserva dos productos; destinando-se a mais pequena para gabinete das analyses em substituição do que existia e que devia ser mais tarde adequado a outros fins, como adiante exporei; e a maior exclusivamente para os alumnos. N'esta sala se construiram então quatro nichos de evaporação com as suas chaminés; completaram-se as mesas de trabalho com bacias e agua; soalhou-se todo o pavimento, até então lageado, que era excessivamente humido e tornava impossivel para os empregados e sobretudo antipathico para os alumnos uma assistencia demorada; e mandaram-se emfim apropriar os arcos de circulo superiores das janellas para a ventilação; emquanto outro systema mais completo não podesse levar-se a effeito. Removeram-se para outro logar os armarios onde se achavam os productos chimicos, a maioria dos quaes se não aproveitou. Completou-se a mobilia d'esta sala com algumas mesas existentes as quaes, embora velhas, supprem a falta de melhores; e mobilou-se o gabinete contiguo com alguns armarios e outras mesas que poderam aproveitar-se.

Estas obras, já pela sua natureza, já pela traça do edificio, que pode dizer-se sumptuoso na amplidão e dimensões de todas as suas partes, que não pelos ornatos ou accessorios, são dispendiosas e alem d'isso muito morosas. Representando, pois, apenas uma pequena parte do que ha a refazer ou levantar de novo, nem por isso deixam de significar um progresso sensivel, á realisação do qual já a Faculdade de Philosophia já o dignissimo Reytor da Universidade, pela sua competencia e subidos conhecimentos especiaes na Chimica, deram o maior impulso e prestaram o mais efficaz auxilio.

N'este mesmo anno de 1877 depois de madura reflexão acerca do mo do mais economico e conveniente de aproveitar as condições geraes do edificio, sem deixar de satisfazer ás necessidades essenciaes de um Laboratorio, e para o fim de emprehender harmonicamente e com um objectivo previsto e definido as obras de melhoramento, se mandou levantar uma nova planta da reforma completa

do Laboratorio, a qual foi apresentada e approvada
em Conselho da Faculdade e depois entregue a S. Ex.ª o
Snr. Visconde Reytor, acompanhada de um calculo
geral de orçamento, bem como de uma resumida memoria descriptiva. Este projecto de reforma differe
do que fora apresentado pelo Snr. Dr Leão por varias
razões que não exponho aqui em virtude de só se
poderem demonstrar claramente á vista das suas
respectivas plantas.

    S. Ex.ª o Snr. Visconde Reytor reconhecen-
do a urgencia e necessidade geral de melhorar os
estabelecimentos scientificos da Universidade convo-
cou o Claustro para o fim de discutir esta importante materia, propondo o que fosse conveniente fazer
a respeito de cada um, com o intuito de consul-
tar o Governo sobre o modo de fornecer á Universidade o capital sufficiente para levar a effeito os
melhoramentos precisos. Infelizmente esta grande ideia não achou echo nas regiões superiores da
administração publica, e as Faculdades volveram
á situação precaria e acanhada que lhes permittem
as suas respectivas Dotações.

    Continuou-se comtudo no laboratorio
a promover o seu desenvolvimento por pequenos

mos successivos esforços. Procedeu-se em 1878 á reforma do gabinete junto da Aula, deslocando as mesas para analyses que se collocaram n'um vão por detraz da aula, para ahi se fazerem provisoriamente as preparações para as lições; removendo as balanças que alli se achavam expostas a uma deterioração rapida pela acção dos vapores acidos; e adequando esta casa para a livraria e collecções de demonstração de chimica mineral e organica, das quaes a esse tempo apenas se achava colligida a segunda por ordem do Snr. Dr. Paulino. Para a collocação da primeira tornou-se necessario accrescentar a vitrine que fora mandada fazer pelo Snr. Dr. Leão, dando-lhe nova disposição, como já disse, bem como se tornou preciso mandar fazer quatro armarios para os apparelhos de demonstração dos cursos e seus accessorios, que até então não existiam, sendo preciso montar e adequar na occasião tudo quanto exigiam as lições, — processo que a experiencia demonstrou totalmente prejudicial, e muitas vezes impossivel por falta de tempo, alem da falta de pessoal.

Até então não existia no Laboratorio um só bico de gaz destinado á illuminação. Apenas

por vezes serviam dous candieiros comprados pelo
Director transacto. Fez-se illuminar este gabinete
por dois candieiros de dois bicos collocados sobre
a vitrine, os quaes foram feitos no Porto; e assim
tambem a sala da Aula, o vestibulo e o gabinete
do Chefe dos trabalhos praticos que, como deixei dito,
se havia construido no anno anterior junto do Laboratorio dos alumnos. Adquiriu-se para isso
um candieiro de seis bicos para a aula e dois
braços para a mesma, mais dois braços eguaes para
o vestibulo, bem como outro para aquelle ultimo gabinete.   Outras acquisições de menor vulto se tornaram indispensaveis, a saber: — uma Cadeira para
o Professor na Aula, porque se havia deteriorado
a antiga por velhice — trez grandes stores para as
janellas da mesma aula.

O material scientifico adquirido no
presente anno lectivo foi o seguinte:

1.º — Veiu de Londres da casa Burgoyne & C.ª
uma remessa de productos chimicos, já para
substituir os que se haviam gasto da reserva dos
annos anteriores, já para a collecção de demonstração
de chimica mineral;

2.º — Comprou-se uma garrafa de mercurio

(26 kilos) á Drogaria Silva d'esta Cidade;

3.º — Comprou-se uma porção de frascos de vidro (260) na Fabrica da Marinha Grande, proprios para a nova collecção e eguaes aos que se achavam na collecção de chimica organica;

4.º — Veiu de Pariz uma escála de fusibilidade, segundo Kobell, e outra de dureza, segundo Mohs, para a determinação dos mineraes;

5.º — Comprou-se á casa do dr. Schuchardt, de Görlitz, uma collecção de 200 mineraes para demonstração;

6.º — Idem ao mesmo uma collecção de 40 sáes magnificamente crystallisados, para demonstração;

7.º — Idem ao mesmo uma collecção de 60 modelos de crystaes feitos de vidro para demonstração;

8.º — Mandaram-se reparar varios instrumentos em Coimbra e fazer outros pequenos trabalhos, que é pouco importante mencionar.

As collecções destinadas ao ensino actualmente existentes no Laboratorio, alem da reserva de productos e dos reagentes de que se servem os alumnos e Cos que se achau na aula, saõ as seguintes: —

1.º — Uma collecção dos corpos simples metallicos

e não metallicos, incluindo muitos dos metaes raros como o thallio, o osmio, o wolframio, o palladio e outros;

2ª - Uma collecção das principaes e mais importantes compostos mineraes, convenientemente classificados;

3ª - Uma collecção de 300 mineraes de todas as classes, sendo 200 os de que já fallei e 100 aproveitados e classificados d'entre os exemplares existentes no Laboratorio;

4ª - Uma collecção dos principaes e mais importantes compostos da Chimica organica;

5ª - Uma collecção de alcaloides vegetaes;

6ª - A collecção de crystaes de varios saes duplos e simples, bem como de modelos de crystaes, a que ha pouco me referi;

7ª - Uma collecção de apparelhos de Hoffman descriptos na sua - Introducção á Chimica moderna -

8ª - A collecção de apparelhos e todos os accessorios que serviram para as demonstrações experimentaes do curso de chimica mineral no anno lectivo proximo findo.

———

Resta-me mencionar as obras que começaram ha pouco em harmonia com a planta approvada em Conselho de 2 de junho ultimo, a qual é a reproducção da que se fizera em 1877, mas que tendo sido enviada para Lisboa não voltou.

Arrematou-se por 312$000 reis a construcção da nova sala dos productos, a qual fica collocada na officina e logar que dava entrada para o Laboratorio pela face do sul. Esta obra é feita desde os seus alicerces, exceptuando duas das paredes do edificio que fazem parte da mesma sala. Na arrematação inclue-se toda a alvenaria e madeiras que a obra exige (exceptuando o soalho), bem como a feitura dos caixilhos competentemente envidraçados da janella que ha de illuminar este recinto. Esta obra deve achar-se terminada no fim do proximo mez de setembro.

Resta construir ainda no recinto da officina para o lado do nascente tres gabinetes, dous por quaes são destinados ao Director do Laboratorio e ao outro professor de Chimica, o terceiro para casa de balanças e apparelhos de physica, uma das necessidades mais urgentes do Laboratorio. É por isso da maior vantagem que esta obra seja realisado n'este anno, depois de finda a que está em construcção, mesmo porque, assim o exige, a segurança d'ella. Desnecessario é encarecer mais a urgencia d'estas construcções, porque é certo que sem casa para as balanças de precisão, não só estão ellas sujeitas a deteriorar-se guardadas n'um armario, mas não podem servir para as analyses quantitativas.

Realisada esta obra ficam estes gabinetes separados da sala das collecções por um espaçoso corredor, que de um lado dá entrada para o edificio pelo lado sul e do outro dá ingresso no Laboratorio dos alumnos.

As condições de ventilação geral do edificio eram más, como já referi. O actual Director mandou transformar os caixilhos fixos semicirculares que terminam as janellas, de modo a poderem dar entrada e sahida ao ar. Tem, porém, a experiencia demonstrado que isto é insufficiente, não só no Laboratorio dos alumnos, mas muito principalmente na Aula, onde se executam nos cursos experiencias com gazes deleterios. Duas das janellas d'esta ultima sala estão tapadas com alvenaria até ao meio, com prejuizo da ventilação da casa e da sua illuminação. Por este motivo authorisou

15

o Snr. Visconde Reytor a abertura das mesmas janellas e a feitura dos respectivos caixilhos. Esta obra
deve ser realisada até ao fim do proximo mez de
setembro.

Não fallarei agora das restantes melhoramentos indicados no projecto geral de reforma por
me parecer mais opportuno fazel-o quando essas
obras se levarem a effeito.

Por ultimo, no que respeita ao pessoal,
apenas direi que se acha elle actualmente reduzido
a um só empregado — o chefe dos trabalhos praticos. Um só empregado não pode satisfazer a
todo o serviço do laboratorio, é evidente. Não pre-
tendo agora expôr com demora este objecto, para
não tornar este documento mais extenso; mas
cumpre-me lembrar que a creação definitiva da-
quelle cargo, que está sendo desempenhado em
Commissão por Joaquim dos Santos e Silva, é uma
necessidade não menos importante de que qualquer das indicadas. O projecto de lei para este fim
já foi apresentado á Camara dos Senhores De-
putados, na sua ultima sessão ordinaria, que
o não pode tomar em consideração. Julgo, pois,
de conveniencia que S. Ex.ª o Snr. Visconde Reytor

se digne sollicitar a attenção do Governo para este assumpto na proxima sessão das Cortes.

Indicarei agora summariamente a lista dos trabalhos analyticos executados, no decurso do anno lectivo, no Laboratorio pelo chefe dos trabalhos praticos:—

1. Analyse de um machado prehistorico para o Instituto de Coimbra;

2. Analyse quantitativa de umas quinas da Ilha de S. Thomé;

3. Analyse quantitativa de um adubo mineral da Commissão phyloxerica de Regoa;

4. Analyse quantitativa de outra amostra de quinas da Ilha de S. Thomé;

5. Analyse quantitativa de um minereo de ferro de Anadia;

6. Analyse quantitativa de um tubo metallico vindo da Alfandega de Lisboa;

7. Analyse de um pacote de fecula da mesma Alfandega;

8. Analyse de um batão preto vindo da mesma Alfandega;

9. Analyse de um broche da mesma procedencia;

10. Analyse de uma gordura da mesma procedencia;

11. Analyse de uma agua mineral, vinda de Leiria;

12. Analyse de um azeite suspeito vindo da Alfandega do Porto;

13. Seis exames toxicologicos feitos em commum com o Professor de Chimica Medica da Universidade a requisição das authoridades judiciaes;

14. Analyse quantitativa das aguas alkalinas de Bem Saude, districto de Bragança.

Coimbra e Laboratorio Chimico da Universidade, em 30 de julho de 1879.

Dr. Francisco Augusto Corrêa Barata

Director interino

TÍTULOS PUBLICADOS

1 - Ana Leonor Pereira; João Rui Pita
    [Coordenadores]
    — *Miguel Bombarda (1851-1910) e as
    singularidades de uma época* (2006)

2 - João Rui Pita; Ana Leonor Pereira
    [Coordenadores]
    — *Rotas da Natureza. Cientístas, Viagens,
    Expedições e Instituições* (2006)

3 - Ana Leonor Pereira; Heloísa Bertol Domingues;
    João Rui Pita; Oswaldo Salaverry Garcia
    — *A natureza, as suas histórias e os seus
    caminhos* (2006)

4 - Philip Rieder; Ana Leonor Pereira; João Rui Pita
    — *História Ecológico-Institucional do Corpo* (2006)

5 - Sebastião Formosinho
    — *Nos Bastidores da Ciência - 20 anos depois*
    (2007)

6 - Helena Nogueira
    — *Os Lugares e a Saúde* (2008)

7 - Marco Steinert Santos
    — *Virchow: medicina, ciência e sociedade no seu
    tempo* (2008)

8 - Ana Isabel Silva
    — *A Arte de Enfermeiro. Escola de Enfermagem
    Dr. Ângelo da Fonseca* (2008)

9 - Sara Repolho
    — *Sousa Martins: ciência e espiritualismo*
    (2008)

10 - Aliete Cunha-Oliveira
    — *Preservativo, Sida e Saúde Pública* (2008)

11 - Jorge André
    — *Ensinar a estudar Matemática
    em Engenharia* (2008)

12 - Bráulio de Almeida e Sousa
    — *Psicoterapia Institucional: memória e
    actualidade* (2008)

13 - Alírio Queirós
    — *A Recepção de Freud em Portugal* (2009)

14 - Augusto Moutinho Borges
    — *Reais Hospitais Militares em Portugal* (2009)

15 - João Rui Pita
    — *Escola de Farmácia de Coimbra* (2009)

16 - António Amorim da Costa
    — *Ciência e Mito* (2010)

17 - António Piedade
    — *Caminhos da Ciência* (2011)

18 - Ana Leonor Pereira, João Rui Pita e Pedro
    Ricardo Fonseca
    —*Darwin, Evolution, Evolutionisms* (2011)

19 - Luís Quintais
    — *Mestres da Verdade Invisível* (2012)

20 - Manuel Correia
    — *Egas Moniz no seu labirinto* (2013)

21 - A. M. Amorim da Costa
    — *Ciência no Singular* (2014)

22 - Victoria Bell — *Penicilina em Portugal (anos
    40-50 do século XX)* (2017)

23 - Rui Costa — *Ricardo Jorge. Ciência, humanismo
    e modernidade* (2018)

24 - Aliete Cunha-Oliveira — *Para uma História do
    VIH/Sida* (2018)

25 - Victoria Bell — *A receção da penicilina
    em Portugal na literatura médico-farmacêutica
    e na imprensa diária
    (anos 40-60 do século xx)* (2019)

26 - Francisco Gil e Lídia Catarino
    — *Visões da Luz* (2020)

27 — José Morgado Pereira
    — *A Psiquiatria em Portugal nas primeiras
    décadas do século XX: Protagonistas* (2020)